高等代数与数学分析核心理论探究

李敏丽　刘建方 / 著

武汉理工大学出版社
·武　汉·

内 容 提 要

本书围绕高等代数与数学分析的基本概念、性质、方法及应用展开了研究。高等代数部分主要分析了多项式、行列式、矩阵、线性方程组、线性空间与线性变换的原理及应用;数学分析部分主要讨论了函数极限与连续、导数与微分、不定积分与定积分、多元函数微分学、多元函数积分学的有关内容。本书注重概念的加深理解、定理的使用方法总结及典型例题解题方法的剖析，旨在揭示高等代数与数学分析的方法、解题规律与技巧。本书可供数学专业的师生及数学工作者参考。

图书在版编目 (CIP) 数据

高等代数与数学分析核心理论探究 / 李敏丽 , 刘建方著 . -- 武汉 : 武汉理工大学出版社 , 2024. 8.

ISBN 978-7-5629-7194-8

Ⅰ . O15; O17

中国国家版本馆 CIP 数据核字第 2024XR7794 号

责任编辑: 尹珊珊
责任校对: 严　曾　　　　**排　　版:** 任盼盼
出版发行: 武汉理工大学出版社
社　　址: 武汉市洪山区珞狮路 122 号
邮　　编: 430070
网　　址: http: //www.wutp.com.cn
经　　销: 各地新华书店
印　　刷: 北京亚吉飞数码科技有限公司
开　　本: 710 × 1000　1/16
印　　张: 15
字　　数: 238 千字
版　　次: 2025 年 4 月第 1 版
印　　次: 2025 年 4 月第 1 次印刷
定　　价: 90.00 元

凡购本书，如有缺页、倒页、脱页等印装质量问题，请向出版社发行部调换。
本社购书热线电话：027-87391631　87664138　87523148

前　言

随着科学技术的发展,高等代数和数学分析在实际应用中的作用越来越大。例如,在物理、工程、计算机科学等领域,人们经常需要运用高等代数和数学分析的知识来解决实际问题。高等代数和数学分析是数学学科中的重要分支,它们在各自领域内都有深入的发展。随着学科的发展,人们发现这两个领域之间的联系越来越紧密和交叉点越来越重要,需要有一种书籍来系统地介绍这方面的知识。

高等代数与数学分析是数学中的重要分支,它们的核心理论是相辅相成的。高等代数主要研究代数学的基本概念、性质和技巧,包括向量空间、线性变换、矩阵理论等。其核心理论包括线性方程组的解法、行列式理论、矩阵理论等。这些理论在解决实际问题中发挥着重要作用,例如在物理学、工程学、计算机科学等领域。数学分析主要研究实数和复数函数的性质,包括极限理论、微积分、级数等,其核心理论包括极限理论、可微性和积分理论等。这些理论在解决实际问题中同样发挥着重要作用,例如在经济学、统计学、物理学等领域。

本书分为10章内容,围绕高等代数与数学分析的基本概念、性质、方法及应用展开了研究,对高等代数与数学分析的核心理论,包括多项式、行列式、矩阵、线性方程组、线性空间与线性变换、函数极限与连续、导数与微分、不定积分与定积分、多元函数微分学和多元函数积分学等内容展开了分析与讨论。这些理论在解决实际问题中发挥着重要作用。通过学习和掌握这些理论,可以更好地理解数学的基本概念和性质,培养数学思维能力,提高解决实际问题的能力。

本书在撰写过程中,尽量做到以下几点:

(1)分析讨论了基本内容、基本理论和基本知识,并列举例题加以解释说明,注重知识应用。

（2）突破课程内容编排上的逻辑顺序，突出问题解决方法这一主体，培养综合运用代数思想分析问题和解决问题的能力。

（3）注意讲述解题技巧，归纳解题方法；有些题一题多解，开拓思路，通过解题可加深对基本概念和基本理论的理解与联系。

（4）借鉴和引进一些新成果、新方法和新题目，力求推陈出新。

全书由李敏丽、刘建方撰写，具体分工如下：

第1章至第5章、第7章1、2节，共计11.73万字：李敏丽（长治幼儿师范高等专科学校）；

第6章、第7章3、4节、第8章至第10章，共计11.32万字：刘建方（长治幼儿师范高等专科学校）。

笔者撰写本书参阅了大量的著作与文献资料，选用了其中的部分内容和习题，很受教益，在此谨向有关的作者致谢；同时本书的出版得到了学校各领导、出版社领导和编辑的鼎力支持和帮助，在此一并表示感谢。由于作者水平所限，书中难免存在疏漏和不妥之处，恳请同行专家不吝赐教。

作　者

2024年1月

目　录

第 1 章　多项式

多项式是一种数学表达式，它由变量（或称为未知数）、系数和运算符（加法、减法、乘法、非负整数次方）组成．多项式可以表示为一个或多个变量的幂的和．在多项式中，每个变量的幂称为该项的次数，而整个多项式的次数是所有非零项中次数最高的项的次数．多项式可以分为一元多项式和多元多项式．一元多项式只包含一个变量；多元多项式包含两个或更多的变量．多项式的主要运算包括加法、减法、乘法（包括乘以一个常数、乘以一个变量和两个多项式相乘）和除法（包括一个多项式除以一个变量和两个多项式相除）．这些运算遵循基本的数学运算法则，如结合律、交换律等．多项式在许多数学领域中都有应用，如代数、几何、微积分等．它们可以用来表示各种数学关系，解决方程、计算函数值等问题．多项式的一些重要概念包括根、因式分解、有理根定理、判别式等．

1.1　一元多项式及其整除性

1.1.1 一元多项式的定义

定义 1.1.1　设 x 为不定元，n 为非负整数，则

$$f(x)=a_nx^n+a_{n-1}x^{n-1}+\cdots+a_1x+a_0$$

的表达式就是数域 $\mathbf{P}$ 上 x 的一元多项式，a_0，a_1,⋯，$a_n\in\mathbf{P}$．当 $a_n\neq 0$，则多项式 $f(x)$ 的次数为 n，记为 $\partial\left[f(x)\right]=n$（或 $\deg\left[f(x)\right]=n$），其中，

$f(x)$ 的首项为 a_nx^n，$f(x)$ 的首项系数为 a_n．$f(x)$ 的 i 次项为 a_ix^i，$f(x)$ 的 i 次项系数为 a_i．若 $a_n=\cdots=a_1=0$，$a_0\neq 0$，则 $f(x)$ 就是零次多项式，即 $\partial\left[f(x)\right]=0$；若 $a_n=\cdots=a_1=a_0=0$，则 $f(x)$ 就是零多项式，在零多项式中通常不对次数进行定义．

1.1.2 多项式整除的判定

多项式整除性是指被除式能以除式作为一个因式进行因式分解．整除就是余数（余式）为 0 时的一个除法关系．在多项式中，商与余可以为式子，也可以为值．

1.1.2.1 带余除法

定义 1.1.2 设多项式 $f(x),g(x)\in\mathbf{P}[x]$，且 $g(x)\neq 0$，如果 $q(x),r(x)\in\mathbf{P}[x]$ 满足：

（1）$f(x)=q(x)g(x)+r(x)$；

（2）$r(x)=0$ 或 $\deg\left[r(x)\right]<\deg\left[g(x)\right]$，

则称 $q(x)$ 是 $g(x)$ 除 $f(x)$ 的商，$r(x)$ 是 $g(x)$ 除 $f(x)$ 的余式．此时，$f(x)$ 称为被除式，$g(x)$ 称为除式．已知 $f(x)$ 和 $g(x)$，求条件（1）中的 $q(x)$ 和 $r(x)$，称为带余除法．

要求多项式 $g(x)$ 除 $f(x)$ 的商和余式，还有使用竖式除法：

$$g(x)\left|\begin{array}{c} f(x) \\ -)q(x)g(x) \\ \hline r(x) \end{array}\right|q(x) \text{ 或 } q(x)\left|\begin{array}{c} f(x) \\ -)q(x)g(x) \\ \hline r(x) \end{array}\right|g(x).$$

在执行带余除法时，使用数组代替多项式可以使操作更加简便．这就产生了一种新的方法，即分离系数法．

例 1.1.1 已知 $f(x)=x^3+2x^2+x+6$，$g(x)=x^2+1$，求 $g(x)$ 除 $f(x)$ 所得的商式 $q(x)$ 和余式 $r(x)$.

解：根据中学多项式除法，有：

$$
\begin{array}{r|l}
 & \quad\quad\quad\quad\quad\quad x+2 \\
\cline{2-2}
x^2+1 & x^3+2x^2+x+6 \\
 & x^3 \quad\quad\quad +x \\
\cline{2-2}
 & \quad\quad 2x^2 \quad\quad +6 \\
 & \quad\quad 2x^2 \quad\quad +2 \\
\cline{2-2}
 & \quad\quad\quad\quad\quad\quad 4.
\end{array}
$$

所以，$q(x)=x+2$，$r(x)=4$，且 $\deg[r(x)]=0<\deg[g(x)]=2$.

一般地，求多项式 $g(x)$ 除 $f(x)$ 的商和余式，除上面的通除法或长除法外，还有竖式除法 .

$$
g(x)\left|\begin{array}{c} f(x) \\ -)q(x)g(x) \\ \hline r(x) \end{array}\right| q(x) \quad 或 \quad q(x)\left|\begin{array}{c} f(x) \\ -)q(x)g(x) \\ \hline r(x) \end{array}\right| g(x)
$$

在求多项式 $g(x)$ 除 $f(x)$ 的商和余式时，要逐步利用除式 $g(x)$ 确定商式 $q(x)$ 中由高次到低次的项来消去被除式的首项，进而得到次数低于 $g(x)$ 的余式 $r(x)$.

按照求多项式 $g(x)$ 除 $f(x)$ 的商和余式的竖式除法，我们把给定的多项式按降幂排列成 $f(x)=a_nx^n+a_{n-1}x^{n-1}+\cdots+a_1x+a_0$，于是每一多项式都与一个 $n+1$ 元数组 $(a_n,a_{n-1},\cdots,a_1,a_0)$ 一一对应 . 例 1.1.1 的解答过程用分离系数法可简化表述如下：

解：

$$
\begin{array}{c|r|c}
除式 & 被除式 & 商式 \\
(1,0,1) & (1,2,1,6) & (1,2) \\
 & \underline{(1,0,1,0)} & \\
\cline{2-2}
 & (2,0,6) & \\
 & \underline{(2,0,2)} & \\
\cline{2-2}
 & (4) & \\
\end{array}
$$

余式.

由此得到商式 $q(x)=x+2$，余式 $r(x)=4$.

下面我们来讨论当除式为 $g(x)=x-c$ 时，商式和余式求法的特殊性. 设：

$$f(x)=a_0x^n+a_1x^{n-1}+\cdots+a_{n-1}x+a_n, a_0\neq 0,$$

$$f(x)=(x-c)q(x)+r(x),$$

其中，$q(x)=b_0x^{n-1}+b_1x^{n-2}+b_2x^{n-3}+\cdots+b_{n-2}x+b_{n-1}$，$\deg[r(x)]=0$.

由 $f(x)=(x-c)q(x)+r(x)$，比较两端系数可得：

$$\begin{cases} a_0=b_0 \\ a_1=b_1-cb_0 \\ a_2=b_2-cb_1 \\ \quad\vdots \\ a_{n-1}=b_{n-1}-cb_{n-2} \\ a_n=r-cb_{n-1} \end{cases}, \text{即} \begin{cases} b_0=a_0 \\ b_1=a_1+cb_0 \\ b_2=a_2+cb_1 \\ \quad\vdots \\ b_{n-1}=a_{n-1}+cb_{n-2} \\ r=a_n+cb_{n-1} \end{cases}.$$

将上面算法简化即得商式 $q(x)$ 和余式 $r(x)$ 的求法：

$$\begin{array}{r|ccccc} c & a_0 & a_1 & \cdots & a_{n-1} & a_n \\ & +) & cb_0 & \cdots & cb_{n-2} & cb_{n-1} \\ \hline & b_0 & b_1 & \cdots & b_{n-1} & f(c) \end{array}.$$

这种算法称为综合除法.

例 1.1.2 求用 $x+3$ 除 $f(x)=x^4+x^2+4x-9$ 的商式和余式.

解：用综合除法：

$$\begin{array}{r|ccccc} -3 & 1 & 0 & 1 & 4 & -9 \\ & +) & -3 & 9 & -30 & 78 \\ \hline & 1 & -3 & 10 & -26 & 69 \end{array}$$

所以，得商式 $q(x)=x^3-3x^2+10x-26$，余式 $r(x)=69$.

对于除式 $g(x)=ax-b$，要求 $g(x)$ 除 $f(x)$ 的商式和余式，用综合除法可按如下方法进行：$f(x)=\left(x-\dfrac{b}{a}\right)[aq(x)]+r=(ax-b)q(x)+r$.

例 1.1.3 求用 $2x-1$ 除 $f(x)=2x^4+3x^3+4x^2+5x+1$ 的商式和余式.

解：用综合除法：

$$\begin{array}{c|ccccc} \frac{1}{2} & 2 & 3 & 4 & 5 & 1 \\ \hline & 2 & 4 & 6 & 8 & \mid 5 = r \end{array}$$

可得：

$$f(x)=\left(x-\frac{1}{2}\right)\left(2x^3+4x^2+6x+8\right)+5,$$
$$=(2x-1)\left(x^3+2x^2+3x+4\right)+5.$$

即得商式和余式为：

$$q(x)=x^3+2x^2+3x+4\text{ , }r(x)=5.$$

1.1.2.2 整除的概念

定义 1.1.3　设多项式 $f(x),g(x)\in\mathbf{P}[x]$，若存在 $h(x)\in\mathbf{P}[x]$，使得

$$f(x)=h(x)g(x),$$

则称 $g(x)$ 整除 $f(x)$，记作 $g(x)|f(x)$．可用 $g(x)\nmid f(x)$ 表示 $g(x)$ 不能整除 $f(x)$．当 $g(x)|f(x)$ 时，$g(x)$ 称为 $f(x)$ 的因式，$f(x)$ 称为 $g(x)$ 的倍式．

当 $g(x)\neq 0$ 时，由带余除法可得到整除性的一个判别法．

定理 1.1.1　设多项式 $f(x),g(x)\in\mathbf{P}[x]$，且 $g(x)\neq 0$，则 $g(x)|f(x)$ 的充要条件是 $g(x)$ 除 $f(x)$ 的余式为 0.

证明：充分性．已知 $r(x)=0$，则 $f(x)=q(x)g(x)$，即 $g(x)|f(x)$．

必要性．已知 $g(x)|f(x)$，则 $f(x)=q(x)g(x)=q(x)g(x)+0$，即 $r(x)=0$．

在带余除法中 $g(x)$ 不为 0；在整除定义中不需要假设因式 $g(x)\neq 0$；若 $g(x)=0$，则 $f(x)=0$，即零多项式的倍式只有零多项式．此外，可得

$$f(x)|f(x)\text{；}f(x)|0\text{；}c|f(x)\text{（}c\text{ 为非零常数）}.$$

1.2 最大公因式

1.2.1 最大公因式的定义

定义 1.2.1 设 $f(x),g(x),d(x)\in\mathbf{P}[x]$，$d(x)$ 是 $f(x)$ 与 $g(x)$ 中最大公因式，如果

（1）$d(x)|f(x)$，$d(x)|g(x)$；

（2）$d_1(x)|f(x)$，$d_1(x)|g(x)$，

那么 $d_1(x)|d(x)$．符号 $(f(x),g(x))$ 是首项系数为 1 的最大公因式．

定义 1.2.2 设 $f(x),g(x),m(x)\in\mathbf{P}[x]$，$m(x)$ 为 $f(x)$ 与 $g(x)$ 的最小公倍式，如果

（1）$f(x)|m(x)$，$g(x)|m(x)$；

（2）$f(x)|m_1(x)$，$g(x)|m_1(x)$，

那么 $m(x)|m_1(x)$．符号 $[f(x),g(x)]$ 是首项系数为 1 的最小公倍式．

1.2.2 最大公因式的性质定理

定理 1.2.1 若 $d(x)$ 为 $f(x)$ 与 $g(x)$ 的一个最大公因式，则存在 $u(x)$，$v(x)$ 使

$$d(x)=u(x)f(x)+v(x)g(x).$$

特别地，

$$(f(x),g(x))=u(x)f(x)+v(x)g(x),$$
$$(f,g)=u(x)f(x)+v(x)g(x).$$

定理 1.2.2 若 $d(x)=u(x)f(x)+v(x)g(x)$，且 $d(x)|f(x)$，$d(x)|g(x)$，则 $d(x)$ 是 $f(x)$ 与 $g(x)$ 的一个最大公因式．

定理 1.2.3 若 $d(x)$ 是形如

$$u(x)f(x)+v(x)g(x)$$

的多项式中次数最低者，则 $d(x)$ 是 $f(x)$ 与 $g(x)$ 的最大公因式．

定理 1.2.4　若 $f(x)$，$g(x)$ 的首项系数都是 1，则

$$(f(x),g(x))[f(x),g(x)]=f(x)g(x)\text{.}$$

例 1.2.1　设 $f(x)=x^4+x^3-3x^2-4x-1$，$g(x)=x^3+x^2-x-1$，计算 $(f(x),g(x))$，并计算 $u(x),v(x)$，使

$$(f(x),g(x))=u(x)f(x)+v(x)g(x)\text{.}$$

解：由辗转相除法：

	$g(x)$	$f(x)$	
$q_2(x)=-\frac{1}{2}x+\frac{1}{4}$	x^3+x^2-x-1 $x^3+\frac{3}{2}x^2+\frac{1}{2}x$	$x^4+x^3-3x^2-4x-1$ $x^4+x^3-x^2-x$	$x=q_1(x)$
	$-\frac{1}{2}x^2-\frac{3}{2}x-1$ $-\frac{1}{2}x^2-\frac{3}{4}x-\frac{1}{4}$	$r_1(x)=-2x^2-3x-1$ $-2x^2-2x$	$\frac{8}{3}x+\frac{4}{3}=q_3(x)$
	$r_2(x)=-\frac{3}{4}x-\frac{3}{4}$	$-x-1$ $-x-1$	
		0	

得到 $r_2(x)=-\frac{3}{4}x-\frac{3}{4}$ 是 $f(x)$ 与 $g(x)$ 的一个最大公因式，故

$$(f(x),g(x))=x+1\text{.}$$

由于

$$f(x)=q_1(x)g(x)+r_1(x)=xg(x)+(-2x^2-3x-1);$$

$$g(x)=q_2(x)r_1(x)+r_2(x)=\left(-\frac{1}{2}x+\frac{1}{4}\right)r_1(x)+r_2(x),$$

因此

$$\begin{aligned}r_2(x)&=g(x)-\left(-\frac{1}{2}x+\frac{1}{4}\right)r_1(x)\\&=g(x)-\left(-\frac{1}{2}x+\frac{1}{4}\right)(f(x)-xg(x))\\&=\left(\frac{1}{2}x-\frac{1}{4}\right)f(x)+\left(-\frac{1}{2}x^2+\frac{1}{4}x+1\right)g(x).\end{aligned}$$

故 $(f(x),g(x))=\left(-\frac{2}{3}x+\frac{1}{3}\right)f(x)+\left(\frac{2}{3}x^2-\frac{1}{3}x-\frac{4}{3}\right)g(x)$.

需要注意的是,如果一个多项式可以进行因式分解,那么使用因式分解法来求取最大公因式相比常用的辗转相除法更为简便.例如,多项式由 $f(x)=3(x^2+1)^3(x+1)^2(x-1)x$ 与 $g(x)=9(x^2+1)^4(x+1)x$,可得

$$(f(x),g(x))=(x^2+1)^3(x+1)x.$$

尽管因式分解法在理论上能够简化最大公因式的求解过程,但目前还没有一种通用的多项式因式分解方法.因此,因式分解法求最大公因式只在理论上有用,无法取代辗转相除法在实际操作中的具体应用,因为辗转相除法可以准确地找到最大公因式.

1.3　因式分解定理

因式分解在数学中占据着举足轻重的地位,它代表将一个多项式转化成几个整式的积的形式.而实现这一转化的方法众多,包括但不限于提公因式法、公式法、分组分解法以及十字相乘法等.此外,因式分解定理作为数学中的一项关键定理,指出当多项式的每个根满足特定条件(例如根的判别式大于等于 0)时,该多项式能够进行因式分解.这一定理在解决诸多代数问题时具有不可替代的作用,尤其在求解一元二次方程等领域中发挥了巨大作用.

除此之外,因式分解的应用远不止于此,它还可以延伸至矩阵对角化问题中.具体来说,如果一个矩阵可以实现对角化,那么其特征多项式能够进行因式分解,进而求出特征值和特征向量.

可约多项式与不可约多项式这两个概念在因式分解中具有基础且重要的地位.简单来说,可约多项式是指可以进行因式分解的多项式,而不可约多项式则是指无法再进行因式分解的多项式.

定义 1.3.1　若 $f(x)\in \mathbf{P}[x]$, $\deg(f(x))\geqslant 1$,且 $f(x)$ 不能表示数域 $\mathbf{P}$ 上的两个次数比 $f(x)$ 次数小的多项式的积,则称 $f(x)$ 为 $\mathbf{P}$ 上不可约多项式,

反之,称 $f(x)$ 为 **P** 上可约多项式.

定理 1.3.1（分解唯一定理） 数域 **P** 上任一次数大于零的多项式 $f(x)$ 都可以分解成域 **P** 上的不可约多项式 $p_i(x)$ 的乘积,即

$$f(x)=p_1(x)p_2(x)\cdots p_n(x)\ , \tag{1.3.1}$$

且

$$f(x)=q_1(x)q_2(x)\cdots q_m(x)\ ,$$

其中,$q_i(x)(i=1,2,\cdots,m)$ 是不可约多项式,则 $m=n$,且适当调换 $p_i(x)$,$q_i(x)$ 的次序后有

$$p_i(x)=c_iq_i(x)\ .$$

其中,$0\neq c_i\in\mathbf{P},i=1,2,\cdots,n$,且 $c_1c_2\cdots c_n=1$.

证明:先证(1.3.1)成立,若 $f(x)$ 为不可约多项式,式(1.3.1)显然成立.若 $f(x)$ 为可约多项式,则存在 $f_1(x),f_2(x)$,使

$$f(x)=f_1(x)f_2(x)$$

其中,$0<\deg(f_i(x))<\deg(f(x)),i=1,2,\cdots\cdots$

若 $f_1(x),f_2(x)$ 均为不可约多项式,则分解完毕,式(1.3.1)成立;若 $f_1(x)$ 或 $f_2(x)$ 为可约多项式,其能够进一步分解为两个次数较低的非零多项式的乘积.由于可约多项式的次数是有限的,因此经过有限次的分解,一定能够将其完全分解为若干个次数较低的非零多项式的乘积,而式(1.3.1)成立.

证唯一性,对 n 用数学归纳法,设

$$f(x)=p_1(x)p_2(x)\cdots p_n(x)=q_1(x)q_2(x)\cdots q_m(x)\ . \tag{1.3.2}$$

当 $n=1$ 时,$f(x)$ 为不可约多项式,由定义知:$m=1,\ p_1(x)=q_1(x),\ c_1=1$.

设定理 1.3.1 对 $n-1$ 已成立.由式(1.3.2),知,$q_1(x)q_2(x)\cdots q_m(x)$ 必能整除 $q_1(x),q_2(x),\cdots,q_m(x)$ 中的一个.不失一般性,可设 $p_1(x)|q_1(x)$.由于 $q_1(x)$ 也是不可约多项式,得

$$p_1(x)=c_1q_1(x)\ .$$

将上式代入式(1.3.2),从两边消去 $q_1(x)$,得

$$c_1p_2(x)\cdots p_n(x)=q_2(x)\cdots q_m(x)\ .$$

由归纳假设有 $n-1=m-1$,即 $n=m$,且适当调换次序,$c_1p_1(x)=c_2^*q_2(x)$,$p_j(x)=c_jq_j(x),j=3,4,\cdots,n$,且 $c_2^*c_3\cdots c_n=1$,令 $c_2=c_1^{-1}c_2^*$,便得

$$p_1(x)=c_i q_i(x), i=1,2,\cdots,n$$

且 $c_1c_2\cdots c_n=1$.

在 $f(x)$ 的分解式(1.3.1)中,可以将每一个不可约因式的首项系数提取出来,使其成为首项系数为 1 的不可约因式. 接下来,我们将相同的不可约因式进行合并,并以方幂的形式进行表示. 于是 $f(x)$ 的分解式成为:

$$f(x)=cp_1^{\alpha_1}(x)p_2^{\alpha_2}(x)\cdots p_k^{\alpha_k}(x), \alpha_i>0, i=1,2,\cdots,k. \quad (1.3.3)$$

其中,c 是 $f(x)$ 的首项系数,$f(x)$ 的每一个首项系数为 1 的不可约多项式都是独一无二的,且它们之间不会相互相同. 式(1.3.3)称为 x 在 **P** 上的标准分解式.

容易证明:域 **P** 上任何大于 0 的多项式,其标准分解式在 **P** 上是唯一的.

例 1.3.1 在 $f(b)=a_nb^n+a_{n-1}b^{n-1}+\cdots+a_1b+a_0$ 元域上,求多项式 $f(b)$ 标准分解式.

解:组合数

$$C_p^i=\frac{p(p-1)\cdots(p-i+1)}{i!}, 1\le i\le p-1$$

当 $0<i<p$ 时,$(i,p)=1$,从而 $(i!,p)=1$,有 $p\mid C_p^i$,故

$$(x+1)^p=x^p+C_p^1x^{p-1}+\cdots+C_p^{p-1}x+1=x^p+1(\mathrm{mod}p).$$

因此 $x^p+1\equiv(x+1)^p$,且 $x+1$ 是其 p 重因式.

例 1.3.2 找出二元域 $\mathbf{Z}_2$ 上的所有关于一次与二次不可约多项式.

解:由于 $\mathbf{Z}_2=\{0,1\}$,且域上的一次多项式均为不可约多项式,故 $\mathbf{Z}_2$ 上的所有一次不可约多项式为 $x, x+1$,而 $\mathbf{Z}_2$ 上的所有二次多项式为 $x^2, x^2+x, x^2+1, x^2+x+1$,显然,$x^2$, x^2+x 为可约多项式. 已知 $x^2+1=(x+1)^2(\mathrm{mod}2)$,则 x^2+1 也为可约多项式. 由此,$f(x)=(x-b)g(x)+r(x)$ 上的二次不可约多项式只有 x^2+x+1.

1.4　多项式函数

对于数域 **P** 上的多项式 $f(x)$，以未定元 x 作为形式元，则多项式 $f(x)$ 为形式多项式．令

$$f(x)=a_n x^n + a_{n-1} x^{n-1} + \cdots + a_1 x + a_0 ,$$

在 **P** 中任意选择一元 b，可得

$$f(b)=a_n b^n + a_{n-1} b^{n-1} + \cdots + a_1 b + a_0 .$$

$f(b)$ 是 $f(x)$ 在点 b 的值．因此，可以定义 $f(x)$ 为数域 **P** 上的函数，该函数实际上就是多项式的一种表现形式．

定义 1.4.1　若 $b \in \mathbf{P}$，且 b 的取值与某个非零多项式 $f(x)$ 相等，即 $f(b)=0$，则 b 为 $f(x)$ 的一个根或零点．

定理 1.4.1　若 $f(x) \in \mathbf{P}[x], b \in \mathbf{P}$，则有 $g(x) \in \mathbf{F}[x]$，令

$$f(x)=(x-b)g(x)+f(b) ,$$

b 为 $f(x)$ 的根当且仅当 $(x-b) \mid f(x)$ ．

证明：由带余除法：

$$f(x)=(x-b)g(x)+r(x) , \qquad (1.4.1)$$

$\deg(r(x))<1$，则 $r(x)$ 为常数多项式．对于式（1.4.1），用 b 代替 x，可得到 $r(x)=f(b)$，证毕．

定理 1.4.2　若 $f(x)$ 为 **P** 上的 n 次多项式，则 $f(x)$ 在 P 上最多存在 n 个不同的根．

证明：设 $b_1, b_2, \cdots, b_r$ 是 $f(x)$ 在 **P** 上的 r 个不同根．作 $g(x)=(x-b_1)(x-b_2)\cdots(x-b_r)$. 引入归纳法 $g(x) \mid f(x)$ ．当 $r=1$ 时是余数定理．若 $r-1$ 结论成立，则

$$f(x)=(x-b_1)(x-b_2)\cdots(x-b_{r-1})h(x) ,$$

将 b_r 代入

$$0=f(b_r)=(b_r-b_1)(b_r-b_2)\cdots(b_r-b_{r-1})h(b_r) ,$$

由 b_i 不同,得到 $(b_r-b_1)(b_r-b_2)\cdots(b_r-b_{r-1})\neq 0$, $h(b_r)=0$,由余数定理知

$$h(x)=(x-b_r)q(x),$$

所以

$$f(x)=(x-b_1)(x-b_2)\cdots(x-b_{r-1})(x-b_r)q(x).$$

即 $g(x)\mid f(x)$.由 $f(x)$ 因式的次数不超过 $f(x)$ 的次数,故 $r\leq n$.证毕.

推论 1.4.1 若 $f(x)$ 与 $g(x)$ 为 $\mathbf{P}$ 上次数 $\leqslant n$ 的两个多项式,且 $\mathbf{P}$ 上有 $n+1$ 个不同的数 $b_1,b_2,\cdots,b_{n+1}$,使

$$f(b_i)=g(b_i),\quad i=1,2,\cdots,n+1,$$

则 $f(x)=g(x)$.

证明:若 $h(x)=f(x)-g(x)$,则 $h(x)$ 的次数小于或等于 n,由于存在 $n+1$ 个不同的根,因此仅能有 $h(x)=0$,得 $f(x)=g(x)$,证毕.

推论 1.4.1 中的问题得到的肯定答案意味着,如果两个多项式 $f(x)$, $g(x)$ 在数域 $\mathbf{P}$ 上的取值相等,那么它们的各次项系数也一定相等,即 $f(x)=g(x)$. 这里需要强调的是,为了得出这个结论,数域 $\mathbf{P}$ 必须包含无限个元素.而对于一般的域(抽象代数中的概念),我们不能得出这样的结论.因为在有限域中,可能存在两个不同的多项式,它们的取值在所有元素上都相等.

重根问题阐述如下.若 $(x-b)^k\mid f(x)(b\in\mathbf{P})$,而 $(x-b)^{k+1}$ 不可整除 $f(x)$,则 b 为 $f(x)$ 的一个 k 重根.若 $k=1$,则 b 为单根.设 k 重根为 $f(x)$ 有 k 个根,则可得到以下命题.

命题 1.4.1 若 $f(x)$ 为数域 $\mathbf{P}$ 上的 n 次多项式,则 $f(x)$ 在 $\mathbf{P}$ 上最多存在 n 个根.

证明:对 $f(x)$ 进行标准分解,则 $f(x)$ 在 $\mathbf{P}$ 上根的个数与该分解式中一次因式的个数相同,即少于或等于 n ,证毕.

1.5 多元多项式

假定 $F[x]$ 为数域 $\mathbf{P}$ 上的多项式形式环.建立环 $F[x][y]$,即不定元 y

的以 $F[x]$ 中元素为系数的多项式．此类多项式 $f\in F[x][y]$ 同样能够表示为以 x 为不定元，以 $F[y]$ 中元素为系数的多项式 $f\in F[y][x]$，例如

$$(x^2+1)y^2+x^2y+x=(y^2+y)x^2+x+y^2,$$

因此 $F[x][y]=F[y][x]$，表示为 $F[x,y]$，为数域 **P** 上不定元 x 和 y 的多项式环．类似地，定义 $F[x_1,x_2,\cdots,x_n]$，为数域 **P** 上不定元 $x_1,x_2,\cdots,x_n$ 的多项式环，或 n 元多项式环．

$F[x_1,x_2,\cdots,x_n]$ 中的元素

$$ax_1^{k_1}x_2^{k_2}\cdots x_n^{k_n},0\le k_i\in z,i=1,2,\cdots,n,a\in\mathbf{P}$$

为单项式，a 为系数，记作 $a=a_{k_1\cdots k_n}$，进而得到其属于哪个单项式，$k_1+\cdots+k_n$ 为次数．$F[x_1,x_2,\cdots,x_n]$ 中的多元多项式均为若干单项式相加：

$$f(x_1,x_2,\cdots,x_n)=\sum_{k_1\cdots k_n}a_{k_1\cdots k_n}x_1^{k_1}x_2^{k_2}\cdots x_n^{k_n}.$$

其中，单项式是 $f(x_1,x_2,\cdots,x_n)$ 的一项，最大的次数为 f 的次数，表示为 $\deg f$．

两个多项式的每项系数一一对应相等，其中，$ax_1^{k_1}x_2^{k_2}\cdots x_n^{k_n}$ 与 $bx_1^{m_1}x_2^{m_2}\cdots x_n^{m_n}$ 对应指的是 $k_1=m_1,\cdots,k_n=m_n$，如果两个多项式相等，称它们为同类项．在进行多项式的加法和乘法时，可以利用结合律、交换律和分配律进行计算，然后合并同类项．

定义 1.5.1　（1）若 $k_1=l_1,\cdots,k_{i-1}=l_{i-1}$，且 $k_i>l_i$ 对某 $i(1\le i\le n)$ 成立，则有序数组 $(k_1,\cdots,k_n)$ 先于（或大于）$(l_1,\cdots,l_n)$，为 $(k_1,\cdots,k_n)>(l_1,\cdots,l_n)$．而 $(l_1,\cdots,l_n)$ 后于（或小于）$(k_1,\cdots,k_n)$，则可表示为 $(l_1,\cdots,l_n)<(k_1,\cdots,k_n)$．

（2）单项式 $ax_1^{k_1}x_2^{k_2}\cdots x_n^{k_n}$ 先于 $bx_1^{m_1}x_2^{m_2}\cdots x_n^{m_n}$，实际上为 $(k_1,\cdots,k_n)$ 先于 $(l_1,\cdots,l_n)$．

在多项式中，单项式按照特定的排序方式排列后，排在最前面的单项式被称为多项式的首项．例如

$$f(x_1,x_2,x_3)=x_1^5x_2x_3+4x_1^4x_2^6x_3^8+6x_1^6x_3^{18}.$$

引理 1.5.1　多项式的积 fg 的首项为 f 的首项与 g 的首项相乘．

证明： 设 f 的首项为 $ax_1^{p_1}x_2^{p_2}\cdots x_n^{p_n}$，$g$ 的首项为 $bx_1^{q_1}x_2^{q_2}\cdots x_n^{q_n}$，两首项之积为 $abx_1^{p_1+q_1}\cdots x_n^{p_n+q_n}$．而 fg 的其余一般项形如 $cx_1^{l_1+k_1}\cdots x_n^{l_n+k_n}$，存在

$$(p_1,\cdots,p_n)>(l_1,\cdots,l_n),(q_1,\cdots,q_n)>(k_1,\cdots,k_n).$$

或二者中存在一个相等关系（假定是前者），因此

$$(p_1+q_1,\cdots,p_n+q_n)\geq(l_1+q_1,\cdots,l_n+q_n)>(l_1+k_1,\cdots,l_n+k_n).$$

也就是说，f 与 g 的首项之积先于其余项的积，证毕．

若 $f_s(x_1,x_2,\cdots,x_n)\in F[x_1,x_2,\cdots,x_n]$ 中所有项的次数都是 s，则 f_s 是 s 次齐次多项式．n 次多项式 f 可表示为 $f=f_n+f_{n-1}+\cdots+f_0$，f_i 是 i 次齐次多项式，即 f 的 i 次齐次成分．其中，n 次和 m 次齐次多项式的积为 $n+m$ 次齐次多项式．此时，对于 $f,g\in F[x_1,x_2,\cdots,x_n]$，存在

$$\deg(fg)=\deg f+\deg g.$$

第 2 章　行列式

在数学中,行列式是一个非常重要的概念,尤其在矩阵、线性代数和微积分等领域中.它的应用非常广泛,可以从几何角度和代数角度来理解.从几何角度来看,行列式可以看作是有向体积或面积的概念在一般欧几里得空间中的推广.具体来说,在二维空间中,行列式可以看作是矩形的面积;在三维空间中,行列式可以看作是立体的体积.通过行列式,我们可以描述一个线性变换对"体积"所造成的影响.从代数角度来看,行列式是一个由数字组成的方阵的代数表达式,它反映了方阵的某些重要性质.例如,行列式的值可以用来判断一个矩阵是否可逆,以及用来求解线性方程组等.此外,行列式在微积分学中也有着重要的应用.例如,在换元积分法中,行列式可以用来确定坐标变换后积分区域的面积.

2.1　行列式的定义及性质

2.1.1 行列式的定义

2.1.1.1 二阶行列式

行列式,这个重要的数学工具,起源于解决线性方程组的问题.它是线性代数研究中的关键部分,并在许多其他领域,如物理和工程学中,都有广泛的应用.逆矩阵作为一种基本的数学工具,在许多实际问题中都有着广泛的应用．通过逆矩阵，可以更好地理解和分析各种问题，从而更好地解决它们．

设二元一次线性方程组

$$\begin{cases} a_{11}x_1 + a_{12}x_2 = b_1 \\ a_{21}x_1 + a_{22}x_2 = b_2 \end{cases}, \tag{2.1.1}$$

利用消元法，可得

$$\begin{cases} (a_{11}a_{22} - a_{12}a_{21})x_1 = a_{22}b_1 - a_{12}b_2 \\ (a_{11}a_{22} - a_{12}a_{21})x_2 = a_{11}b_2 - b_1a_{21} \end{cases}.$$

当 $a_{11}a_{22} - a_{12}a_{21} \neq 0$ 时，方程组（2.1.1）有唯一解

$$\begin{cases} x_1 = \dfrac{b_1a_{22} - a_{12}b_2}{a_{11}a_{22} - a_{12}a_{21}} \\ x_2 = \dfrac{a_{11}b_2 - b_1a_{21}}{a_{11}a_{22} - a_{12}a_{21}} \end{cases}. \tag{2.1.2}$$

式中，x_1，x_2 表示式在一定条件下，具有普遍性，但为了方便记忆，下面引入了二阶行列式的概念．

定义 2.1.1 引入

$$\boldsymbol{D} = \begin{vmatrix} a_{11} & a_{12} \\ a_{21} & a_{22} \end{vmatrix} = a_{11}a_{22} - a_{12}a_{21} \tag{2.1.3}$$

称为二阶行列式．行列式 $\boldsymbol{D}$ 由两行两列组成，其中的数 a_{ij} 被称为行列式的元素．

利用二阶行列式的概念将式（2.1.2）表示为更为简洁的形式．

$$x_1 = \frac{\begin{vmatrix} b_1 & a_{12} \\ b_2 & a_{22} \end{vmatrix}}{\begin{vmatrix} a_{11} & a_{12} \\ a_{21} & a_{22} \end{vmatrix}},\quad x_2 = \frac{\begin{vmatrix} a_{11} & b_1 \\ a_{21} & b_2 \end{vmatrix}}{\begin{vmatrix} a_{11} & a_{12} \\ a_{21} & a_{22} \end{vmatrix}}.$$

其中，分母是由方程组（2.1.1）中未知数的系数构成的二阶行列式，该行列式中的元素位置对应于方程组中未知数的位置．这个二阶行列式被称为方程组的系数行列式．

根据式（2.1.3），二阶行列式的值等于主对角线上元素 a_{11}，a_{22} 的乘积减去副对角线上元素 a_{12}，a_{21} 的乘积．按照这个规律，可以得出以下结论：

$$\boldsymbol{D}_1 = \begin{vmatrix} b_1 & a_{12} \\ b_2 & a_{22} \end{vmatrix} = b_1 a_{22} - a_{12} b_2, D_2 = \begin{vmatrix} a_{11} & b_1 \\ a_{21} & b_2 \end{vmatrix} = a_{11} b_2 - b_1 a_{21}.$$

根据前面的分析，当系数行列式 $\boldsymbol{D} \neq 0$ 时，二元一次线性方程组（2.1.1）的解可以用下列二阶行列式表示：

$$x_1 = \frac{\boldsymbol{D}_1}{\boldsymbol{D}}, x_2 = \frac{\boldsymbol{D}_2}{\boldsymbol{D}} .$$

2.1.1.2 n 阶行列式

定义 2.1.2　由 n^2 个元素 $a_{ij}(i, j = 1, 2, \cdots, n)$ 排成 n 行 n 列组成的记号

$$\begin{vmatrix} a_{11} & a_{12} & \cdots & a_{1n} \\ a_{21} & a_{22} & \cdots & a_{2n} \\ \vdots & \vdots & \vdots & \vdots \\ a_{n1} & a_{n2} & \cdots & a_{nn} \end{vmatrix}.$$

n 阶行列式是由取自不同行和不同列的 n 个元素组成，这些元素按照其行标的自然顺序进行排列，并将它们相乘 $a_{1j_1} a_{2j_2} \cdots a_{nj_n}$ 进行求和，得到的结果就是 n 阶行列式的值 . 这个过程考虑了元素的正负号，因此结果是一个代数和，记作

$$\begin{vmatrix} a_{11} & a_{12} & \cdots & a_{1n} \\ a_{21} & a_{22} & \cdots & a_{2n} \\ \vdots & \vdots & \vdots & \vdots \\ a_{n1} & a_{n2} & \cdots & a_{nn} \end{vmatrix} = \sum_{j_1 j_2 \cdots j_n} (-1)^{\tau(j_1 j_2 \cdots j_n)} a_{1j_1} a_{2j_2} \cdots a_{nj_n} .$$

2.1.2 行列式的性质

在上一节中，我们了解到当行列式具有特定的形式，如对角形、三角形或包含大量零元素时，计算行列式的值相对简单 . 但对于一般的行列式，直接使用定义进行计算可能会变得复杂繁琐 .

定义 2.1.3　将一个 n 阶行列式

$$\boldsymbol{D} = \begin{vmatrix} a_{11} & a_{12} & \cdots & a_{1n} \\ a_{21} & a_{22} & \cdots & a_{2n} \\ \vdots & \vdots & & \vdots \\ a_{n1} & a_{n2} & & a_{nn} \end{vmatrix}$$

的行与列对换，得到

$$D^{\mathrm{T}}=\begin{vmatrix}a_{11} & a_{21} & \cdots & a_{n1}\\ a_{12} & a_{22} & \cdots & a_{n2}\\ \vdots & \vdots & & \vdots\\ a_{1n} & a_{2n} & & a_{nn}\end{vmatrix},$$

称为 D 的转置行列式 .

性质 2.1.1 行列式的两行对换，值取反号，即

$$\begin{vmatrix}a_{11} & a_{12} & \cdots & a_{1n}\\ \vdots & \vdots & & \vdots\\ a_{i1} & a_{i2} & \cdots & a_{in}\\ \vdots & \vdots & & \vdots\\ a_{j1} & a_{j2} & \cdots & a_{jn}\\ \vdots & \vdots & & \vdots\\ a_{n1} & a_{n2} & \cdots & a_{nn}\end{vmatrix}=-\begin{vmatrix}a_{11} & a_{12} & \cdots & a_{1n}\\ \vdots & \vdots & & \vdots\\ a_{j1} & a_{j2} & \cdots & a_{jn}\\ \vdots & \vdots & & \vdots\\ a_{i1} & a_{i2} & \cdots & a_{in}\\ \vdots & \vdots & & \vdots\\ a_{n1} & a_{n2} & \cdots & a_{nn}\end{vmatrix}.$$

证明：左端 $=\sum\limits_{j_1j_2\cdots j_n}(-1)^{\tau(j_1\cdots j_i\cdots j_k\cdots j_n)}a_{1j_1}\cdots a_{ij_i}\cdots a_{kj_k}\cdots a_{nj_n}$. 展开式中的每一项 $a_{1j_1}\cdots a_{ij_i}\cdots a_{kj_k}\cdots a_{nj_n}$ 也出现在右端行列式的展开式中，且具有相同的项 . 此时只需要证明行列式中左、右端的符号相反即可 .

$a_{1j_1}\cdots a_{ij_i}\cdots a_{kj_k}\cdots a_{nj_n}$ 位于右端行列式，a_{ij_i} 是右端行列式第 k 行第 j_i 列，a_{kj_k} 是第 i 行第 j_k 列，所带符号是

$$(-1)^{\tau(1\cdots k\cdots i\cdots n)+\tau(j_1\cdots j_i\cdots j_k\cdots j_n)}=-(-1)^{\tau(j_1\cdots j_i\cdots j_k\cdots j_n)}.$$

在左端行列式中为正的项，在右端行列式中为负，反之亦然 .

性质 2.1.2 若行列式中有两行（列）的元素完全相同，则这个行列式的值将为 0 .

证明：设行列式为 D. 交换其中相同的两行，得到新的行列式 $-D$；交换相同的两行，行列式反号，得到 $D=-D$，从而推断出 $D=0$.

性质 2.1.3 行列式 D 中第 i 行元素都乘以 k，其值等于 kD，即

$$\begin{vmatrix}a_{11} & a_{12} & \cdots & a_{1n}\\ \vdots & \vdots & & \vdots\\ ka_{i1} & ka_{i2} & \cdots & ka_{in}\\ \vdots & \vdots & & \vdots\\ a_{n1} & a_{n2} & \cdots & a_{nn}\end{vmatrix}=k\begin{vmatrix}a_{11} & a_{12} & \cdots & a_{1n}\\ \vdots & \vdots & & \vdots\\ a_{i1} & a_{i2} & \cdots & a_{in}\\ \vdots & \vdots & & \vdots\\ a_{n1} & a_{n2} & \cdots & a_{nn}\end{vmatrix}.$$

证明：左端 $=\sum(-1)^{\tau(j_1j_2\cdots j_n)}a_{1j_1}\cdots(ka_{ij_i})\cdots a_{nj_n}=k\sum(-1)^{\tau(j_1j_2\cdots j_n)}a_{1j_1}\cdots a_{ij_i}\cdots a_{nj_n}=$ 右端 .

推论 2.1.1　当行列式的某两行(或某两列)的对应元素成比例时，行列式的值将为 0 .

推论 2.1.2　在行列式的计算中，如果发现某一行(或某一列)的所有元素都为零，可以直接得出该行列式的值为零，避免了复杂的计算过程 .

性质 2.1.4　若一个行列式 $\boldsymbol{D}$ 中第 i 行的每个元素都是两个其他元素的和，那么这个行列式可以表示为两个其他行列式的和，即

$$\begin{vmatrix} a_{11} & a_{12} & \cdots & a_{1n} \\ \vdots & \vdots & & \vdots \\ a_{i1}+b_{i1} & a_{i2}+b_{i2} & \cdots & a_{in}+b_{in} \\ \vdots & \vdots & & \vdots \\ a_{n1} & a_{n2} & \cdots & a_{nn} \end{vmatrix}=\begin{vmatrix} a_{11} & a_{12} & \cdots & a_{1n} \\ \vdots & \vdots & & \vdots \\ a_{i1} & a_{i2} & \cdots & a_{in} \\ \vdots & \vdots & & \vdots \\ a_{n1} & a_{n2} & \cdots & a_{nn} \end{vmatrix}+\begin{vmatrix} a_{11} & a_{12} & \cdots & a_{1n} \\ \vdots & \vdots & & \vdots \\ b_{i1} & b_{i2} & \cdots & b_{in} \\ \vdots & \vdots & & \vdots \\ a_{n1} & a_{n2} & \cdots & a_{nn} \end{vmatrix}.$$

证明：左端 $=\sum(-1)^{\tau(j_1j_2\cdots j_n)}a_{1j_1}\cdots(a_{ij_i}+b_{ij_i})\cdots a_{nj_n}$

$=\sum(-1)^{\tau(j_1j_2\cdots j_n)}a_{1j_1}\cdots a_{ij_i}\cdots a_{nj_n}+\sum(-1)^{\tau(j_1j_2\cdots j_n)}a_{1j_1}\cdots b_{ij_i}\cdots a_{nj_n}$

$=$ 右端 .

性质 2.1.5　在行列式的计算中，如果把某一行的各个元素分别乘以一个非零常数 k，然后再加到另一行的对应元素上，那么这个行列式的值将保持不变，即

$$\begin{vmatrix} a_{11} & a_{12} & \cdots & a_{1n} \\ \vdots & \vdots & & \vdots \\ a_{i1} & a_{i2} & \cdots & a_{in} \\ \vdots & \vdots & & \vdots \\ a_{j1} & a_{j2} & \cdots & a_{jn} \\ \vdots & \vdots & & \vdots \\ a_{n1} & a_{n2} & \cdots & a_{nn} \end{vmatrix}=\begin{vmatrix} a_{11} & a_{12} & \cdots & a_{1n} \\ \vdots & \vdots & & \vdots \\ a_{i1} & a_{i2} & \cdots & a_{in} \\ \vdots & \vdots & & \vdots \\ ka_{i1}+a_{j1} & ka_{i2}+a_{j2} & \cdots & ka_{in}+a_{jn} \\ \vdots & \vdots & & \vdots \\ a_{n1} & a_{n2} & \cdots & a_{nn} \end{vmatrix}.$$

证明：

$$右端=\begin{vmatrix} a_{11} & a_{12} & \cdots & a_{1n} \\ \vdots & \vdots & & \vdots \\ a_{i1} & a_{i2} & \cdots & a_{in} \\ \vdots & \vdots & & \vdots \\ a_{j1} & a_{j2} & \cdots & a_{jn} \\ \vdots & \vdots & & \vdots \\ a_{n1} & a_{n2} & \cdots & a_{nn} \end{vmatrix}+\begin{vmatrix} a_{11} & a_{12} & \cdots & a_{1n} \\ \vdots & \vdots & & \vdots \\ a_{i1} & a_{i2} & \cdots & a_{in} \\ \vdots & \vdots & & \vdots \\ ka_{i1} & ka_{i2} & \cdots & ka_{in} \\ \vdots & \vdots & & \vdots \\ a_{n1} & a_{n2} & \cdots & a_{nn} \end{vmatrix}=左端.$$

性质 2.1.6 当对一个行列式进行转置操作时，其值不变，即 $\boldsymbol{D}=\boldsymbol{D}^{\mathrm{T}}$.

证明：将 $\boldsymbol{D}^{\mathrm{T}}$ 记为

$$\begin{vmatrix} b_{11} & b_{21} & \cdots & b_{n1} \\ b_{12} & b_{22} & \cdots & b_{n2} \\ \vdots & \vdots & & \vdots \\ b_{1n} & b_{2n} & \cdots & b_{nn} \end{vmatrix},$$

于是有

$$b_{ij}=a_{ji}\ (i,j=1,2,\cdots,n)\ .$$

则由定义有

$$\boldsymbol{D}^{\mathrm{T}}=\sum(-1)^{\tau(j_1j_2\cdots j_n)}b_{1j_1}b_{2j_2}\cdots b_{nj_n}=\sum(-1)^{\tau(j_1j_2\cdots j_n)}a_{j_11}a_{j_22}\cdots a_{j_nn}=\boldsymbol{D}.$$

初等变换是线性代数中常用的一个概念，它是通过有限次行变换或列变换将一个矩阵变换为一个等价的矩阵．初等变换包括以下三种基本类型．

（1）消法变换．也称为行变换或列变换，具体操作为用一个倍向量（常数乘以某一行或某一列的向量）加到另一行或另一列上．这种变换可以用来消去某一行或某一列中的某些元素，使行列式变为上三角或下三角形式．

（2）倍法变换．也称为行缩放或列缩放，具体操作为从某一行或某一列提取公因子（常数乘以某一行或某一列的向量）．这种变换可以用来简化行列式，使行列式中的某些元素变为 1，从而更容易计算行列式的值．

（3）对换．也称为行交换或列交换，具体操作为交换两行或两列的位置．这种变换可以用来改变行列式的结构，从而更容易观察和计算行列式的值．

2.2 行列式的计算

2.2.1 运用性质计算行列式

（1）对于一个 n 阶行列式，它的值等于其主对角线元素乘积与去掉主对角线后剩下的元素乘积的代数和，以此类推，直到只剩下一个非零元素．这种方法适用于行列式中非零元素较少的情况，可以避免复杂的计算．

（2）展开定理告诉我们，一个 n 阶行列式等于它的任意一行的元素与另一行的相应元素进行替换后的行列式与一个负的二阶子行列式的乘积，以此类推，直到只剩下一个非零元素．由于在计算过程中会不断出现零元素，因此这种方法可以大大简化计算过程．

（3）如果行列式中某行（或列）的所有元素都可以化为0，也可以利用此性质简化计算．

（4）可以通过展开定理得到一组递推公式，然后根据这些公式逐步计算出所求的行列式．这种方法适用于无法直接计算出结果的复杂行列式．

（5）对于一些无法直接通过定义和性质计算出的复杂行列式，可以考虑使用数学归纳法．通过归纳法，可以将复杂的问题转化为简单的问题，从而方便地求解出所求的行列式．

2.2.2 行列式的降阶计算

对于行列式的计算，有很多不同的方法和技巧可以应用．这些方法并非固定不变的，而是需要根据具体的情况和行列式的特性进行灵活运用．基本的目标是尽可能地简化行列式，使其更容易计算．降阶计算方法是一个重要的策略．通过利用各种行列式的性质，如互换、倍乘或加法等，可以降低行列式的阶数，从而简化计算．具体来说，如果一个行列式能通过一些操作变成一个较低阶的行列式，那么这个操作就是降阶．在降阶过程中，经常需要引入子式和代数余子式的概念．子式是从原行列式中取出一部分元素所构成的行列式．而代数余子式则是去掉一个子式后，在剩余元素中划去若干行和若干列后所得到的行列式．这两个概念在行列式的计算中非常重要，因为它们可以帮助我们理解和应用行列式的性质．

定义 2.2.1 在 n 阶行列式 $\boldsymbol{D}=\left|a_{ij}\right|$ 中，任意取定 $k(0\leqslant k\leqslant n)$ 行 k 列．在这些行列相交处的元素按照原有位置排成的一个 k 阶行列式，被称为 $\boldsymbol{D}$ 的一个 k 阶子式，记为 $\boldsymbol{D}_{(k)}$.$\boldsymbol{D}$ 的一阶子式就是 $\boldsymbol{D}$ 中元素 a_{ij}.

定义 2.2.2 从 n 阶行列式 $\boldsymbol{D}=\left|a_{ij}\right|$ 中划去某个子式 $\boldsymbol{D}_{(k)}$ 所在的行（第 $i_1,i_2,\cdots,i_k$ 行）和列（第 $j_1,j_2,\cdots,j_k$ 列），剩余元素按照原有位置所排成的 $n-k$ 阶行列式，称为子式 $\boldsymbol{D}_{(k)}$ 的余子式，记为 $\boldsymbol{M}_{(k)}$．特别地，元素 a_{ij} 的余子式记为 $\boldsymbol{M}_{ij}$ ．

定义 2.2.3 在 n 阶行列式 $\boldsymbol{D}$ 中，k 阶子式 $\boldsymbol{D}_{(k)}$ 的余子式 $\boldsymbol{M}_{(k)}$ 连同符号 $(-1)^{i_1+\cdots+i_k+j_1+\cdots+j_k}$ 叫作子式 $\boldsymbol{D}_{(k)}$ 的代数余子式，记为 $\boldsymbol{A}_{(k)}$ ．记元素 a_{ij} 的代数余子式为 $\boldsymbol{A}_{ij}=(-1)^{i+j}\boldsymbol{M}_{ij}$.

关于行列式的降阶计算方法．首先探讨如何根据某一行（或某一列）展开行列式进行降阶计算．

定理 2.2.1 若 n 阶行列式 $\boldsymbol{D}$ 的第 i 行（或第 j 列）元素除 a_{ij} 外其余元素全为 0，那么 $\boldsymbol{D}=a_{ij}\boldsymbol{A}_{ij}$ ．

证明：仅需证明当列元素满足题设条件时的情况，因为行元素满足条件的情形可以类似证明．下面分两种情形进行讨论．

（1）若 n 阶行列式

$$\boldsymbol{D}=\begin{vmatrix}a_{11}&a_{12}&\cdots&a_{1n}\\0&a_{22}&\cdots&a_{2n}\\\cdots&\cdots&\cdots&\cdots\\0&a_{n2}&\cdots&a_{nn}\end{vmatrix},\ \boldsymbol{M}_{11}=\begin{vmatrix}a_{22}&\cdots&a_{2n}\\a_{32}&\cdots&a_{3n}\\\cdots&\cdots&\cdots\\a_{n2}&\cdots&a_{nn}\end{vmatrix},$$

且 $\boldsymbol{M}_{11}$ 的一般项为 $a_{j_2 2}a_{j_3 3}\cdots a_{j_n n}$，其中 $j_2j_3\cdots j_n$ 是元素 2、3、…、n 的一

个全排列，则 $a_{j_2 2}$、$a_{j_2 3}$、…、$a_{j_2 n}$ 必位于 $\boldsymbol{M}_{11}$ 的不同行不同列，由此可知 $a_{11}a_{j_2 2}\cdots a_{j_n n}$ 一定是 $\boldsymbol{D}$ 的乘积项．反之，取 $\boldsymbol{D}$ 的任一项 $a_{j_1 1}a_{j_2 2}\cdots a_{j_n n}$，则当且仅当 $j_1=1$ 时，该乘积项可能不为 0. 即 $\boldsymbol{D}$ 的非零乘积项的形式都有 $a_{11}a_{j_2 2}\cdots a_{j_n n}$，因而必为 $a_{11}\boldsymbol{M}_{11}$ 的乘积项．由此可知 $\boldsymbol{D}$ 与 $a_{11}\boldsymbol{M}_{11}$ 含有相同的乘积项．

若 $a_{11}a_{j_2 2}\cdots a_{j_n n}$ 在 $\boldsymbol{D}$ 中的符号为 $(-1)^{\pi(1 j_2\cdots j_n)}=(-1)^{\pi(j_2-1\cdots j_n-1)}$，而它在 $a_{11}M_{11}$ 中的符号是 $a_{j_2 2}a_{j_3 3}\cdots a_{j_n n}$ 在 $\boldsymbol{M}_{11}$ 中的符号 $(-1)^{\pi(j_2-1\cdots j_n-1)}$．此时乘积项 $a_{11}a_{j_2 2}\cdots a_{j_n n}$ 在 $\boldsymbol{D}$ 和 $a_{11}\boldsymbol{M}_{11}$ 中的符号完全相同．因此，得到 $\boldsymbol{D}=a_{11}\mathrm{M}_{11}=a_{11}(-1)^{1+1}\boldsymbol{M}_{11}=a_{11}\boldsymbol{A}_{11}$．

（2）设 n 阶行列式

$$\boldsymbol{D}=\begin{vmatrix} a_{11} & \cdots & 0 & \cdots & a_{1n} \\ \cdots & \cdots & \cdots & \cdots & \cdots \\ a_{i1} & \cdots & a_{ij} & \cdots & a_{in} \\ \cdots & \cdots & \cdots & \cdots & \cdots \\ a_{n1} & \cdots & 0 & \cdots & a_{nn} \end{vmatrix},$$

则在 $\boldsymbol{D}$ 中把第 i 行依次和第 $i-1$ 行、第 $i-2$ 行、…、第 1 行邻换，再把第 j 列依次和第 $j-1$ 列、第 $j-2$ 列、…、第 1 列邻换，共施行 $i+j-2$ 次邻换后可得到

$$\boldsymbol{D}_1=\begin{vmatrix} a_{ij} & a_{i1} & a_{i2} & \cdots & a_{in} \\ 0 & a_{11} & a_{12} & \cdots & a_{1n} \\ \cdots & \cdots & \cdots & \cdots & \cdots \\ 0 & a_{n1} & a_{n2} & \cdots & a_{nn} \end{vmatrix}.$$

由于 $\boldsymbol{D}_1=a_{ij}\boldsymbol{M}_{ij}$，因此 $\boldsymbol{D}=(-1)^{i+j-2}\boldsymbol{D}_1=(-1)^{i+j}a_{ij}\boldsymbol{M}_{ij}=a_{ij}\boldsymbol{A}_{ij}$．

定理 2.2.2　若 $\boldsymbol{D}=\left|a_{ij}\right|$ 是 n 阶行列式，则

$$\boldsymbol{D}=a_{i1}\boldsymbol{A}_{i1}+a_{i2}\boldsymbol{A}_{i2}+\cdots+a_{in}\boldsymbol{A}_{in},\ (i=1,2,\cdots,n)\ ;$$

$$\boldsymbol{D}=a_{1j}\boldsymbol{A}_{1j}+a_{2j}\boldsymbol{A}_{2j}+\cdots+a_{nj}\boldsymbol{A}_{nj},\ (j=1,2,\cdots,n)\ .$$

证明：接下来集中证明按列展开的正确性，而行元素的展开证明方式与列元素的展开类似．因为

$$
\boldsymbol{D}=\begin{vmatrix} a_{11} & \cdots & a_{1,j-1} & a_{1j}+0+\cdots+0 & a_{1,j+1} & \cdots & a_{1n} \\ a_{21} & \cdots & a_{2,j-1} & 0+a_{2j}+\cdots+0 & a_{2,j+1} & \cdots & a_{2n} \\ \cdots & \cdots & \cdots & \cdots & \cdots & \cdots & \cdots \\ a_{n1} & \cdots & a_{n,j-1} & 0+0+\cdots+a_{nj} & a_{n,j+1} & \cdots & a_{nn} \end{vmatrix}
$$

$$
+\begin{vmatrix} a_{11}\cdots a_{1j-1} & 0 & a_{1j+1}\cdots a_{1n} \\ a_{21}\cdots a_{2j-1} & a_{2j} & a_{2j+1}\cdots a_{2n} \\ & \cdots & \\ a_{n1}\cdots a_{nj-1} & 0 & a_{nj+1}\cdots a_{nn} \end{vmatrix}+\cdots+\begin{vmatrix} a_{11}\cdots a_{1j-1} & 0 & a_{1,j+1}\cdots a_{1n} \\ a_{21}\cdots a_{2j-1} & 0 & a_{2,j+1}\cdots a_{2n} \\ & \cdots & \\ a_{n1}\cdots a_{nj-1} & a_{nj} & a_{n,j+1}\cdots a_{nn} \end{vmatrix}
$$

$$
=\boldsymbol{D}_1+\boldsymbol{D}_2+\cdots+\boldsymbol{D}_n .
$$

同时,由于 a_{kj} 在 $\boldsymbol{D}$ 和 $\boldsymbol{D}_k$ 中处于相同的位置,而 $\boldsymbol{D}$ 和 $\boldsymbol{D}$ 除第 j 列外的元素都相同,因此元素 a_{kj} 在 $\boldsymbol{D}_k$ 和 $\boldsymbol{D}$ 中的代数余子式都为 $\boldsymbol{A}_{kj}(k=1,2,\cdots,n)$.

由定理 2.2.1 知 $\boldsymbol{D}_k=a_{kj}\boldsymbol{A}_{kj}$,从而

$$
\boldsymbol{D}=a_{1j}\boldsymbol{A}_{1j}+a_{2j}\boldsymbol{A}_{2j}+\cdots+a_{nj}\boldsymbol{A}_{nj},\ j=1,2,\cdots,n
$$

通过类比定理 2.2.2,可以推导出一种更快的方法来降低行列式的阶数 . 这种方法的关键在于利用行列式的性质,通过一系列的行变换和列变换,将高阶行列式转化为低阶行列式,从而简化计算 . 虽然证明过程略去,但这种方法在实际应用中已经被广泛证实是有效的 .

定理 2.2.3(拉普拉斯定理) 若在行列式 $\boldsymbol{D}$ 中任意取 k 行(列),则由 k 行(列)元素组成的所有 k 阶子式 $\boldsymbol{D}_{k_i}(i=1,2,\cdots,C_n^k)$ 与其代数余子式 $\boldsymbol{A}_{k_i}$ 的乘积之和等于行列式 $\boldsymbol{D}$ 的值,即 $\boldsymbol{D}=\sum_{i=1}^{C_n^k}\boldsymbol{D}_{k_i}\boldsymbol{A}_{k_i}$.

定理 2.2.4 若行列式 $\boldsymbol{D}=|a_{ij}|$ 中的某一行(或某一列)的每个元素与另一行(或另一列)对应元素的代数余子式相乘,并将这些乘积相加,其和为零 . 即

$$
a_{i1}\boldsymbol{A}_{j1}+\cdots+a_{in}\boldsymbol{A}_{jn}=0,\ a_{1i}\boldsymbol{A}_{1j}+\cdots+a_{ni}\boldsymbol{A}_{nj}=0,\ i\neq j .
$$

证明：设

$$D=\begin{vmatrix} \cdots & \cdots & \cdots & \cdots \\ a_{i1} & a_{i2} & \cdots & a_{in} \\ \cdots & \cdots & \cdots & \cdots \\ a_{j1} & a_{j2} & \cdots & a_{jn} \\ \cdots & \cdots & \cdots & \cdots \end{vmatrix}\begin{matrix} \\ i \\ \\ j \\ \\ \end{matrix},\quad D_1=\begin{vmatrix} \cdots & \cdots & \cdots & \cdots \\ a_{i1} & a_{i2} & \cdots & a_{in} \\ \cdots & \cdots & \cdots & \cdots \\ a_{i1} & a_{i2} & \cdots & a_{in} \\ \cdots & \cdots & \cdots & \cdots \end{vmatrix}\begin{matrix} \\ i \\ \\ j \\ \\ \end{matrix},$$

则 $\boldsymbol{D}$ 中第 j 行的每一个元素 $a_{j1}, a_{j2},\cdots, a_{jn}$ 与 $\boldsymbol{D}_1$ 中第 j 行与之对应的元素 $a_{i1}, a_{i2},\cdots, a_{in}$ 都具有相同的代数余子式 $\boldsymbol{A}_{j1}, \boldsymbol{A}_{j2},\cdots, \boldsymbol{A}_{jn}$.

将行列式 $\boldsymbol{D}$ 的第 i 行元素与第 j 行对应元素的代数余子式相乘，并求乘积和 $a_{i1}\boldsymbol{A}_{j1}+a_{i2}\boldsymbol{A}_{j2}+\cdots+a_{in}\boldsymbol{A}_{jn}$，即把 $\boldsymbol{D}_1$ 按第 j 行展开 .

因为 $\boldsymbol{D}_1=0$ ，所以 $a_{i1}\boldsymbol{A}_{j1}+a_{i2}\boldsymbol{A}_{j2}+\cdots+a_{in}\boldsymbol{A}_{jn}=0$.

综合定理 2.2.2 和定理 2.2.4，可得到如下定理 .

定理 2.2.5　对任意 n 阶行列式 $\boldsymbol{D}=|a_{ij}|$，都有

$$\sum_{k=1}^{n}a_{ik}\boldsymbol{A}_{jk}=\begin{cases}\boldsymbol{D}, & i=j\\ 0, & i\neq j\end{cases},\quad \sum_{k=1}^{n}a_{ki}\boldsymbol{A}_{kj}=\begin{cases}\boldsymbol{D}, & i=j\\ 0, & i\neq j\end{cases}.$$

例 2.2.1　计算 n 阶 Vander Monde（范德蒙）行列式

$$\boldsymbol{V}_n=\begin{vmatrix} 1 & x_1 & x_1^2 & \cdots & x_1^{n-2} & x_1^{n-1} \\ 1 & x_2 & x_2^2 & \cdots & x_2^{n-2} & x_2^{n-1} \\ \vdots & \vdots & \vdots & & \vdots & \vdots \\ 1 & x_{n-1} & x_{n-1}^2 & \cdots & x_{n-1}^{n-2} & x_{n-1}^{n-1} \\ 1 & x_n & x_n^2 & \cdots & x_n^{n-2} & x_n^{n-1} \end{vmatrix}.$$

解：采用行消法，将第 $n-1$ 列的每个元素乘以 $-x_n$，然后加到第 n 列的对应元素上 . 这样做的目的是使第 n 列的元素变为 0，同时保持行列式的值不变 . 接下来，将第 $n-2$ 列的每个元素乘以 $-x_n$，然后加到第 $n-1$ 列的对应元素上 . 这样做的目的是使第 $n-1$ 列的元素变为 0，同时保持行列式的值不变 .

以此类推，依次将第一列的每个元素乘以 $-x_n$，然后加到第 2 列的对应元素上 . 每次进行这样的变形后，行列式的值都会保持不变 . 通过这样的行消法操作，可以将行列式化为一个更简单的形式，使其更容易计算 . 这个过程不会改变行列式的值，因此可以放心地使用这种方法进行计算 . 此时

$$V_n=\begin{vmatrix}1 & x_1-x_n & x_1^2-x_1x_n & \cdots & x_1^{n-2}-x_1^{n-3}x_n & x_1^{n-1}-x_1^{n-2}x_n \\ 1 & x_2-x_n & x_2^2-x_2x_n & \cdots & x_2^{n-2}-x_2^{n-3}x_n & x_2^{n-1}-x_2^{n-2}x_n \\ \vdots & \vdots & \vdots & & \vdots & \vdots \\ 1 & x_{n-1}-x_n & x_{n-1}^2-x_{n-1}x_n & \cdots & x_{n-1}^{n-2}-x_{n-1}^{n-3}x_n & x_{n-1}^{n-1}-x_{n-1}^{n-2}x_n \\ 1 & 0 & 0 & \cdots & 0 & 0\end{vmatrix}$$

$$=(-1)^{n+1}\begin{vmatrix}x_1-x_n & x_1(x_1-x_n) & \cdots & x_1^{n-3}(x_1-x_n) & x_1^{n-2}(x_1-x_n) \\ x_2-x_n & x_2(x_2-x_n) & \cdots & x_2^{n-3}(x_2-x_n) & x_2^{n-2}(x_2-x_n) \\ \vdots & \vdots & & \vdots & \vdots \\ x_{n-1}-x_n & x_{n-1}(x_{n-1}-x_n) & \cdots & x_{n-1}^{n-3}(x_{n-1}-x_n) & x_{n-1}^{n-2}(x_{n-1}-x_n)\end{vmatrix}.$$

析出公因子后得到的 $n-1$ 阶行列式恰好是一个 $x_1,x_2,\cdots,x_{n-1}$ 的 $n-1$ 阶 Vander Monde 行列式，记为 V_{n-1}，于是

$$V_n=(-1)^{n+1}(x_1-x_n)(x_2-x_n)\cdots(x_{n-1}-x_n)\cdot\begin{vmatrix}1 & x_1 & x_1^2 & \cdots & x_1^{n-2} \\ 1 & x_2 & x_2^2 & \cdots & x_2^{n-2} \\ \vdots & \vdots & \vdots & & \vdots \\ 1 & x_{n-1} & x_{n-1}^2 & \cdots & x_{n-1}^{n-2}\end{vmatrix}$$

$$=(x_n-x_1)(x_n-x_2)\cdots(x_n-x_{n-1})V_{n-1}$$

由此得到递推公式

$$V_n=(x_n-x_1)(x_n-x_2)(x_n-x_{n-1})V_{n-1}\ .$$

于是

$$V_n=\prod_{1\le j<i\le n}(x_i-x_j).$$

此时，Π 表示连乘积，i 和 j 在保持 $j<\mathrm{i}$ 的条件下遍历 1 到 n .

2.3 克拉默(Cramer)法则的应用

定理 2.3.1（克拉默法则） 如果线性方程组

$$\begin{cases} a_{11}x_1+a_{12}x_2+\cdots+a_{1n}x_n=b_1 \\ a_{21}x_1+a_{22}x_2+\cdots+a_{2n}x_n=b_2 \\ \quad\cdots \\ a_{n1}x_1+a_{n2}x_2+\cdots+a_{nn}x_n=b_n \end{cases} \tag{2.3.1}$$

的系数行列式为

$$\boldsymbol{D}=\begin{vmatrix} a_{11} & a_{12} & \cdots & a_{1n} \\ a_{21} & a_{22} & \cdots & a_{2n} \\ \vdots & \vdots & & \vdots \\ a_{n1} & a_{n2} & \cdots & a_{nn} \end{vmatrix} \neq 0,$$

那么线性方程组（2.3.1）有唯一解

$$x_1=\frac{\boldsymbol{D}_1}{\boldsymbol{D}},\ x_2=\frac{\boldsymbol{D}_2}{\boldsymbol{D}},\cdots,\ x_n=\frac{\boldsymbol{D}_n}{\boldsymbol{D}}. \tag{2.3.2}$$

其中，

$$\boldsymbol{D}_i=\begin{vmatrix} a_{11} & \cdots & a_{1,i-1} & b_1 & a_{1,i+1} & \cdots & a_{1n} \\ a_{21} & \cdots & a_{2,i-1} & b_2 & a_{2,i+2} & \cdots & a_{2n} \\ \vdots & & \vdots & \vdots & \vdots & & \vdots \\ a_{n1} & \cdots & a_{n,i-1} & b_n & a_{n,i+1} & \cdots & a_{nn} \end{vmatrix},\ i=1,2,\cdots,n.$$

即 $\boldsymbol{D}_i$ 是把 $\boldsymbol{D}$ 中的第 i 列的元素替换为方程组（2.3.1）中的常数项，得到一个新的行列式．这个新的行列式与原始方程组具有密切的联系，可以通过其值来揭示方程组的解的性质．

该定理即克拉默法则，是一个关于线性方程组和行列式之间关系的强大工具．这个法则包含了以下三个重要的结论：

（1）方程组有解．克拉默法则证明了如果将第 i 列的元素替换为方程组（2.3.1）中的常数项后得到的行列式不为 0，那么原方程组一定有解．这是基于行列式的非零性质和线性方程组的解的存在性．

（2）解是唯一的．克拉默法则进一步指出，如果上述行列式不为 0，那么原方程组的解是唯一的．这是因为在这种情况下，方程组的系数矩阵是满秩的，从而确保了解的唯一性．

（3）解由式（2.3.2）给出．克拉默法则提供了一个明确的公式（2.3.2），用于计算原方程组的解．这个公式是基于行列式的值和方程组的系数来计算的，从而提供了方便快捷的求解方法．

为了全面理解和应用克拉默法则，不仅需要掌握这三个结论，还需要深入理解它们之间的内在联系．通过实践和练习，可以逐渐掌握这一重要的数学原理，并运用它来解决各种线性方程组问题．

为了证明这三个结论，需要分两步进行．

第一步：证明由式(2.3.2)给出的数组一定是方程组(2.3.1)的解．这需要利用克拉默法则和行列式的性质进行详细的数学推导．下面将证明这个数组满足方程组的所有条件，从而证明它是一个解．

第二步：证明方程组(2.3.1)的解一定是由式(2.3.2)表示出来的．这一步涉及反证法，需要证明除了由式(2.3.2)给出的解之外，没有其他解满足方程组的条件．这将通过对比不同解与行列式的关系来实现，利用行列式的唯一性性质进行证明．

证明：(1)要证明式(2.3.2)是方程组(2.3.1)的解，首先需要理解方程组的结构以及行列式的性质．首先，可以将方程组(2.3.1)简化为矩阵形式

$$\sum_{j=1}^{n} a_{ij}x_j=b_i,\ i=1,2,\cdots,n. \qquad (2.3.3)$$

为了证明式(2.3.2)是方程组(2.3.1)的解，需要将式(2.3.2)代入式(2.3.3)第i个方程的左侧，并使用行列式$\boldsymbol{D}_j$的展开法则来展开第j列．这一步是关键，因为它涉及使用行列式的性质和计算规则来验证式(2.3.2)是否满足方程组，由此得到

$$\begin{aligned}\sum_{j=1}^{n} a_{ij}x_j&=\sum_{j=1}^{n} a_{ij}\frac{\boldsymbol{D}_j}{\boldsymbol{D}}=\frac{1}{\boldsymbol{D}}\sum_{j=1}^{n} a_{ij}\boldsymbol{D}_j=\frac{1}{\boldsymbol{D}}\sum_{s=1}^{n} b_s\boldsymbol{A}_{sj}=\frac{1}{\boldsymbol{D}}\sum_{j=1}^{n}\sum_{s=1}^{n} a_{ij}\boldsymbol{A}_{sj}b_s\\&=\frac{1}{\boldsymbol{D}}\sum_{s=1}^{n}\sum_{j=1}^{n} a_{ij}\boldsymbol{A}_{sj}b_s=\frac{1}{\boldsymbol{D}}\sum_{s=1}^{n}\left(\sum_{j=1}^{n} a_{ij}\boldsymbol{A}_{sj}\right)b_s=\frac{1}{\boldsymbol{D}}\boldsymbol{D}b_i=b_i.\end{aligned}$$

验证这个等式的右侧是否等于方程组中相应方程的右侧．如果验证成立，那么就可以证明式(2.3.2)是方程组(2.3.1)的解．

(2)证明解的唯一性．设($c_1,c_2\cdots,c_n$)是方程组的解，只需要证明这个解可以表示成式(2.3.2)的形式，即只要证明$c_j=\dfrac{\boldsymbol{D}_j}{\boldsymbol{D}}(j=1,2,\cdots,n)$即可．

由于($c_1,c_2\cdots,c_n$)是方程组(2.3.1)的解，因此它满足方程组，将其代入后得到

$$\begin{cases} a_{11}c_1+a_{12}c_2+\cdots+a_{1n}c_n=b_1 \\ a_{21}c_1+a_{22}c_2+\cdots+a_{2n}c_n=b_2 \\ \cdots \\ a_{n1}c_1+a_{n2}c_2+\cdots+a_{nn}c_n=b_n \end{cases}. \tag{2.3.4}$$

现在构造行列式

$$c_1\boldsymbol{D}=\begin{vmatrix} a_{11}c_1 & a_{12} & \cdots & a_{1n} \\ a_{21}c_1 & a_{22} & \cdots & a_{2n} \\ \vdots & \vdots & & \vdots \\ a_{n1}c_1 & a_{n2} & \cdots & a_{nn} \end{vmatrix},$$

将行列式的第 2,3，…, n 列分别乘以 $c_2,c_3\cdots,c_n$ 后都加到第 1 列,得到

$$c_1\boldsymbol{D}=\begin{vmatrix} a_{11}c_1+a_{12}c_2+\cdots+a_{1n}c_n & a_{12} & \cdots & a_{1n} \\ a_{21}c_1+a_{22}c_2+\cdots+a_{2n}c_n & a_{22} & \cdots & a_{2n} \\ \vdots & \vdots & & \vdots \\ a_{n1}c_1+a_{n2}c_2+\cdots+a_{nn}c_n & a_{n2} & \cdots & a_{nn} \end{vmatrix}.$$

由式(2.3.4)得到

$$c_1\boldsymbol{D}=\begin{vmatrix} b_1 & a_{12} & \cdots & a_{1n} \\ b_2 & a_{22} & \cdots & a_{2n} \\ \vdots & \vdots & & \vdots \\ b_n & a_{n2} & \cdots & a_{nn} \end{vmatrix}=\boldsymbol{D}_1.$$

又因 $\boldsymbol{D}\neq 0$,所以 $c_1=\dfrac{\boldsymbol{D}_1}{\boldsymbol{D}}$. 同理可以证明 $c_2=\dfrac{\boldsymbol{D}_2}{\boldsymbol{D}}$, $c_3=\dfrac{\boldsymbol{D}_3}{\boldsymbol{D}}$ ，…, $c_n=\dfrac{\boldsymbol{D}_n}{\boldsymbol{D}}$. 这样又可以证明 $c_1,c_2\cdots,c_n$ 就是式(2.3.4),即方程组(2.3.1)的解是唯一的 .

齐次线性方程组总是有解的, $x_1=0$, $x_2=0,\cdots$, $x_n=0$ 是它的一个解,称为零解 . 若 $x_1=c_1$, $x_2=c_2,\cdots$, $x_n=c_n$ 是它的一个解,且 c_1, $c_2,\cdots$, c_n 不全为零,则称这个解为它的非零解 .

定理 2.3.2　如果齐次线性方程组

$$\begin{cases} a_{11}x_1+a_{12}x_2+\cdots+a_{1n}x_n=0 \\ a_{21}x_1+a_{22}x_2+\cdots+a_{2n}x_n=0 \\ \cdots \\ a_{n1}x_1+a_{n2}x_2+\cdots+a_{nn}x_n=0 \end{cases}$$

的系数行列式 $\boldsymbol{D}\neq 0$，那么它只有零解，即若方程组有非零解，则必有系数行列式 $\boldsymbol{D}=0$.

例 2.3.1 解方程组

$$\begin{bmatrix} a_{11} & a_{12} & a_{13} & \cdots & a_{1n} \\ 0 & a_{22} & a_{23} & \cdots & a_{2n} \\ 0 & 0 & a_{33} & \cdots & a_{3n} \\ \vdots & \vdots & \vdots & & \vdots \\ 0 & 0 & 0 & \cdots & a_{nn} \end{bmatrix}\begin{bmatrix} x_1 \\ x_2 \\ x_3 \\ \vdots \\ x_n \end{bmatrix}=\begin{bmatrix} 1 \\ -1 \\ 0 \\ \vdots \\ 0 \end{bmatrix}, a_{ii}\neq 0; i=1,2,\cdots,n.$$

解：系数行列式 $\boldsymbol{D}=\prod_{i=1}^{n}a_{ii}$，由于 $a_{ii}\neq 0\left(i=1,2,\cdots,n\right)$，则 $\boldsymbol{D}\neq 0$，该方程组有唯一解，同时满足克拉默法则.

$$\boldsymbol{D}_1=\begin{vmatrix} 1 & a_{12} & a_{13} & \cdots & a_{1n} \\ -1 & a_{22} & a_{23} & \cdots & a_{2n} \\ 0 & 0 & a_{33} & \cdots & a_{3n} \\ \vdots & \vdots & \vdots & & \vdots \\ 0 & 0 & 0 & \cdots & a_{nn} \end{vmatrix}=\begin{vmatrix} 1 & a_{12} & a_{13} & \cdots & a_{1n} \\ 0 & a_{12}+a_{22} & a_{13}+a_{23} & \cdots & a_{1n}+a_{2n} \\ 0 & 0 & a_{33} & \cdots & a_{3n} \\ \vdots & \vdots & \vdots & & \vdots \\ 0 & 0 & 0 & \cdots & a_{nn} \end{vmatrix}$$

$$=1\cdot\left(a_{11}+a_{22}\right)a_{33}\cdots a_{nn}=\left(a_{12}+a_{22}\right)\prod_{i=3}^{n}a_{ii};$$

$$\boldsymbol{D}_2=\begin{vmatrix} a_{11} & 1 & a_{13} & \cdots & a_{1n} \\ 0 & -1 & a_{23} & \cdots & a_{2n} \\ 0 & 0 & a_{33} & \cdots & a_{3n} \\ \vdots & \vdots & \vdots & & \vdots \\ 0 & 0 & 0 & \cdots & a_{nn} \end{vmatrix}=-a_{11}\prod_{i=3}^{n}a_{ii};$$

$$\boldsymbol{D}_3=\begin{vmatrix} a_{11} & a_{12} & 1 & \cdots & a_{1n} \\ 0 & a_{22} & -1 & \cdots & a_{2n} \\ 0 & 0 & 0 & \cdots & a_{3n} \\ \vdots & \vdots & \vdots & & \vdots \\ 0 & 0 & 0 & \cdots & a_{nn} \end{vmatrix}=0.$$

同理，可得 $\boldsymbol{D}_4=\boldsymbol{D}_5=\cdots=\boldsymbol{D}_n=0$，故

$$x_1=\boldsymbol{D}_1/\boldsymbol{D}=\left(a_{12}+a_{22}\right)\prod_{i=3}^{n}a_{ii}\Big/\prod_{i=1}^{n}a_{ii}=\left(a_{12}+a_{22}\right)/\left(a_{11}a_{22}\right),$$

$$x_2 = \boldsymbol{D}_2 / \boldsymbol{D} = -a_{11}\prod_{i=3}^{n} a_{ii} / \prod_{i=1}^{n} a_{ii} = -1/a_{22},$$

$$x_3 = x_4 = \cdots = x_n = 0.$$

故原方程组的解为

$$\boldsymbol{X} = \left[(a_{11}+a_{22})/(a_{11}a_{22}), -1/a_{22}, 0, \cdots, 0\right]^{\mathrm{T}}.$$

齐次线性方程组是线性方程组的一种特殊形式，其特点是所有常数项都为零．对于这种方程组，可以利用克拉默法则来求解．

$$\begin{cases} a_{11}x_1 + a_{12}x_2 + \cdots + a_{1n}x_n = 0 \\ a_{21}x_1 + a_{22}x_2 + \cdots + a_{2n}x_n = 0 \\ \cdots \\ a_{n1}x_1 + a_{n2}x_2 + \cdots + a_{nn}x_n = 0 \end{cases} \tag{2.3.5}$$

可得以下结论．

命题 2.3.1　若式（2.3.5）的系数行列式不为零，则该方程组只有零解．

这一结论在数学中具有重要的应用价值，主要涉及两个方面：克拉默法则的应用二和应用三．

克拉默法则的应用二，已知齐次线性方程组（2.3.5）只有零解，利用其系数行列式不为零，得出系数行列式中参数的范围．主要涉及线性方程组的解的存在性和唯一性．根据克拉默法则，如果一个线性方程组的系数行列式不为零，那么这个方程组有唯一解．这一结论提供了一种判断线性方程组解的存在性和唯一性的有效方法．在解决实际问题时，经常需要判断一组数据是否满足某个线性方程，或者判断一组线性方程的解是否存在且唯一．克拉默法则的应用二可以快速解决这些问题，提高工作效率．

例 2.3.2　齐次线性方程组 $\begin{cases} \lambda x_1 + x_2 + x_3 = 0 \\ x_1 + \lambda x_2 + x_3 = 0 \\ x_1 + x_2 + x_3 = 0 \end{cases}$ 只有零解，则 λ 的取值应符合哪种条件？

解：已知齐次线性方程组只有零解，则

$$\boldsymbol{D} = \begin{vmatrix} \lambda & 1 & 1 \\ 1 & \lambda & 1 \\ 1 & 1 & 1 \end{vmatrix} = (1-\lambda)^2 \neq 0，即 \lambda \neq 1.$$

克拉默法则的应用三，证明方程组（2.3.2）只存在零解．其涉及线性方程组的求解过程．一旦确定了线性方程组有唯一解，就可以利用克拉默法则来求解这个方程组．具体来说，可以根据克拉默法则的步骤，先计算系数行列式和代数余子式，然后构建方程组并求解得到未知数的值．这一过程为我们提供了一种系统化的方法来解决线性方程组问题．在实际应用中，克拉默法则的应用三可以帮助我们快速找到线性方程组的解，为解决各种实际问题提供有效的解决方案．

在该应用中，仅需证明其系数行列式 $\boldsymbol{D}\neq 0$ ．

例 2.3.3 假定 a,b,c,d 是不全为零的实数，证明线性方程组

$$\begin{cases} ax_1+bx_2+cx_3+dx_4=0 \\ bx_1-ax_2+dx_3-cx_4=0 \\ cx_1-dx_2-ax_3+bx_4=0 \\ dx_1+cx_2-bx_3-ax_4=0 \end{cases}$$

只存在零解．

证明：为了证明其系数行列式 $\boldsymbol{D}\neq 0$，需先根据它的构成特点，得出

$$\begin{aligned}\boldsymbol{D}\cdot\boldsymbol{D}^{\mathrm{T}}&=\begin{vmatrix} a & b & c & d \\ b & -a & d & -c \\ c & -d & -a & b \\ d & c & -b & -a \end{vmatrix}\begin{vmatrix} a & b & c & d \\ b & -a & -d & c \\ c & d & -a & -b \\ d & -c & b & -a \end{vmatrix}\\ &=\begin{vmatrix} a^2+b^2+c^2+d^2 & 0 & 0 & 0 \\ 0 & a^2+b^2+c^2+d^2 & 0 & 0 \\ 0 & 0 & a^2+b^2+c^2+d^2 & 0 \\ 0 & 0 & 0 & a^2+b^2+c^2+d^2 \end{vmatrix}\\ &=\left(a^2+b^2+c^2+d^2\right)^4.\end{aligned}$$

由于 $\boldsymbol{D}^2=\left(a^2+b^2+c^2+d^2\right)^4\neq 0$，因此，$\boldsymbol{D}\neq 0$ ．根据克拉默法则，推出该方程组只存在零解．

在解决行列式问题时，有时直接计算行列式的值是困难的．为了简化计算，可以考虑计算行列式的平方或转置行列式的乘积，以获得更容易处理的值．具体来说，如果直接计算行列式的平方 $\boldsymbol{D}^2$ 或 $\boldsymbol{D}^2=\boldsymbol{D}\boldsymbol{D}^{\mathrm{T}}$ 更容易，可以先计算这些值，然后根据这些结果判断原始行列式 $\boldsymbol{D}$ 的正

负．例如，如果 $\boldsymbol{D}^2$ 是一个正数，那么 $\boldsymbol{D}$ 也必须为正，因为 $\boldsymbol{D}$ 的平方根是唯一的实数．同样地，如果 $\boldsymbol{D}^2$ 是负数，那么 $\boldsymbol{D}$ 的正负性可以通过其他方法进一步确定．这种方法在处理某些复杂的行列式问题时非常有用，因为它可以大大简化计算过程并提高计算的准确性．通过先计算平方或转置行列式的乘积，可以更容易地判断行列式的正负性，从而得到行列式的结果．

上例中 $\boldsymbol{D}=\pm\left(a^2+b^2+c^2+d^2\right)^2$，由于 $\boldsymbol{D}$ 中 a^4 的系数是 -1，可得

$$\boldsymbol{D}=-\left(a^2+b^2+c^2+d^2\right)^2 .$$

下面是命题 2.3.1 的逆否命题．

命题 2.3.2　若齐次线性方程组（2.3.5）存在非零解，则其系数行列式等于零．

齐次线性方程组总是有解的，但如果系数行列式不为零，那么方程组只有零解，这与非零解的存在相矛盾．根据这一结论，可以进一步推导出系数行列式中参数的范围．例如，如果方程组中的系数是关于某个未知参数的函数，并且知道该方程组存在非零解，则将系数行列式等于零作为参数的条件，可求解参数的范围．

克拉默法则的应用四：若齐次线性方程组（2.3.5）存在非零解，则其系数行列式等于零．这一结论为我们提供了判断线性方程组解的存在性和唯一性的重要依据，同时也为解决相关问题提供了有效的工具和方法．

例 2.3.4　若齐次线性方程组有

$$\begin{cases}(1-\lambda)x_1-2x_2+4x_3=0\\2x_1+(3-\lambda)x_2+x_3=0\\x_1+x_2+(1-\lambda)x_3=0\end{cases}$$

非零解，那么 λ 的取值应符合哪种条件？

解：令其系数行列式

$$\boldsymbol{D}=\begin{vmatrix}1-\lambda & -2 & 4\\2 & 3-\lambda & 1\\1 & 1 & 1-\lambda\end{vmatrix}=0,$$

为了简化行列式的计算,可以尝试将行列式 $\boldsymbol{D}$ 中的一个常数元素消为零,然后提取 λ 的一次因式,即得

$$\boldsymbol{D}\xlongequal{r_1+2r_3}\begin{vmatrix}-(\lambda-3) & 0 & -2(\lambda-3)\\ 2 & 3-\lambda & 1\\ 1 & 1 & 1-\lambda\end{vmatrix}=(\lambda-3)\begin{vmatrix}-1 & 0 & -2\\ 2 & 3-\lambda & 1\\ 1 & 1 & 1-\lambda\end{vmatrix}$$

$$\xlongequal{c_3-2c_1}\begin{vmatrix}-1 & 0 & 0\\ 2 & 3-\lambda & -3\\ 1 & 1 & -(\lambda+1)\end{vmatrix}$$

$$=(-1)(\lambda-3)\left[-(3-\lambda)(\lambda+1)+3\right]=-(\lambda-3)(\lambda-2)\lambda=0.$$

因此,在 $\lambda=0,2,3$ 的情况下,该方程组存在非零解.

克拉默法则的应用五:克拉默法则在几何上也有着广泛的应用.通过克拉默法则,可以解决一些与几何图形相关的线性方程组问题,进一步探索几何图形的性质和关系.在几何学中,许多问题可以通过建立线性方程组来解决.例如,通过给定三角形三边的长度,可以建立一个线性方程组,然后利用克拉默法则求解得到三角形的角度.通过这些角度,可以进一步确定三角形的形状和大小.再如,在计算多边形的面积时,可以使用克拉默法则来求解线性方程组,从而得到多边形的各个边的长度和角度.这些信息可以帮助我们准确地计算多边形的面积.同样地,克拉默法则也可以用于解决与体积相关的问题,例如计算立体的表面积或体积.此外,克拉默法则在解析几何中也具有重要应用.解析几何是使用代数方法研究几何对象的一门学科.通过建立代数方程来表示几何对象的关系,可以利用克拉默法则来求解这些方程,进一步研究几何对象的性质和关系.例如,克拉默法则可以用于解决关于两条直线的交点、两圆的相交或相切等问题.

例 2.3.5 求通过点 $A(1,1,2)$, $B(3,-2,0)$ 和 $C(0,5,5)$ 三点的平面方程.

解:设平面方程为

$$ax+by+cz+d=0,$$

由 A,B,C 三点在此平面上得

$$\begin{cases} a+b+2c+d=0 \\ 3a-2b+d=0 \\ 5b-5c+d=0 \end{cases}.$$

选取平面上任意一点 (x,y,z) ，可得

$$\begin{cases} ax+by+cz+d=0 \\ a+b+2c+d=0 \\ 3a-2b+d=0 \\ 5b-5c+d=0 \end{cases}.$$

由于 a,b,c 不全为 0，即齐次线性方程组存在非零解，得到系数行列式等于零．

$$\begin{vmatrix} x & y & z & 1 \\ 1 & 1 & 2 & 1 \\ 3 & -2 & 0 & 1 \\ 0 & 5 & -5 & 1 \end{vmatrix}=0.$$

整理可得：$29x+16y+5z-55=0$．

第 3 章　矩阵

矩阵是一个数学概念，表示为矩形阵列的形式，由数字组成的数表或行列式中的项被一对括在花括号内或用逗号隔开的数组成．矩阵是一个二维数组，其元素在平面直角坐标系中按行和列排列．在数学中，矩阵的应用十分广泛，如用于行列式计算、线性方程组求解、矩阵变换、向量的线性表示和线性变换等领域．矩阵的运算是数值分析的重要分支，包括矩阵的加法、减法、乘法、转置、逆等运算．

3.1　矩阵及其运算

定义 3.1.1　由 mn 个数 a_{ij}（$1\leq i\leq m, 1\leq j\leq n$），排成 m 行 n 列的一个数表，得到：

$$\boldsymbol{A}=\begin{bmatrix} a_{11} & a_{12} & \cdots & a_{1n} \\ a_{21} & a_{22} & \cdots & a_{2n} \\ \vdots & \vdots & & \vdots \\ a_{m1} & a_{m2} & \cdots & a_{mn} \end{bmatrix} \tag{3.1.1}$$

称为 $m\times n$ 的矩阵．记作 $\boldsymbol{A}=(a_{ij})_{m\times n}$，$\boldsymbol{A}_{m\times n}$ 等．a_{ij} 为矩阵的第 i 行第 j 列元素，$m\times n$ 表示矩阵大小．

方程组（3.1.1）系数用矩阵 $\boldsymbol{A}=(a_{ij})_{m\times n}$ 表示，称为式（3.1.1）的系数矩阵．其系数与常数项构成的矩阵

$$\overline{A}=\left(A\middle|b\right)=\left[\begin{array}{cccc|c} a_{11} & a_{12} & \cdots & a_{1n} & b_1 \\ a_{21} & a_{22} & \cdots & a_{2n} & b_2 \\ \vdots & \vdots & & \vdots & \vdots \\ a_{m1} & a_{m2} & \cdots & a_{mn} & b_m \end{array}\right]$$

称为线性方程组的增广矩阵 .

定义 3.1.2　两个矩阵 $\boldsymbol{A}$, $\boldsymbol{B}$ 行数、列数都相等时,称为 $\boldsymbol{A}$, $\boldsymbol{B}$ 为同型矩阵 . 对同型矩阵 $\boldsymbol{A}=(a_{ij})_{m\times n}$, $\boldsymbol{B}=(b_{ij})_{m\times n}$,如果其对应元素也相等,则称矩阵 $\boldsymbol{A}$ 与矩阵 $\boldsymbol{B}$ 相等,记作 $\boldsymbol{A}=\boldsymbol{B}$.

矩阵的运算是矩阵理论的基础,包括加法、数乘、乘法等基本运算 . 本节中,将介绍这些运算的定义、性质以及它们满足的运算规律 .

3.1.1 矩阵的加法

定义 3.1.3　对任意正整数 m,n ,任意数域 $\mathbf{P}$, $\mathbf{P}^{m\times n}$ 中任意两个矩阵 $\boldsymbol{A}=(a_{ij})_{m\times n}$ 和 $\boldsymbol{B}=(b_{ij})_{m\times n}$ 相加,得到的和 $\boldsymbol{A}+\boldsymbol{B}$ 式 $m\times n$ 矩阵,它的第 (i,j) 元等于 $\boldsymbol{A}$, $\boldsymbol{B}$ 的第 (i,j) 元之和 $a_{ij}+b_{ij}$.

$$\left(a_{ij}\right)_{m\times n}+\left(b_{ij}\right)_{m\times n}=\left(a_{ij}+b_{ij}\right)_{m\times n} .$$

矩阵的加法运算有其特定的规则和性质 . 只有同型的两个矩阵才能进行加法运算,这一规则确保了加法运算是有意义的 .

(1)交换律: $\boldsymbol{A}+\boldsymbol{B}=\boldsymbol{B}+\boldsymbol{A}$;

(2)结合律: $(\boldsymbol{A}+\boldsymbol{B})+\boldsymbol{C}=\boldsymbol{A}+(\boldsymbol{B}+\boldsymbol{C})$;

(3) $\boldsymbol{A}+\boldsymbol{0}=\boldsymbol{0}+\boldsymbol{A}=\boldsymbol{A}$;

(4)对每个 $\boldsymbol{A}=\left(a_{ij}\right)_{m\times n}\in\mathbf{P}^{m\times n}$,取 $-\boldsymbol{A}=\left(-a_{ij}\right)_{m\times n}\in\mathbf{P}^{m\times n}$,则

$$\boldsymbol{A}+(-\boldsymbol{A})=(-\boldsymbol{A})+\boldsymbol{A}=\boldsymbol{0} .$$

由加法推出减法,对 $\mathbf{P}^{m\times n}$ 中任意两个 $\boldsymbol{A},\boldsymbol{B}$ 矩阵,存在 $\mathbf{P}^{m\times n}$ 中唯一的矩阵 $\boldsymbol{X}$ 满足条件 $\boldsymbol{X}+\boldsymbol{B}=\boldsymbol{A}$,这个唯一的 $\boldsymbol{X}$ 记作 $\boldsymbol{A}-\boldsymbol{B}$. 则有

$$\boldsymbol{A}-\boldsymbol{B}=\boldsymbol{A}+\left(-\boldsymbol{B}\right);$$

$$\left(a_{ij}\right)_{m\times n}-\left(b_{ij}\right)_{m\times n}=\left(a_{ij}-b_{ij}\right)_{m\times n} .$$

3.1.2 矩阵的数量乘法

定义 3.1.4 对任意正整数 m,n，任意数域 $\mathbf{P}$，$\mathbf{P}^{m\times n}$ 中任意矩阵 $\boldsymbol{A}=(a_{ij})_{m\times n}$ 和 $\mathbf{P}$ 中任意一个数 λ 相乘得到一个 $m\times n$ 矩阵 $\lambda\boldsymbol{A}$，它的第 (i,j) 元等于 λa_{ij} . 也就是说：

$$\lambda\boldsymbol{A}=\lambda\left(a_{ij}\right)_{m\times n}=\left(\lambda a_{ij}\right)_{m\times n}=\begin{pmatrix}\lambda a_{11} & \lambda a_{12} & \cdots & \lambda a_{1n}\\ \lambda a_{21} & \lambda a_{22} & \cdots & \lambda a_{2n}\\ \vdots & \vdots & & \vdots\\ \lambda a_{m1} & \lambda a_{m2} & \cdots & \lambda a_{mn}\end{pmatrix}.$$

（1）对数的加法的分配律：$(\lambda+\mu)\boldsymbol{A}=\lambda\boldsymbol{A}+\mu\boldsymbol{A}$ ；

（2）对矩阵加法的分配律：$\lambda(\boldsymbol{A}+\boldsymbol{B})=\lambda\boldsymbol{A}+\lambda\boldsymbol{B}$ ；

（3）$1\boldsymbol{A}=\boldsymbol{A}$ ，$\forall\boldsymbol{A}\in\mathbf{P}^{m\times n}$ ；

（4）$\lambda(\mu)\boldsymbol{A}=(\lambda\mu)\boldsymbol{A}$.

其中，λ，μ 为常数 .

3.1.3 矩阵的乘法

设由变量 x_1，x_2，x_3 到变量 y_1，y_2 的线性运算，以及由变量 t_1，t_2 到变量 x_1，x_2，x_3 的线性运算为

$$\begin{cases}y_1=a_{11}x_1+a_{12}x_2+a_{13}x_3\\ y_2=a_{21}x_1+a_{22}x_2+a_{23}x_3\end{cases},$$

$$\begin{cases}x_1=b_{11}t_1+b_{12}t_2\\ x_2=b_{21}t_1+b_{22}t_2\\ x_3=b_{31}t_1+b_{33}t_2\end{cases}.$$

由上述方程式得到变量 t_1，t_2 到 y_1，y_2 的一个线性运算，即

$$\begin{cases}y_1=\left(a_{11}b_{11}+a_{12}b_{21}+a_{13}b_{31}\right)t_1+\left(a_{11}b_{12}+a_{12}b_{22}+a_{13}b_{32}\right)t_2\\ y_2=\left(a_{21}b_{11}+a_{22}b_{21}+a_{23}b_{31}\right)t_1+\left(a_{21}b_{12}+a_{22}b_{22}+a_{23}b_{32}\right)t_2\end{cases}. \tag{3.1.2}$$

式（3.1.2）叫作线性运算式的乘积 . 过程为

$$\begin{pmatrix} a_{11} & a_{12} & a_{13} \\ a_{21} & a_{22} & a_{23} \end{pmatrix}\begin{pmatrix} b_{11} & b_{12} \\ b_{21} & b_{22} \\ b_{31} & b_{32} \end{pmatrix}=\begin{pmatrix} a_{11}b_{11}+a_{12}b_{21}+a_{13}b_{31} & a_{11}b_{12}+a_{12}b_{22}+a_{13}b_{32} \\ a_{21}b_{11}+a_{22}b_{21}+a_{23}b_{31} & a_{21}b_{12}+a_{22}b_{22}+a_{23}b_{32} \end{pmatrix}.$$

定义 3.1.5　设矩阵 $\boldsymbol{A}=\left(a_{ik}\right)_{m\times s}$,$\boldsymbol{B}=\left(b_{kj}\right)_{s\times n}$. 令 $\boldsymbol{C}=\left(c_{ij}\right)_{m\times n}$,其中 c_{ij} 是 $\boldsymbol{A}$ 第 i 行与 $\boldsymbol{B}$ 第 j 列对应元素乘积之和,即

$$c_{ij}=a_{i1}b_{1j}+a_{i2}b_{2j}+\cdots+a_{is}b_{sj}=\sum_{k=1}^{s}a_{ik}b_{kj},\ i=1,2,\cdots,m;\ j=1,2,\cdots,n.$$

则矩阵 $\boldsymbol{C}$ 为矩阵 $\boldsymbol{A}$ 与 $\boldsymbol{B}$ 的乘积,记作 $\boldsymbol{C}=\boldsymbol{AB}$.

矩阵乘法的起源有多种说法,但其实这些版本都是因为实际问题的需要而产生的 . 矩阵乘法之所以这样规定,其中一个重要的原因是与深入探讨线性方程组理论有关 . 对于一元一次方程

$$ax=b\ , \tag{3.1.3}$$

其中,a,x 和 b 为一些数,也可以认为是1×1矩阵 . 要推广方程(3.1.3),可用一个矩阵方程 $\boldsymbol{AX}=\boldsymbol{\beta}$ 去表示一个 $m\times n$ 线性方程组,其中 $\boldsymbol{A}\in\mathbf{P}^{m\times n}$,$\boldsymbol{X}\in\mathbf{P}^{n}$ 和 $\boldsymbol{\beta}\in\mathbf{P}^{m}$.

考虑 n 元一次方程式

$$a_1b_1+a_2b_2+\cdots+a_nb_n=b\ , \tag{3.1.4}$$

令 $\boldsymbol{A}=\left(a_1,a_2,\cdots,a_n\right)$ 和 $\boldsymbol{X}=\left(x_1,x_2,\cdots,x_n\right)^{\mathrm{T}}$,把乘积 $\boldsymbol{AX}$ 定义为

$$\boldsymbol{AX}=\left(a_1,a_2,\cdots,a_n\right)\begin{pmatrix} x_1 \\ x_2 \\ \vdots \\ x_n \end{pmatrix}=a_1x_1+a_2x_2+\cdots+a_nx_n,$$

则方程(3.1.4)为 $\boldsymbol{AX}=\boldsymbol{b}$. 若 $\boldsymbol{A}$ 是实行矩阵, $\boldsymbol{X}$ 是实列矩阵,则乘积 $\boldsymbol{AX}$ 相当于两个向量的内积 .

考虑 $m\times n$ 线性方程组

$$\begin{cases} a_{11}x_1+a_{12}x_2+\cdots+a_{1n}x_n=b_1 \\ a_{21}x_1+a_{22}x_2+\cdots+a_{2n}x_n=b_2 \\ \qquad\cdots \\ a_{m1}x_1+a_{m2}x_2+\cdots+a_{mn}x_n=b_m \end{cases} \tag{3.1.5}$$

把方程组(3.1.5)写成类似于方程(3.1.1)的形式,即

$$\boldsymbol{AX}=\boldsymbol{b}, \tag{3.1.6}$$

其中，$A=(a_{ij})_{m\times n}$ 是已知矩阵，X 是一个 $n\times1$ 未知矩阵，而 b 是表示该方程组右边的 $m\times1$ 矩阵 .

令

$$A=\begin{pmatrix} a_{11} & a_{12} & \cdots & a_{1n} \\ a_{21} & a_{22} & \cdots & a_{2n} \\ \vdots & \vdots & & \vdots \\ a_{m1} & a_{m2} & \cdots & a_{mn} \end{pmatrix},\ X=\begin{pmatrix} x_1 \\ x_2 \\ \vdots \\ x_n \end{pmatrix},\ \beta=\begin{pmatrix} b_1 \\ b_2 \\ \vdots \\ b_n \end{pmatrix},$$

其中，A 的行向量 $\alpha_i=[a_{i1},a_{i2},\cdots,a_{in}]\in\mathbf{P}^n$，$i=1,2,\cdots,m$，并把乘积 AX 定义为

$$AX=\begin{pmatrix} a_{11} & a_{12} & \cdots & a_{1n} \\ a_{21} & a_{22} & \cdots & a_{2n} \\ \vdots & \vdots & & \vdots \\ a_{m1} & a_{m2} & \cdots & a_{mn} \end{pmatrix}\begin{pmatrix} x_1 \\ x_2 \\ \vdots \\ x_n \end{pmatrix}=\begin{pmatrix} \alpha_1 X \\ \alpha_2 X \\ \vdots \\ \alpha_n X \end{pmatrix}=\begin{pmatrix} a_{11}x_1+a_{12}x_2+\cdots+a_{1n}x_n \\ a_{21}x_1+a_{22}x_2+\cdots+a_{2n}x_n \\ \vdots \\ a_{m1}x_1+a_{m2}x_2+\cdots+a_{mn}x_n \end{pmatrix}. \tag{3.1.7}$$

其中，AX 矩阵 A 的各行分别乘列矩阵 X，则线性方程组（3.1.5）等价于矩阵方程（3.1.6）.

给定 $m\times n$ 矩阵 A 和 $\mathbf{P}^n$ 中的一个向量 X，可以用（3.1.7）来计算乘积 AX，乘积 AX 是一个 $m\times1$ 矩阵，即 $\mathbf{P}^m$ 中的向量 .

令 A 的列向量是 $\gamma_1,\gamma_2,\cdots,\gamma_n\in\mathbf{P}^m$，即 $A=(\gamma_1,\gamma_2,\cdots,\gamma_n)$，则式（3.1.7）又可以写成

$$AX=x_1\begin{pmatrix} a_{11} \\ a_{21} \\ \vdots \\ a_{m1} \end{pmatrix}+x_2\begin{pmatrix} a_{12} \\ a_{22} \\ \vdots \\ a_{m2} \end{pmatrix}+\cdots+x_n\begin{pmatrix} a_{1n} \\ a_{2n} \\ \vdots \\ a_{mn} \end{pmatrix}=x_1\gamma_1+x_2\gamma_2+\cdots+x_n\gamma_n, \tag{3.1.8}$$

或为“行乘列”形式，即

$$AX=(\gamma_1,\gamma_2,\cdots,\gamma_n)\begin{pmatrix} a_1 \\ a_2 \\ \vdots \\ a_n \end{pmatrix}=x_1\gamma_1+x_2\gamma_2+\cdots+x_n\gamma_n, \tag{3.1.9}$$

此时，$m\times n$ 矩阵 $\boldsymbol{A}$ 与 $\mathbf{P}^n$ 中的一个向量 $\boldsymbol{X}$ 的乘积 $\boldsymbol{AX}$ 可以写成 $\boldsymbol{A}$ 的各列（向量）的一个线性组合，其中的系数是 $\boldsymbol{X}$ 中的分量 .

利用式（3.1.8），线性方程组（3.1.5）写成向量方程或矩阵方程

$$x_1\gamma_1+x_2\gamma_2+\cdots+x_n\gamma_n=\boldsymbol{\beta}. \tag{3.1.10}$$

由式（3.1.5）~ 式（3.1.10）得到：线性方程组 $\boldsymbol{AX}=\boldsymbol{\beta}$ 相容，当且仅当 $\boldsymbol{\beta}$ 写成 $\boldsymbol{A}$ 的各列（向量）的一个线性组合 .

若 $\boldsymbol{A}$ 与 $\boldsymbol{B}$ 满足 $\boldsymbol{AB}=\boldsymbol{BA}$，则 $\boldsymbol{A}$ 与 $\boldsymbol{B}$ 交换 . 矩阵 $\boldsymbol{A}$ 和矩阵 $\boldsymbol{B}$ 的乘积并不一定是矩阵 $\boldsymbol{B}$ 和矩阵 $\boldsymbol{A}$ 的乘积 .

（1）结合律：$(\boldsymbol{AB})\boldsymbol{C}=\boldsymbol{A}(\boldsymbol{BC})$；

（2）分配律：$(\boldsymbol{A}+\boldsymbol{B})\boldsymbol{C}=\boldsymbol{AC}+\boldsymbol{BC}$，$\boldsymbol{A}(\boldsymbol{B}+\boldsymbol{C})=\boldsymbol{AB}+\boldsymbol{AC}$；

（3）$\forall k\in\mathbf{P}$，有 $k(\boldsymbol{AB})=(k\boldsymbol{A})\boldsymbol{B}=\boldsymbol{A}(k\boldsymbol{B})$；

（4）$\boldsymbol{E}_m\boldsymbol{A}_{m\times n}=\boldsymbol{A}_{m\times n}\boldsymbol{E}_n=\boldsymbol{A}_{m\times n},\boldsymbol{E}_n\boldsymbol{A}_{n\times n}=\boldsymbol{A}_{n\times n}\boldsymbol{E}_n=\boldsymbol{A}_{n\times n}$.

若对角阵的所有的对角元等于同一个数 λ，即

$$\boldsymbol{\Lambda}=\mathrm{diag}(\lambda,\cdots,\lambda)$$

则可验证，任意矩阵 $\boldsymbol{B}_1$，只要 $\boldsymbol{\Lambda B}_1$ 有意义，则 $\boldsymbol{\Lambda B}_1=\lambda\boldsymbol{B}_1$；任意矩阵 $\boldsymbol{B}_2$，只要 $\boldsymbol{B}_2\boldsymbol{\Lambda}$ 有意义，则 $\boldsymbol{B}_2\boldsymbol{\Lambda}=\boldsymbol{B}_2\lambda$.

作矩阵乘法时，矩阵 $\boldsymbol{\Lambda}$ 相当于纯量 λ. 将 $\boldsymbol{\Lambda}$ 称为标量阵 .

若 $\boldsymbol{B}$ 与标量阵 $\ddot{\boldsymbol{E}}$ 都是 n 阶方阵，则

$$\boldsymbol{\Lambda B}=\boldsymbol{B\Lambda}=\lambda\boldsymbol{B}.$$

在作乘法时，n 阶标量阵与所有的 n 阶方阵可以交换 .

对角元为 1 的标量阵

$$\boldsymbol{E}=\mathrm{diag}(1,\cdots,1).$$

在矩阵乘法中的作用相当于 1.

对任意矩阵 $\boldsymbol{B}_1,\boldsymbol{B}_2$，$\boldsymbol{EB}_1=\boldsymbol{B}_1$ 时，$\boldsymbol{EB}_1$ 有意义；$\boldsymbol{B}_2\boldsymbol{E}=\boldsymbol{B}_2$ 时 $\boldsymbol{B}_2\boldsymbol{E}$ 有意义 . 如若强调 $\boldsymbol{E}$ 是 n 阶单位阵，则写为 $\boldsymbol{E}_{(n)}$.

3.1.4 方阵的多项式

已知矩阵的乘法满足结合律，且 n 个方阵 $\boldsymbol{A}$ 相乘有意义，此时可定义为 $\boldsymbol{A}$ 的幂 .

定义 3.1.6 设 $\boldsymbol{A}$ 为 n 阶方阵，k 为正整数，则 $\boldsymbol{A}^k=\underbrace{\boldsymbol{A}\cdot\boldsymbol{A}\cdot\cdots\cdot\boldsymbol{A}}_{k}$ 为 $\boldsymbol{A}$ 的 k 次幂．

规定 $\boldsymbol{A}^0=\boldsymbol{E}$．已知乘法运算满足结合律，不满足交换律，此时的运算规律如下．

性质 3.1.1 设 $\boldsymbol{A}$ 为 n 阶方阵，k、l 为正整数，则

（1）$\boldsymbol{A}^k\boldsymbol{A}^l=\boldsymbol{A}^{k+l}$；

（2）$\left(\boldsymbol{A}^k\right)^l=\boldsymbol{A}^{kl}$；

（3）$\left(\boldsymbol{AB}\right)^k\neq\boldsymbol{A}^k\boldsymbol{B}^k$．

根据方阵的各次幂，可将方阵代入多项式求值．

设 $f(x)=a_0+a_1x+\cdots+a_mx^m\in\mathbf{P}[x]$ 是以 x 为字母 $a_0,a_1,\cdots,a_m$ 为系数的多项式，$\boldsymbol{A}$ 是任一 n 阶方阵，则

$$f(\boldsymbol{A})=a_0\boldsymbol{E}_n+a_1\boldsymbol{A}+\cdots+a_m\boldsymbol{A}^m$$

是 n 阶方阵．将常数项换成 a_0 代表的纯量阵 $a_0\boldsymbol{E}$，才能与 $\boldsymbol{A}$ 的各次幂的线性组合相加．

3.1.5 转置与共轭

将 $m\times n$ 矩阵

$$\boldsymbol{A}=\begin{pmatrix} a_{11} & a_{12} & \cdots & a_{1n} \\ a_{21} & a_{22} & \cdots & a_{2n} \\ \vdots & \vdots & & \vdots \\ a_{m1} & a_{m2} & \cdots & a_{nn} \end{pmatrix}$$

的行列互换得到 $n\times m$ 矩阵，称为 $\boldsymbol{A}$ 的转置矩阵，记作 $\boldsymbol{A}^{\mathrm{T}}$. 即

$$\boldsymbol{A}^{\mathrm{T}}=\begin{pmatrix} a_{11} & a_{21} & \cdots & a_{m1} \\ a_{12} & a_{22} & \cdots & a_{m2} \\ \vdots & \vdots & & \vdots \\ a_{1n} & a_{2n} & \cdots & a_{mn} \end{pmatrix}.$$

$\boldsymbol{A}^{\mathrm{T}}$ 的第 (i,j) 元等于 $\boldsymbol{A}$ 的第 (j,i) 元．

矩阵的转置满足如下的运算律：

（1）$\left(\boldsymbol{A}^{\mathrm{T}}\right)^{\mathrm{T}}=\boldsymbol{A}$；

（2）对 n 阶方阵 $\boldsymbol{A},\left|\boldsymbol{A}^{\mathrm{T}}\right|=|\boldsymbol{A}|$；

（3）$(\boldsymbol{A}+\boldsymbol{B})^{\mathrm{T}}=\boldsymbol{A}^{\mathrm{T}}+\boldsymbol{B}^{\mathrm{T}}$；

（4）$(\lambda \boldsymbol{A})^{\mathrm{T}}=\lambda \boldsymbol{A}^{\mathrm{T}}$，$\lambda$ 为任意数；

（5）$(\boldsymbol{AB})^{\mathrm{T}}=\boldsymbol{B}^{\mathrm{T}}\boldsymbol{A}^{\mathrm{T}}$.

设 $\boldsymbol{A}$ 为方阵，若 $\boldsymbol{A}^{\mathrm{T}}=\boldsymbol{A}$，则 $\boldsymbol{A}$ 为对称方阵．若 $\boldsymbol{A}^{\mathrm{T}}=-\boldsymbol{A}$，则 $\boldsymbol{A}$ 为反对称方阵，即斜对称方阵．

将矩阵 $\boldsymbol{A}=(a_{ij})_{m\times n}$ 中的每个元 a_{ij} 换成与它共轭的复数 $\overline{a_{ij}}$，则该矩阵称为 $\boldsymbol{A}$ 的共轭矩阵，记作 $\overline{\boldsymbol{A}}$，记 $\overline{\boldsymbol{A}}=\left(\overline{a_{ij}}\right)_{m\times n}$．

关于矩阵的共轭的以下性质成立：

（1）$\forall \boldsymbol{A},\boldsymbol{B}\in \boldsymbol{C}^{m\times n},\overline{\boldsymbol{A}+\boldsymbol{B}}=\overline{\boldsymbol{A}}+\overline{\boldsymbol{B}}$；

（2）$\forall \lambda\in \boldsymbol{C},\boldsymbol{A}\in \boldsymbol{C}^{m\times n},\overline{\lambda \boldsymbol{A}}=\overline{\lambda}\,\overline{\boldsymbol{A}}$；

（3）$\forall \boldsymbol{A}\in \boldsymbol{C}^{m\times n},\boldsymbol{B}\in \boldsymbol{C}^{n\times p},\overline{\boldsymbol{AB}}=\overline{\boldsymbol{A}}\,\overline{\boldsymbol{B}}$；

（4）$\forall \boldsymbol{A}\in \boldsymbol{C}^{m\times n},\overline{\boldsymbol{A}}^{\mathrm{T}}=\overline{\boldsymbol{A}^{\mathrm{T}}}$.

设 $\boldsymbol{A}\in \boldsymbol{C}^{m\times n}$，若 $\overline{\boldsymbol{A}}^{\mathrm{T}}=\boldsymbol{A}$，则 $\boldsymbol{A}$ 为 Hermite 方阵；若 $\overline{\boldsymbol{A}}^{\mathrm{T}}=-\boldsymbol{A}$，则 $\boldsymbol{A}$ 为反 Hermite 方阵．显然，实 Hermite 方阵就是对称方阵，实斜 Hermite 方阵就是反对称方阵．

3.2 矩阵的初等变换

3.2.1 初等变换

矩阵 $\boldsymbol{A}$ 有下列三种变换称为矩阵的初等变换．

（1）互换．将矩阵 $\boldsymbol{A}$ 中的第 i 行和第 j 行（或第 i 列和第 j 列）交换，就得到了一个新的矩阵，这个新的矩阵与原矩阵等价．

（2）倍乘．用非零数 k 乘以矩阵 $\boldsymbol{A}$ 中的第 i 行（或第 j 列），就得到了一个新的矩阵，这个新的矩阵与原矩阵等价．

（3）倍加．将矩阵中的第 i 行的 k 倍加到第 j 行上，就得到了一个新的矩阵，这个新的矩阵与原矩阵等价．

3.2.2 等价矩阵

矩阵 $\boldsymbol{A}$ 经有限次初等变换后为矩阵 $\boldsymbol{B}$，则 $\boldsymbol{A}$ 与 $\boldsymbol{B}$ 等价，记为 $\boldsymbol{A} \cong \boldsymbol{B}$，或 $\boldsymbol{A} \to \boldsymbol{B}$．矩阵的性质使得等价关系在矩阵理论中具有重要意义．

（1）自反性．对于任意一个矩阵 $\boldsymbol{A}$，总存在一个等价关系，使得 $\boldsymbol{A}$ 与自身等价．这意味着矩阵 $\boldsymbol{A}$ 可以通过一系列的初等行变换或初等列变换转化为自身，因此 $\boldsymbol{A}$ 与自身具有相同的秩和相同的特征值等重要属性．

（2）对称性．如果从矩阵 $\boldsymbol{A}$ 经过一系列初等行变换或初等列变换得到矩阵 $\boldsymbol{B}$，那么也可以从矩阵 $\boldsymbol{B}$ 经过一系列初等行变换或初等列变换得到矩阵 $\boldsymbol{A}$．这种对称性确保了等价关系的平衡，使得在比较两个矩阵时，可以互换它们的位置．

（3）传递性．如果从一个矩阵通过一系列初等行变换或初等列变换得到另一个矩阵，那么也可以从第三个矩阵通过一系列同样的初等行变换或初等列变换得到前两个矩阵的结果．这种传递性确保了等价关系的传递性，使得在比较多个矩阵时，可以逐步推导它们的等价关系．

3.2.3 阶梯形矩阵

矩阵的行阶梯形和简化阶梯形矩阵是线性代数中非常重要的概念，它们在矩阵的秩、逆矩阵、线性方程组等方面有着广泛的应用．如果一个矩阵满足以下条件，则称其为行阶梯形矩阵（Row Echelon Form Matrix）．

（1）无零行．矩阵中没有全为零的行，也就是说每一行的所有元素至少有一个是非零的．

（2）列序数递增．对于矩阵中的每一对相邻行，如果上一行的某个元素在下一行的对应列之前非零，那么下一行的这个元素也必须非零．简单来说，就是每一行的第一个非零元素的列数必须小于下一行第一个非零元素的列数．

简化阶梯形矩阵(Reduced Row Echelon Form Matrix)，如果一个行阶梯形矩阵满足以下条件，则称其为简化阶梯形矩阵．

(1)行阶梯形矩阵．该矩阵是行阶梯形矩阵．

(2)首非零元素为1.每一行的第一个非零元素(也称为首非零元素或首主元)的值都为1.

(3)列内其余元素为0.包含首非零元素的列中，除了该首非零元素外，其余元素都为0.

通过一系列的行初等变换(例如行交换、行倍乘等)，任何给定的矩阵都可以化为行阶梯形矩阵．这是线性代数中解决线性方程组的一种常用方法．在行阶梯形的基础上，通过进一步的行初等变换(例如行倍加等)，可以将矩阵化为简化阶梯形矩阵．简化阶梯形矩阵是解决线性方程组的最简形式之一．

对于简化阶梯形矩阵，通过一系列的列初等变换(例如列交换、列倍乘等)，可以将其化为最简单的标准形矩阵．标准形矩阵是线性代数中的一个重要工具，可以用来研究向量的线性相关性、向量空间的维数等问题．

通过这些转换过程，可以方便读者更好地理解和分析矩阵的结构和性质，从而在解决各种实际问题时更加得心应手．

3.2.4 初等矩阵

对应于三种初等变换，初等矩阵有三种类型．

3.2.4.1 初等对换矩阵

把 n 阶单位矩阵 $\boldsymbol{E}$ 的第 i,j 行(列)互换得到的矩阵，记为 $\boldsymbol{E}(i,j)$，即

$$
\boldsymbol{E}(i,j)=\begin{pmatrix}
1 & & & & & & & & \\
& \ddots & & & & & & & \\
& & 1 & & & & & & \\
& & & 0 & \cdots & 1 & & & \\
& & & & 1 & & & & \\
& & & \vdots & \ddots & \vdots & & & \\
& & & & & 1 & & & \\
& & & 1 & \cdots & 0 & & & \\
& & & & & & 1 & & \\
& & & & & & & \ddots & \\
& & & & & & & & 1
\end{pmatrix}\begin{matrix} \\ \\ \\ 第i行 \\ \\ \\ \\ \\ 第j行 \\ \\ \\ \end{matrix}
$$

则由行列式性质知：$\left|\boldsymbol{E}(i,j)\right|=-1,[\boldsymbol{E}(i,j)]^{-1}=\boldsymbol{E}(i,j)$.

3.2.4.2 初等倍乘矩阵

$$
\boldsymbol{E}(i(k))=\begin{pmatrix}
1 & & & & \\
& \ddots & & & \\
& & k & & \\
& & & \ddots & \\
& & & & 1
\end{pmatrix}第i行,
$$

由行列式性质知：

$$
\left|\boldsymbol{E}(i(k))\right|=k\neq 0,[\boldsymbol{E}(i(k))]^{-1}=\boldsymbol{E}(i(\frac{1}{k}))\ [\boldsymbol{E}(i(k))]^{\mathrm{T}}=\boldsymbol{E}(i(k)).
$$

3.2.4.3 初等倍加矩阵

把 n 阶单位矩阵 $\boldsymbol{E}$ 的第 j 行（第 i 列）乘数 k 后加到第 i 行（第 j 列）得到的矩阵，记为 $\boldsymbol{E}(i,j(k))$，即

$$E\left(i,j(k)\right)=\begin{pmatrix}1&&&&&&\\&\ddots&&&&&\\&&1&\cdots&k&&\\&&&\ddots&\vdots&&\\&&&&1&&\\&&&&&\ddots&\\&&&&&&1\end{pmatrix}\begin{matrix}\\\\第i行\\\\第j行\\\\\\\end{matrix},$$

则由行列式性质知：

$$\left|\boldsymbol{E}(ij(k))\right|=1,[\boldsymbol{E}(ij(k))]^{-1}=\boldsymbol{E}(ij(-k)),[\boldsymbol{E}(ij(k))]^{\mathrm{T}}=\boldsymbol{E}(ji(k)).$$

例 3.2.1　求与矩阵 $\boldsymbol{A}=\begin{pmatrix}2&-1&3&1\\4&2&5&4\\2&0&2&6\end{pmatrix}$ 行等价的简化阶梯阵．

分析：先把矩阵 $\boldsymbol{A}$ 化为阶梯形矩阵，再把阶梯形矩阵化为简化阶梯阵．

解：

$$\boldsymbol{A}=\begin{pmatrix}2&-1&3&1\\4&2&5&4\\2&0&2&6\end{pmatrix}\xleftrightarrow[r_3-r_1]{r_2-2r_1}\begin{pmatrix}2&-1&3&1\\0&4&-1&2\\0&1&-1&5\end{pmatrix}$$

$$\xleftrightarrow{r_2-4r_3}\begin{pmatrix}2&-1&3&1\\0&0&3&-18\\0&1&-1&5\end{pmatrix}\xleftrightarrow{r_2\leftrightarrow r_3}\begin{pmatrix}2&-1&3&1\\0&1&-1&5\\0&0&3&-18\end{pmatrix}$$

$$\xleftrightarrow[\frac{1}{3}r_3]{r_1+r_2}\begin{pmatrix}2&0&2&6\\0&1&-1&5\\0&0&1&-6\end{pmatrix}\xleftrightarrow[r_2+r_3]{r_1-2r_3}\begin{pmatrix}2&0&0&18\\0&1&0&-1\\0&0&1&-6\end{pmatrix}$$

$$\xleftrightarrow{\frac{1}{2}r_1}\begin{pmatrix}1&0&0&9\\0&1&0&-1\\0&0&1&-6\end{pmatrix}.$$

定理 3.2.1　设 $\boldsymbol{A}$ 为 $m\times n$ 矩阵，则对 $\boldsymbol{A}$ 作初等行变换得到的矩阵等于用 m 阶相应的初等矩阵左乘 $\boldsymbol{A}$ 所得的积，矩阵 $\boldsymbol{A}$ 作初等列变换后得到的矩阵等于用 n 阶相应的初等矩阵右乘以 $\boldsymbol{A}$ 所得的积．

3.3 矩阵的分块

当矩阵的行数和列数较大时,直接处理整个矩阵可能会变得相当复杂和困难.为了简化计算和推理过程,通常会将矩阵分割成一些较小的矩阵块,然后逐个处理这些小块.这种方法被称为矩阵的分块.通过分块,可以将一个复杂的大型矩阵问题转化为一系列简单的小矩阵问题,从而降低计算的复杂度.

定义 3.3.1 设在矩阵 A 中任意画若干条横线及竖线,用线隔开的各小块从而构成较小的矩阵,此时就是矩阵 A 进行了分块.给分块的矩阵就是分块矩阵.例如,将矩阵

$$A=\left(\begin{array}{cc:ccc}1&0&-2&0&4\\0&1&2&1&5\\ \hdashline 0&0&4&0&-6\\0&0&1&1&0\end{array}\right)=\begin{pmatrix}A_{11}&A_{12}\\A_{21}&A_{22}\end{pmatrix}$$

A 的行分成两组矩阵,前两行为第一组,后两行为第二组;A 的列分成两组,前两列为第一组,后三列为第二组.四个子块分别是

$$A_{11}=E_2\ ;\ A_{12}=\begin{pmatrix}-2&0&4\\2&1&5\end{pmatrix};$$

$$A_{21}=O_{22}\ ;\ A_{22}=\begin{pmatrix}4&0&-6\\1&1&0\end{pmatrix}.$$

也可以将矩阵 A 分块为

$$A=\left(\begin{array}{cc:cc:c}1&0&-2&0&4\\0&1&2&1&5\\ \hdashline 0&0&4&0&-6\\0&0&1&1&0\end{array}\right)=\begin{pmatrix}A_{11}&A_{12}&A_{13}\\A_{21}&A_{22}&A_{23}\end{pmatrix}.$$

如上面的矩阵 A 是 4×5 矩阵,既不是 2×2 矩阵也不是 2×3 矩阵.

3.3.1 分块矩阵的运算

3.3.1.1 分块矩阵的加法

设矩阵 $\boldsymbol{A}$ 、$\boldsymbol{B}$ 是 $m\times n$ 矩阵，把 $\boldsymbol{A}$ 和 $\boldsymbol{B}$ 分块后得到

$$\boldsymbol{A}=\begin{pmatrix}\boldsymbol{A}_{11} & \boldsymbol{A}_{12} & \cdots & \boldsymbol{A}_{1t}\\ \boldsymbol{A}_{21} & \boldsymbol{A}_{22} & \cdots & \boldsymbol{A}_{2t}\\ \vdots & \vdots & & \vdots\\ \boldsymbol{A}_{s1} & \boldsymbol{A}_{s2} & \cdots & \boldsymbol{A}_{st}\end{pmatrix},\ B=\begin{pmatrix}\boldsymbol{B}_{11} & \boldsymbol{B}_{12} & \cdots & \boldsymbol{B}_{1t}\\ \boldsymbol{B}_{21} & \boldsymbol{B}_{22} & \cdots & \boldsymbol{B}_{2t}\\ \vdots & \vdots & & \vdots\\ \boldsymbol{B}_{s1} & \boldsymbol{B}_{s2} & \cdots & \boldsymbol{B}_{st}\end{pmatrix}.$$

其中，$\boldsymbol{A}_{ij}$ 和 $\boldsymbol{B}_{ij}$（$i=1,2,\cdots,s$ ；$j=1,2,\cdots,t$ ）的行数、列数相同：

$$\boldsymbol{A}=\begin{pmatrix}\boldsymbol{A}_{11}+\boldsymbol{B}_{11} & \boldsymbol{A}_{12}+\boldsymbol{B}_{12} & \cdots & \boldsymbol{A}_{1t}+\boldsymbol{B}_{1t}\\ \boldsymbol{A}_{21}+\boldsymbol{B}_{21} & \boldsymbol{A}_{22}+\boldsymbol{B}_{22} & \cdots & \boldsymbol{A}_{2t}+\boldsymbol{B}_{2t}\\ \vdots & \vdots & & \vdots\\ \boldsymbol{A}_{s1}+\boldsymbol{B}_{s1} & \boldsymbol{A}_{s2}+\boldsymbol{B}_{s1} & \cdots & \boldsymbol{A}_{st}+\boldsymbol{B}_{s1}\end{pmatrix}.$$

3.3.1.2 分块矩阵的数乘

设 λ 为数，则

$$\boldsymbol{A}=\begin{pmatrix}\boldsymbol{A}_{11} & \boldsymbol{A}_{12} & \cdots & \boldsymbol{A}_{1t}\\ \boldsymbol{A}_{21} & \boldsymbol{A}_{22} & \cdots & \boldsymbol{A}_{2t}\\ \vdots & \vdots & & \vdots\\ \boldsymbol{A}_{s1} & \boldsymbol{A}_{s2} & \cdots & \boldsymbol{A}_{st}\end{pmatrix},$$

由此

$$\lambda\boldsymbol{A}=\begin{pmatrix}\lambda\boldsymbol{A}_{11} & \lambda\boldsymbol{A}_{12} & \cdots & \lambda\boldsymbol{A}_{1t}\\ \lambda\boldsymbol{A}_{21} & \lambda\boldsymbol{A}_{22} & \cdots & \lambda\boldsymbol{A}_{2t}\\ \vdots & \vdots & & \vdots\\ \lambda\boldsymbol{A}_{s1} & \lambda\boldsymbol{A}_{s2} & \cdots & \lambda\boldsymbol{A}_{st}\end{pmatrix}.$$

3.3.1.3 分块矩阵的乘法

设 $\boldsymbol{A}=\left(a_{ik}\right)_{sn}$ ，$\boldsymbol{B}=\left(b_{kj}\right)_{nm}$ ，把 $\boldsymbol{A}$ 和 $\boldsymbol{B}$ 分成小矩阵

$$A=\begin{matrix} & \begin{matrix} n_1 & n_2 & \cdots & n_t \end{matrix} \\ \begin{matrix} s_1 \\ s_2 \\ \vdots \\ s_s \end{matrix} & \begin{pmatrix} A_{11} & A_{12} & \cdots & A_{1t} \\ A_{21} & A_{22} & \cdots & A_{2t} \\ \vdots & \vdots & & \vdots \\ A_{s1} & A_{s2} & \cdots & A_{st} \end{pmatrix} \end{matrix}, \tag{3.3.1}$$

$$B=\begin{matrix} & \begin{matrix} m_1 & m_2 & \cdots & m_r \end{matrix} \\ \begin{matrix} n_1 \\ n_2 \\ \vdots \\ n_t \end{matrix} & \begin{pmatrix} B_{11} & B_{12} & \cdots & B_{1r} \\ B_{21} & B_{22} & \cdots & B_{2r} \\ \vdots & \vdots & & \vdots \\ B_{t1} & B_{t2} & \cdots & B_{tr} \end{pmatrix} \end{matrix}. \tag{3.3.2}$$

其中，A_{ij} 是 $s_i \times n_j$ 小矩阵，B_{ij} 是 $n_i \times m_j$ 小矩阵，有

$$AB=\begin{matrix} & \begin{matrix} m_1 & m_2 & \cdots & m_r \end{matrix} \\ \begin{matrix} s_1 \\ s_2 \\ \vdots \\ s_t \end{matrix} & \begin{pmatrix} C_{11} & C_{12} & \cdots & C_{1r} \\ C_{21} & C_{22} & \cdots & C_{2r} \\ \vdots & \vdots & & \vdots \\ C_{t1} & C_{t2} & \cdots & C_{tr} \end{pmatrix} \end{matrix}.$$

其中

$$C_{pq}=A_{p1}B_{1q}+A_{p2}B_{2q}+\cdots+A_{pl}B_{lq}=\sum_{k=1}^{l}A_{pk}B_{kq},\ p=1,2,\cdots,t;q=1,2,\cdots,r.$$

3.3.1.4 分块矩阵的转置

设有矩阵

$$A=\begin{pmatrix} a_{11} & a_{12} & \cdots & a_{1n} \\ a_{21} & a_{22} & \cdots & a_{2n} \\ \cdots & \cdots & \cdots & \cdots \\ a_{m1} & a_{m2} & \cdots & a_{mn} \end{pmatrix}_{m\times n},$$

$$A'=\begin{pmatrix} a_{11} & a_{21} & \cdots & a_{m1} \\ a_{12} & a_{22} & \cdots & a_{m2} \\ \cdots & \cdots & \cdots & \cdots \\ a_{1n} & a_{2n} & \cdots & a_{mn} \end{pmatrix}_{n\times m}.$$

即 $\boldsymbol{A}'$ 是由 $\boldsymbol{A}$ 的行列互换而得到的矩阵，则把 $\boldsymbol{A}'$ 叫作矩阵 $\boldsymbol{A}$ 的转置矩阵．

3.3.2 分块矩阵的应用

矩阵分块后，可以更清晰地看到矩阵之间的相互关系和结构．通过将矩阵划分为多个小块，可以更好地理解每个小块对整个矩阵的性质和行为的影响．

在定义矩阵的行秩和列秩时，分块的思想已经得到了应用．行秩是指矩阵中线性无关的行数，列秩是指矩阵中线性无关的列数．通过将矩阵分块，可以更方便地计算行秩和列秩．例如，对于一个分块矩阵，可以分别计算每个小块的行秩和列秩，然后利用这些小块的信息来推导整个矩阵的行秩和列秩．

此外，分块矩阵在解决线性方程组、特征值问题、矩阵逆等问题中也发挥了重要的作用．通过将大型矩阵分块，可以将一个复杂的大矩阵问题转化为多个简单的小矩阵问题，从而更方便地应用各种算法和数值方法．这种分块的方法有助于提高计算的效率和准确性，使复杂的问题变得简明扼要．

定理 3.3.1　矩阵的和秩不超过矩阵的秩的和，即

$$r(\boldsymbol{A}+\boldsymbol{B}) \leqslant r(\boldsymbol{A})+r(\boldsymbol{B}) .$$

证明： 设 $\boldsymbol{A}$，$\boldsymbol{B}$ 是两个 $s \times n$ 矩阵，用 $a_1,a_2,\cdots,a_s$ 和 $b_1,b_2,\cdots,b_s$ 表示 $\boldsymbol{A}$ 和 $\boldsymbol{B}$ 的行向量，则 $\boldsymbol{A}$，$\boldsymbol{B}$ 可表示为分块矩阵：

$$\boldsymbol{A}=\begin{pmatrix} a_1 \\ a_2 \\ \vdots \\ a_s \end{pmatrix}, \boldsymbol{B}=\begin{pmatrix} b_1 \\ b_2 \\ \vdots \\ b_s \end{pmatrix},$$

于是

$$\boldsymbol{A}+\boldsymbol{B}=\begin{pmatrix} a_1+b_1 \\ a_2+b_2 \\ \vdots \\ a_s+b_s \end{pmatrix} .$$

此时，$\boldsymbol{A}+\boldsymbol{B}$ 的行向量组由向量组 $a_1,a_2,\cdots,a_s$ 和 $b_1,b_2,\cdots,b_s$ 线性表示，因此

$$\begin{aligned} r\left(\boldsymbol{A}+\boldsymbol{B}\right) &\leqslant r\left\{a_1,a_2,\cdots,a_s,b_1,b_2,\cdots,b_s\right\} \\ &\leqslant r\left\{a_1,a_2,\cdots,a_s\right\}+r\left\{b_1,b_2,\cdots,b_s\right\} \\ &= r\left(\boldsymbol{A}\right)+r\left(\boldsymbol{B}\right). \end{aligned}$$

推广：$r\left(\boldsymbol{A}_1+\boldsymbol{A}_2+\cdots+\boldsymbol{A}_t\right) \leq r\left(\boldsymbol{A}_1\right)+r\left(\boldsymbol{A}_2\right)+\cdots+r\left(\boldsymbol{A}_t\right)$.

定理 3.3.2 矩阵乘积的秩不超过各因子的秩，即

$$r\left(\boldsymbol{AB}\right) \leqslant \min\left\{r\left(\boldsymbol{A}\right),r\left(\boldsymbol{B}\right)\right\}.$$

证明：设 $\boldsymbol{A}=\left(a_{ij}\right)_{s\times n}$，$\boldsymbol{B}=\left(b_{ij}\right)_{n\times m}$，用 $b_1,b_2,\cdots,b_n$ 表示 $\boldsymbol{B}$ 的行向量，则

$$\boldsymbol{B}=\begin{pmatrix} b_1 \\ b_2 \\ \vdots \\ b_n \end{pmatrix},$$

于是

$$\boldsymbol{AB}=\begin{pmatrix} a_{11} & a_{12} & \cdots & a_{1n} \\ a_{21} & a_{22} & \cdots & a_{2n} \\ \vdots & \vdots & & \vdots \\ a_{s1} & a_{s2} & \cdots & a_{sn} \end{pmatrix}\begin{pmatrix} b_1 \\ b_2 \\ \vdots \\ b_n \end{pmatrix} =\begin{pmatrix} a_{11}b_1+ & a_{12}b_2+ & \cdots+ & a_{1n}b_n \\ a_{21}b_1+ & a_{22}b_2+ & \cdots+ & a_{2n}b_n \\ \vdots & \vdots & & \vdots \\ a_{s1}b_1+ & a_{s2}b_2+ & \cdots & +a_{sn}b_n \end{pmatrix}.$$

说明 $\boldsymbol{AB}$ 的行向量可由 $\boldsymbol{B}$ 的行向量线性表示，故

$$r\left(\boldsymbol{AB}\right) \leqslant r\left(\boldsymbol{B}\right).$$

$a_1,a_2,\cdots,a_s$ 表示 $\boldsymbol{A}$ 的列向量，则

$$\boldsymbol{A}=\left(a_1,a_2,\cdots,a_n\right).$$

故

$$AB=(a_1,a_2,\cdots,a_n)\begin{pmatrix} b_{11} & b_{12} & \cdots & b_{1m} \\ b_{21} & b_{22} & \cdots & a_{2m} \\ \vdots & \vdots & & \vdots \\ b_{n1} & b_{n2} & \cdots & a_{nm} \end{pmatrix}$$

$$=\left(\sum_{k=1}^{n} b_{k1}a_k,\sum_{k=1}^{n} b_{k2}a_k,\cdots,\sum_{k=1}^{n} b_{km}a_k\right).$$

说明 $\boldsymbol{AB}$ 的列向量可由 $\boldsymbol{A}$ 的列向量线性表示,故

$$r(\boldsymbol{AB})\leqslant r(\boldsymbol{A}).$$

由此可证:

$$r(\boldsymbol{AB})\leqslant \min\{r(\boldsymbol{A}),r(\boldsymbol{B})\}.$$

推广: $r(\boldsymbol{A}_1\boldsymbol{A}_2\cdots\boldsymbol{A}_t)\leq \min\{r(\boldsymbol{A}_1),r(\boldsymbol{A}_2),\cdots,r(\boldsymbol{A}_t)\}$.

定理 3.3.3　矩阵乘积的行列式等于矩阵因子的行列式的乘积,即

$$|\boldsymbol{AB}|=|\boldsymbol{A}|\cdot|\boldsymbol{B}|.$$

证明:设 $\boldsymbol{A}=(a_{ij})_{n\times n}$, $\boldsymbol{B}=(b_{ij})_{n\times n}$,其乘积为 $\boldsymbol{C}=\boldsymbol{AB}=(c_{ij})_{n\times n}$,则

$$c_{ij}=a_{i1}b_{1j}+a_{i2}b_{2j}+\cdots+a_{in}b_{nj}.$$

此外,通过 Laplace 定理知 $2n$ 阶矩阵 $\boldsymbol{D}=\begin{pmatrix} \boldsymbol{A} & \boldsymbol{0} \\ -\boldsymbol{E} & \boldsymbol{B} \end{pmatrix}$ 的行列式

$$|\boldsymbol{D}|=|\boldsymbol{A}|\cdot|\boldsymbol{B}|.$$

此时只要证得 $|\boldsymbol{D}|=|\boldsymbol{C}|$ 即可 .

推广: $|\boldsymbol{A}_1\boldsymbol{A}_2\cdots\boldsymbol{A}_t|=|\boldsymbol{A}_1|\cdot|\boldsymbol{A}_2|\cdots|\boldsymbol{A}_t|$. 其中, $\boldsymbol{A}_i$ 是 n 阶矩阵($i=1,2,\cdots,t$).

还有两类特殊的分块矩阵:

(1)分块对角矩阵,也被称为准对角矩阵,是一种特殊的矩阵结构,其特点在于主对角线上的子矩阵都是非零方阵,而其他位置上的子矩阵都为零矩阵 . 这些非零方阵,即 $\boldsymbol{A}_1$, $\boldsymbol{A}_2$, $\cdots\boldsymbol{A}_s$ 等,都具有一定的行数和列数 . 通过将大型矩阵分解为这种分块对角矩阵的形式:

$$\begin{pmatrix} \boldsymbol{A}_1 & 0 & 0 & \cdots & 0 \\ 0 & \boldsymbol{A}_2 & 0 & \cdots & 0 \\ \vdots & \vdots & \vdots & & \vdots \\ 0 & 0 & 0 & \cdots & \boldsymbol{A}_s \end{pmatrix},$$

可以更加简便地处理矩阵的运算和性质．特别是当两个具有相同分法的对角矩阵相乘时，其结果仍然是一个分块对角矩阵，这大大简化了计算过程．这种分块对角矩阵的应用非常广泛，包括但不限于线性方程组的求解、特征值和特征向量的计算以及数值分析等领域．通过合理地选择分块方式，可以更好地理解和应用矩阵的性质，从而更有效地解决各种实际问题．

（2）分块上三角矩阵，也被称为准上三角矩阵，是一种特殊的矩阵结构．这种矩阵的特点在于，主对角线及其下方的子矩阵都是零矩阵，而主对角线以上的子矩阵都是非零方阵．

$$\begin{pmatrix} \boldsymbol{A}_{11} & \boldsymbol{A}_{12} & \cdots & \boldsymbol{A}_{1s} \\ 0 & \boldsymbol{A}_{22} & \cdots & \boldsymbol{A}_{2s} \\ \vdots & \vdots & & \vdots \\ 0 & 0 & \cdots & \boldsymbol{A}_{ss} \end{pmatrix}$$

其中，$\boldsymbol{A}_{ii}\left(i=1,2,\cdots,s\right)$ 都是方阵，于是分块上三角矩阵一定是方阵．

分块上三角矩阵的应用非常广泛，尤其是在线性代数和数值分析等领域中．例如，在求解线性方程组时，可以将系数矩阵分块，然后利用分块上三角矩阵的性质来简化计算过程．此外，分块上三角矩阵还可以用于计算矩阵的逆、行列式以及特征值等．

（1）根据分块上三角矩阵的定义，可以发现其非零元素都集中在主对角线及其上方．当计算分块上三角矩阵的行列式时，只有主对角线上的子块会对结果产生贡献．因此，分块上三角矩阵的行列式等于主对角线上各个子块的行列式的乘积．利用这一性质可以快速计算分块上三角矩阵行列式．

（2）假设有两个分块上三角矩阵 $\boldsymbol{A}$ 和 $\boldsymbol{B}$，其中 $\boldsymbol{A}$ 的每个子块表示为 $\boldsymbol{A}_{ij}$，$\boldsymbol{B}$ 的每个子块表示为 $\boldsymbol{B}_{ij}$. 根据矩阵乘法的定义，可以发现 $\boldsymbol{A}$ 和 $\boldsymbol{B}$ 的乘积矩阵 $\boldsymbol{C}$ 的每个子块 $\boldsymbol{C}_{ij}$ 等于 $\boldsymbol{A}$ 的第 i 行子块与 $\boldsymbol{B}$ 的第 j 列子块的

乘积之和．由于 $\boldsymbol{A}$ 和 $\boldsymbol{B}$ 都是分块上三角矩阵，因此当 $i>j$ 时，$\boldsymbol{A}_{ij}$ 和 $\boldsymbol{B}_{ij}$ 都是零矩阵．这意味着在计算 $\boldsymbol{C}_{ij}$ 时，只有 $i\leq j$ 的子块会对结果产生贡献．因此，$\boldsymbol{C}$ 也是一个分块上三角矩阵．同时，还可以发现 $\boldsymbol{C}$ 的主对角线上的子块 $\boldsymbol{C}_{ij}$ 等于 $\boldsymbol{A}_{ij}$ 与 $\boldsymbol{B}_{ij}$ 的乘积．利用这一性质是可以快速计算两个分块上三角矩阵的乘积．

（3）证明两个分块上三角矩阵的和仍是分块上三角矩阵．假设有两个分块上三角矩阵 $\boldsymbol{A}$ 和 $\boldsymbol{B}$，它们的和表示为 $\boldsymbol{C}$．根据矩阵加法的定义，可以发现 $\boldsymbol{C}$ 的每个子块 $\boldsymbol{C}_{ij}$ 等于 $\boldsymbol{A}_{ij}$ 与 $\boldsymbol{B}_{ij}$ 的和．由于 $\boldsymbol{A}$ 和 $\boldsymbol{B}$ 都是分块上三角矩阵，因此当 $i>j$ 时，$\boldsymbol{A}_{ij}$ 和 $\boldsymbol{B}_{ij}$ 都是零矩阵．这意味着 $\boldsymbol{C}_{ij}$ 也是零矩阵．因此，$\boldsymbol{C}$ 也是一个分块上三角矩阵．利用这一性质是可以快速计算两个分块上三角矩阵和的方法．

（4）证明数乘分块上三角矩阵仍为分块上三角矩阵．假设有一个分块上三角矩阵 $\boldsymbol{A}$ 和一个标量 k，k 乘以 $\boldsymbol{A}$ 的结果表示为 $\boldsymbol{B}$. 根据标量乘以矩阵的定义，可以发现 $\boldsymbol{B}$ 的每个子块 $\boldsymbol{B}_{ij}$ 等于 k 乘以 $\boldsymbol{A}_{ij}$. 由于 $\boldsymbol{A}$ 是分块上三角矩阵，因此当 $i>j$ 时，$\boldsymbol{A}_{ij}$ 是零矩阵．这意味着 $\boldsymbol{B}_{ij}$ 也是零矩阵．因此，$\boldsymbol{B}$ 也是一个分块上三角矩阵．利用这一性质可以快速计算数乘分块上三角矩阵．

对于分块下三角矩阵的讨论与上述类似．它们具有类似的性质，这些性质都基于下三角矩阵的特殊结构，即非零元素都集中在主对角线及其下方．

3.4 矩阵的秩的求法

3.4.1 矩阵的秩

$m\times n$ 矩阵 $\boldsymbol{A}$ 的所有非零子式的最高阶数称为矩阵 $\boldsymbol{A}$ 的秩，记为 $\mathrm{rank}\boldsymbol{A}$ 或 $r(\boldsymbol{A})$．零矩阵的秩定义为零．

矩阵的秩的重要公式如下：

（1）$r(\boldsymbol{A})=r(\boldsymbol{A}^{\mathrm{T}})=r(\boldsymbol{A}^{\mathrm{T}}\boldsymbol{A})$.

（2）若 $\boldsymbol{A}\neq 0$ ，则 $r(\boldsymbol{A})\geq 1$.

（3）$r(\boldsymbol{A}\pm\boldsymbol{B})\leq r(\boldsymbol{A})+r(\boldsymbol{B})$.

（4）$r(\boldsymbol{AB})\leq \min\{r(\boldsymbol{A}),r(\boldsymbol{B})\}$.

（5）若 $\boldsymbol{A}$ 可逆，则 $r(\boldsymbol{AB})=r(\boldsymbol{B})$ ；若 $\boldsymbol{B}$ 可逆，则 $r(\boldsymbol{AB})=r(\boldsymbol{A})$.

（6）设 $\boldsymbol{A}$ 为 $m\times n$ 矩阵，$\boldsymbol{B}$ 为 $n\times s$ 矩阵，若 $\boldsymbol{AB}=0$ ，则 $r(\boldsymbol{A})+r(\boldsymbol{B})\leq n$.

例 3.4.1 设 $\boldsymbol{A}=\begin{pmatrix}0&1&2&3\\1&4&7&10\\-1&0&1&b\\a&2&3&4\end{pmatrix}$，其中 a,b 是参数，讨论 $r(\boldsymbol{A})$.

解： $\boldsymbol{A}=\begin{pmatrix}0&1&2&3\\1&4&7&10\\-1&0&1&b\\a&2&3&4\end{pmatrix}\xrightarrow{c_1\leftrightarrow c_2}\begin{pmatrix}1&0&2&3\\4&1&7&10\\0&-1&1&b\\2&a&3&4\end{pmatrix}$

$$\xrightarrow[r_4+r_1\times(-2)]{r_2+r_1\times(-4)}\begin{pmatrix}1&0&2&3\\0&1&-1&-2\\0&1&-1&b\\0&a&-1&-2\end{pmatrix}\xrightarrow[r_4+r_2\times(-1)]{r_3+r_2\times(-1)}\begin{pmatrix}1&0&2&3\\0&1&-1&-2\\0&0&0&b+2\\0&a-1&0&0\end{pmatrix},$$

当 $a\neq 1,b\neq -2$ 时，$r(\boldsymbol{A})=r(\boldsymbol{B})=4$；

当 $a=1,b=-2$ 时，$r(\boldsymbol{A})=r(\boldsymbol{B})=2$；

当 $a=1,b\neq -2$ 或 $b=-2,a\neq 1$ 时，$r(\boldsymbol{A})=r(\boldsymbol{B})=3$.

3.4.2 矩阵秩的求解与证明

当试图直接利用矩阵秩的定义来证明有关矩阵秩的等式或不等式时，可能会遇到一些困难．矩阵秩的定义为非零子式的最高阶数，这一概念虽然明确，但在证明中应用起来可能不太直观．为了简化证明过程，可以利用矩阵秩与行（或列）向量组秩之间的紧密联系．具体来说，矩阵的秩与其行（或列）向量组的秩是相等的，这说明可以通过研究向量组的秩来推导矩阵的秩．这种转换可以将问题简化为寻找等价向量组或线性表出向量组秩的等式或不等式．一旦有了这些等式或不等式，就可以相对容易地证明矩阵秩的等式或不等式.

利用齐次线性方程组 $\boldsymbol{A}x=0$ 的系数矩阵的秩 $r(\boldsymbol{A})$，解向量的维数 n 及基础解系所含向量的个数 $n-r(\boldsymbol{A})$ 之间的关系，也可推导矩阵秩的等式或不等式.若$\boldsymbol{A}x=0$与$\boldsymbol{B}x=0$同解，则$n-r(\boldsymbol{A})=n-r(\boldsymbol{B})$，从而 $r(\boldsymbol{A})=r(\boldsymbol{B})$.这点可被用来证明两个矩阵的秩相等.

通常求矩阵秩的基本方法有定义法、初等变换法、利用向量组求秩法.

(1)定义法.矩阵的秩是其最大线性无关行或列的数量.也可以定义为矩阵中非零子式的最高阶数.找出矩阵中所有可能的非零子式；确定这些非零子式的最高阶数，即为矩阵的秩.这种方法直接、基础，适用于所有类型的矩阵.但是对于大型矩阵，计算所有可能的非零子式可能非常耗时.

(2)初等变换法.通过初等行变换或列变换，将原矩阵转换为行阶梯形式或列阶梯形式.转换后的矩阵中非零行的数量即为原矩阵的秩.对原矩阵进行初等行变换(或列变换)，将其转换为行阶梯形式(或列阶梯形式)；计算非零行的数量，即为矩阵的秩.这种方法适用于大多数情况，特别是当需要求解线性方程组时.但是对于某些特殊结构的矩阵，可能不是最有效的方法.

(3)利用向量组求秩法.将矩阵视为由行向量或列向量构成的向量组.矩阵的秩等于其行向量组或列向量组的最大线性无关组的数量.将矩阵视为行向量组或列向量组；使用向量组的线性无关性理论来确定极大线性无关组的数量，即为矩阵的秩.对于某些具有特定结构的向量组，这种方法可能更为直观和有效.但是需要深入理解向量组的线性无关性理论.

除了定义法、初等变换法和利用向量组求秩法之外，求矩阵秩还有以下几种常用的扩展方法.

(1)递推法.对于一些特殊的矩阵，如分块矩阵或具有某种特定形式的矩阵，可以通过递推关系来求解其秩.这种方法通常适用于具有特定结构的矩阵，通过找出矩阵中元素之间的关系，逐步推导出矩阵的秩.

(2)谱半径法.谱半径是指矩阵的最大奇异值，也即是矩阵的特征值的模的最大值.通过计算矩阵的谱半径，可以得到矩阵的秩的一个下界，有时也能得出矩阵秩的精确值．

（3）子矩阵法．通过研究矩阵的子矩阵的秩，可以推导出原矩阵的秩．这种方法在处理一些具有特定结构的矩阵时非常有效，例如在处理稀疏矩阵或具有特定分块结构的矩阵时．

（4）正定性判据．对于某些特殊的矩阵，如正定矩阵或半正定矩阵，可以利用其正定性来推导其秩．通过分析矩阵的正定性，可以得出一些关于矩阵秩的结论．

（5）数学软件和计算机算法．对于大规模的复杂矩阵，直接手工计算其秩可能是不现实的．在这种情况下，可以利用各种数学软件（如MATLAB、Python 的 NumPy 库等）或专门的算法来自动计算矩阵的秩．这些工具和算法通常基于数学原理，但提供了更高效和准确的计算方法．

例 3.4.2 设 $\boldsymbol{A}$ 为 $n\times n$ 矩阵，证必存在自然数 k，使得 $r(\boldsymbol{A}^k)=r(\boldsymbol{A}^{k+1})$．

证明： 证法 1 若 $r(\boldsymbol{A})=n$，则对任意自然数 k，有

$$r(\boldsymbol{A}^k)=r(\boldsymbol{A}^{k+1})=n.$$

若 $r(\boldsymbol{A})<n$，由于

$$n>r(\boldsymbol{A})\geq r(\boldsymbol{A}^2)\geq\cdots\geq r(\boldsymbol{A}^n)\geq r(\boldsymbol{A}^{n+1})\geq\cdots,$$

因此序列中必有相邻两项相等，即存在自然数 k，使得

$$r(\boldsymbol{A}^k)=r(\boldsymbol{A}^{k+1}).$$

证法 2 由于存在可逆矩阵 $\boldsymbol{P}$，使

$$\boldsymbol{P}^{-1}\boldsymbol{A}\boldsymbol{P}=\begin{pmatrix}\boldsymbol{J}_1 & & \\ & \ddots & \\ & & \boldsymbol{J}_s\end{pmatrix},$$

其中，$\boldsymbol{J}_i(i=1,2,\cdots,s)$ 为 n_i 阶若当块，$\sum\limits_{i=1}^{s}=n$．

若 $\boldsymbol{J}_i(i=1,2,\cdots,s)$ 均不为幂零若当块，则对任意自然数 k，有

$$r(\boldsymbol{A}^k)=r\begin{pmatrix}\boldsymbol{J}_1^k & & \\ & \ddots & \\ & & \boldsymbol{J}_s^k\end{pmatrix}=\sum_{i=1}^{s}r(\boldsymbol{J}_i^k)=\sum_{i=1}^{s}r(\boldsymbol{J}_i^{k+1})=r(\boldsymbol{A}^{k+1}).$$

若 $\boldsymbol{J}_1,\cdots,\boldsymbol{J}_s$ 中存在幂零若当块，不妨设 $\boldsymbol{J}_1,\cdots,\boldsymbol{J}_i(i\leq s)$ 为所有幂零若

当块,且 $\boldsymbol{J}_i$ 为其中阶数最高一块,由于

$$\boldsymbol{P}^{-1}\boldsymbol{A}^{n_i}\boldsymbol{P}=\begin{pmatrix}0 & & & & & \\ & \ddots & & & & \\ & & 0 & & & \\ & & & \boldsymbol{J}_{i+1}^{n_i} & & \\ & & & & \ddots & \\ & & & & & \boldsymbol{J}_s^{n_i}\end{pmatrix},\boldsymbol{P}^{-1}\boldsymbol{A}^{n_i+1}\boldsymbol{P}=\begin{pmatrix}0 & & & & & \\ & \ddots & & & & \\ & & 0 & & & \\ & & & \boldsymbol{J}_{i+1}^{n_i+1} & & \\ & & & & \ddots & \\ & & & & & \boldsymbol{J}_s^{n_i+1}\end{pmatrix},$$

因此

$$r(\boldsymbol{A}^{n_i})=\sum_{t=i+1}^{s}r(\boldsymbol{J}_t^{n_i})=\sum_{t=i+1}^{s}r(\boldsymbol{J}_t^{n_i+1})r(\boldsymbol{A}^{n_i+1}) .$$

第 4 章　线性方程组

线性方程组是一种数学模型,用来描述一组变量之间的关系.它由一组线性方程组成,每个方程都是一个线性函数,即变量之间的关系可以用一个线性函数来表示.线性方程组可以用来描述各种实际问题,比如经济学中的供求关系、物理学中的力学问题、工程学中的机械结构设计等.线性方程组的解集是一个包含所有满足方程组条件的未知数值的集合.这个集合中每一个元素都是一个解,当将这些元素代入原方程组时,等式两边会相等.如果两个线性方程组有相同的解集,那么这两个方程组是等价的.这意味着,一个方程组中的任何一个解都是另一个方程组的解,反之亦然.等价的线性方程组具有相同的秩和行列式.初等变换是解线性方程组的一个重要步骤,它可以用来简化方程组,使其更容易求解.常见的初等变换包括:交换两行或两列、将一行或一列乘以一个非零数,以及将一行或一列加到另一行或另一列上.通过这些变换,可以将一个复杂的线性方程组简化为一个简单的形式,从而更容易找到它的解.一个线性方程组如果有一个解或无穷多个解,那么这个线性方程组是相容的;如果无解,那么这个线性方程组是不相容的.

4.1　线性方程组的基本理论

中学已经学过用加减消元法,代入消元法解二元、三元线性方程组,现在推广更一般的情况:m 个方程 n 个未知数的 n 元线性方程组求解问题.

设有 m 个方程 n 个未知数的 n 元线性方程组

$$\begin{cases} a_{11}x_1 + a_{12}x_2 + \cdots + a_{1n}x_n = b_1 \\ a_{21}x_1 + a_{22}x_2 + \cdots + a_{2n}x_n = b_2 \\ \qquad\cdots \\ a_{m1}x_1 + a_{m2}x_2 + \cdots + a_{mn}x_n = b_m \end{cases}, \tag{4.1.1}$$

记

$$\boldsymbol{A} = \begin{pmatrix} a_{11} & a_{12} & \cdots & a_{1n} \\ a_{21} & a_{22} & \cdots & a_{2n} \\ \vdots & \vdots & & \vdots \\ a_{m1} & a_{m2} & \cdots & a_{mn} \end{pmatrix}, \boldsymbol{X} = \begin{pmatrix} x_1 \\ x_2 \\ \vdots \\ x_n \end{pmatrix}, \boldsymbol{b} = \begin{pmatrix} b_1 \\ b_2 \\ \vdots \\ b_m \end{pmatrix}.$$

则方程组(4.1.1)的矩阵形式为

$$\boldsymbol{AX} = \boldsymbol{b}. \tag{4.1.2}$$

其中,$\boldsymbol{A}$ 称为方程组(4.1.1)的系数矩阵,$\boldsymbol{b}$ 称为方程组(4.1.1)的常数项矩阵,$\boldsymbol{X}$ 称为 n 元未知数矩阵.

把方程组(4.1.1)的系数矩阵 $\boldsymbol{A}$ 与常数项矩阵 $\boldsymbol{b}$ 放在一起构成的矩阵

$$(\boldsymbol{A},\boldsymbol{b}) = \begin{pmatrix} a_{11} & a_{12} & \cdots & a_{1n} & b_1 \\ a_{21} & a_{22} & \cdots & a_{2n} & b_2 \\ \vdots & \vdots & & \vdots & \vdots \\ a_{m1} & a_{m2} & \cdots & a_{mn} & b_m \end{pmatrix}$$

称为线性方程组(4.1.1)的增广矩阵.

4.2　线性方程组解的判定及可靠性

4.2.1 线性方程组解的判定

对一般线性方程组(4.1.1)[或(4.1.2)],利用系数矩阵 $\boldsymbol{A}$ 和增广矩阵 $\boldsymbol{B} = (\boldsymbol{A},\boldsymbol{b})$ 的秩可以直接判定线性方程组解的情况.

定理 4.2.1　n 元线性方程组(4.1.2)[或(4.1.1)]

（1）有唯一解的充分必要条件是 $R(\boldsymbol{A})=R(\boldsymbol{A},\boldsymbol{b})=n$；

（2）有无穷多解的充分必要条件是 $R(\boldsymbol{A})=R(\boldsymbol{A},\boldsymbol{b})<n$；

（3）无解的充分必要条件是 $R(\boldsymbol{A})<R(\boldsymbol{A},\boldsymbol{b})$.

证明：由于条件（1）、（2）和（3）的必要性依赖于其他条件的充分性，因此只需证明这些条件的充分性 .

设 $R(\boldsymbol{A})=r$. 对增广矩阵 $\boldsymbol{B}=(\boldsymbol{A},\ \boldsymbol{b})$ 作初等行变换化为行最简形矩阵 $\overline{\boldsymbol{B}}$. 为了叙述方便，不妨设 $\overline{\boldsymbol{B}}$ 为

$$\overline{\boldsymbol{B}}=\begin{pmatrix} 1 & 0 & \cdots & 0 & b_{11} & \cdots & b_{1,n-r} & d_1 \\ 0 & 1 & \cdots & 0 & b_{21} & \cdots & b_{2,n-r} & d_2 \\ \vdots & \vdots & & \vdots & \vdots & & \vdots & \vdots \\ 0 & 0 & \cdots & 1 & b_{r1} & \cdots & b_{r,n-r} & d_r \\ 0 & 0 & \cdots & 0 & 0 & \cdots & 0 & d_{r+1} \\ 0 & 0 & \cdots & 0 & 0 & \cdots & 0 & 0 \\ \vdots & \vdots & & \vdots & \vdots & & \vdots & \vdots \\ 0 & 0 & \cdots & 0 & 0 & \cdots & 0 & 0 \end{pmatrix}.$$

（1）若 $R(\boldsymbol{A})=R(\boldsymbol{A},\boldsymbol{b})=r=n$，则 $d_{r+1}=0$（或 d_{r+1} 不出现），且 b_{ij} 都不出现 . 此时 $\overline{\boldsymbol{B}}$ 对应的方程组

$$\begin{cases} x_1=d_1 \\ x_2=d_2 \\ \quad\cdots \\ x_n=d_n \end{cases}$$

与原方程组同解，即原方程组有唯一解 .

（2）若 $R(\boldsymbol{A})=R(\boldsymbol{A},\boldsymbol{b})=r<n$，则 $d_{r+1}=0$（或 d_{r+1} 不出现），此时 $\overline{\boldsymbol{B}}$ 所对应的方程组

$$\begin{cases} x_1=d_1-b_{11}x_{r+1}-\cdots-b_{1,n-r}x_n \\ x_2=d_2-b_{21}x_{r+1}-\cdots-b_{2,n-r}x_n \\ \qquad\cdots \\ x_r=d_r-b_{r1}x_{r+1}-\cdots-b_{r,n-r}x_n \end{cases}$$

与原方程组同解 .

此方程组含 $n-r$ 个自由未知数，令 $x_{r+1}=c_1,\ x_{r+2}=c_2,\ \cdots,\ x_n=c_{n-r}$，即得原方程组的含 $n-r$ 个参数的解

$$\begin{cases} x_1 = d_1 - b_{11}c_1 - \cdots - b_{1,n-r}c_{n-r} \\ x_2 = d_2 - b_{21}c_1 - \cdots - b_{2,n-r}c_{n-r} \\ \qquad \cdots \\ x_r = d_r - b_{r1}c_1 - \cdots - b_{r,n-r}c_{n-r} \\ x_{r+1} = c_1 \\ \qquad \cdots \\ x_n = c_{n-r} \end{cases},$$

即

$$\boldsymbol{X} = \begin{pmatrix} x_1 \\ \vdots \\ x_r \\ x_{r+1} \\ x_{r+2} \\ \vdots \\ x_n \end{pmatrix} = \begin{pmatrix} d_1 \\ \vdots \\ d_r \\ 0 \\ 0 \\ \vdots \\ 0 \end{pmatrix} + c_1 \begin{pmatrix} -b_{11} \\ \vdots \\ -b_{r1} \\ 1 \\ 0 \\ \vdots \\ 0 \end{pmatrix} + \cdots + c_{n-r} \begin{pmatrix} -b_{1,n-r} \\ \vdots \\ -b_{r,n-r} \\ 0 \\ \vdots \\ 0 \\ 1 \end{pmatrix}. \tag{4.2.1}$$

其中，$c_1, c_2, \cdots, c_{n-r}$ 为任意常数 .

由于参数 $c_1, c_2, \cdots, c_{n-r}$ 可任意取值，故原方程组有无穷多解 .

（3）若 $R(\boldsymbol{A}) < R(\boldsymbol{A}, \boldsymbol{b})$，则 $d_{r+1} = 1$，此时 $\overline{\boldsymbol{B}}$ 的第 $r+1$ 行对应矛盾方程"$0 = 1$". 故 $\overline{\boldsymbol{B}}$ 所对应方程组无解，即原方程组无解 .

当 $R(\boldsymbol{A}) = R(\boldsymbol{A}, \boldsymbol{b}) = r < n$ 时，线性方程组有无穷多解，这个含 $n-r$ 个参数的解可表示方程组的任意一个解，因此式（4.2.1）称为线性方程组（4.1.1）的通解 .

通过应用定理 4.2.1，可以轻松地推导出关于线性方程组解的判定的其他基本定理 .

定理 4.2.2　任一 n 元线性方程组 $\boldsymbol{AX} = \boldsymbol{b}$ 有解的充分必要条件是 $R(\boldsymbol{A}) = R(\boldsymbol{A}, \boldsymbol{b})$.

定理 4.2.3　n 元齐次线性方程组 $\boldsymbol{AX} = \boldsymbol{0}$

（1）只有零解的充分必要条件是 $R(\boldsymbol{A}) = n$；

（2）有非零解的充分必要条件是 $R(\boldsymbol{A}) < n$.

推论 4.2.1　对 m 个方程 n 个未知数的齐次线性方程组 $\boldsymbol{AX} = \boldsymbol{0}$，当 $m < n$ 时有非零解 .

4.2.2 线性方程组解的可靠性分析

无论用何种方法计算线性方程组的解,都必须知道计算解的可靠程度.什么是解的可靠程度呢?就是计算解与原问题的准确解之间差别的大小.差别越小,精确度就越高,解就越可靠.

4.2.2.1 误差向量和向量范数

为定量描述所求解的精确度,记 $\boldsymbol{x}^*=\left(x_1^*,x_2^*,\cdots,x_n^*\right)^{\mathrm{T}}$ 为线性方程组(4.2.1)的准确解,即 $\boldsymbol{x}^*$ 满足 $\boldsymbol{A}\boldsymbol{x}^*=\boldsymbol{b}$.设 $\tilde{\boldsymbol{x}}=\left(\tilde{x}_1,\tilde{x}_2,\cdots,\tilde{x}_n\right)^{\mathrm{T}}$ 是按某种算法得到的线性方程组(4.2.1)的解向量(简称为计算解).称

$$\boldsymbol{e}=\left(\varepsilon_1,\varepsilon_2,\cdots,\varepsilon_n\right)^{\mathrm{T}}=\left(x_1^*-\tilde{x}_1,x_2^*-\tilde{x}_2,\cdots,x_n^*-\tilde{x}_n\right)^{\mathrm{T}}=\boldsymbol{x}^*-\tilde{\boldsymbol{x}}$$

为误差向量.显然,误差向量显示了计算解的精确度, $\boldsymbol{e}$ 越小越精确.但 $\boldsymbol{e}$ 是一个向量,对它的“大小”必须有一个明确的度量方法,这就引入了范数的概念.

定义 4.2.1 设 $\|\cdot\|$ 是定义在 $\boldsymbol{R}^n$ 上的实值函数,如果对于 $\boldsymbol{R}^n$ 中的任意向量 $\boldsymbol{x}$ 和 $\boldsymbol{y}$ 及任意实数 k ,如果以下三个条件同时成立:

(1)非负性.对一切向量 $\boldsymbol{x}$,都有 $\|\boldsymbol{x}\|\geq 0$,且 $\|\boldsymbol{x}\|=0$ 的充分必要条件是 $\boldsymbol{x}=0$.

(2)正齐性.对任意实数 k 和向量 $\boldsymbol{x}$,有 $\|k\boldsymbol{x}\|=|k|\|\boldsymbol{x}\|$.

(3)三角不等式.对任意向量 $\boldsymbol{x}$ 和 $\boldsymbol{y}$,有 $\|\boldsymbol{x}+\boldsymbol{y}\|\leq\|\boldsymbol{x}\|+\|\boldsymbol{y}\|$.

则称 $\|\cdot\|$ 为向量范数(或向量的模).

容易证明,对三维空间中的向量 $\boldsymbol{x}=\left(x_1,x_2,x_3\right)^{\mathrm{T}}$,可以用数 $\|\boldsymbol{x}\|=\left(x_1^2+x_2^2+x_3^2\right)^{\frac{1}{2}}$ 来度量它的长度.这个数可以作为向量 $\boldsymbol{x}$ 的“大小”的一个度量,而且它满足范数定义的三条重要性质.

根据向量范数的定义,容易直接证明如下定理.

定理 4.2.3 对 $\mathbf{R}^n$ 中的任一向量 $\boldsymbol{x}=(x_1,x_2,\cdots,x_n)^{\mathrm{T}}$，若记

$$\|\boldsymbol{x}\|_1=|x_1|+|x_2|+\cdots+|x_n|, \quad (4.2.2)$$

$$\|\boldsymbol{x}\|_2=\left(|x_1|^2+|x_2|^2+\cdots+|x_n|^2\right)^{\frac{1}{2}}, \quad (4.2.3)$$

$$\|\boldsymbol{x}\|_\infty=\max_{1\le i\le n}|x_i|, \quad (4.2.4)$$

则 $\|\boldsymbol{x}\|_1$、$\|\boldsymbol{x}\|_2$、$\|\boldsymbol{x}\|_\infty$ 都是向量范数．

基于定理 4.2.2，人们称 $\|\boldsymbol{x}\|_1$ 为 1- 范数或列范数；称 $\|\boldsymbol{x}\|_2$ 为 2- 范数或欧几里得范数，$\|\boldsymbol{x}\|_2$ 实际上就是 n 维向量空间 $\mathbf{R}^n$ 中向量 x 的欧几里得长度；称 $\|\boldsymbol{x}\|_\infty$ 为 ∞ - 范数或行范数．其实，它们都是 p- 范数，即

$$\|\boldsymbol{x}\|_p=\left(|x_1|^p+|x_2|^p+\cdots+|x_n|^p\right)^{\frac{1}{p}} \quad (4.2.5)$$

的特例，其中，正实数 $p\geqslant 1$，并且有 $\lim\limits_{p\to\infty}\|\boldsymbol{x}\|_p=\|\boldsymbol{x}\|_\infty$．

在向量空间 $\mathbf{R}^n$ 中可以引进各种向量范数，它们都满足下述向量范数等价定理．

定理 4.2.4（向量范数等价定理） 设 $\|\cdot\|_\alpha$ 和 $\|\cdot\|_\beta$ 是 $\mathbf{R}^n$ 中的两种范数，则存在与向量 x 无关的常数 m 和 $M(0<m<M)$，使得对任一向量 $\mathrm{x}\in\mathbf{R}^n$，有

$$m\|\boldsymbol{x}\|_\alpha\le\|\boldsymbol{x}\|_\beta\le M\|\boldsymbol{x}\|_\alpha . \quad (4.2.6)$$

例如，向量的 1- 范数、2- 范数和 ∞ - 范数之间有关系

$$\begin{cases}\|\boldsymbol{x}\|_\infty\le\|\boldsymbol{x}\|_1\le n\|\boldsymbol{x}\|_\infty\\ \|\boldsymbol{x}\|_\infty\le\|\boldsymbol{x}\|_2\le\sqrt{n}\|\boldsymbol{x}\|_\infty\\ \dfrac{1}{\sqrt{n}}\|\boldsymbol{x}\|_\infty\le\|\boldsymbol{x}\|_2\le\|\boldsymbol{x}\|_1\end{cases} \quad (4.2.7)$$

成立．式（4.2.7）表明，一个向量若按某种范数是一个小量，则它按任何一种范数都是一个小量．因此，不同范数在数量上的差别对分析误差并不重要，反而使我们可以根据具体问题选择适当的范数以利于分析和计算．

类似于向量范数，也可以定义一个表示矩阵“大小”的量——矩阵

范数(或矩阵的模).

定义 4.2.2 设$\|\cdot\|$是定义在$\boldsymbol{R}^{n\times n}$上的实值函数,如果对于$\mathbf{R}^{n\times n}$中的任意矩阵$\boldsymbol{A}$和$\boldsymbol{B}$及任意实数$k$,满足如下基本条件:

(1)非负性.对一切矩阵$\boldsymbol{A}\in\mathbf{R}^{n\times n}$,都有$\|\boldsymbol{A}\|\geq 0$,且$\|\boldsymbol{A}\|=0$的充分必要条件是$\boldsymbol{A}=\boldsymbol{0}$.

(2)正齐性.对任意实数k和矩阵$\boldsymbol{A}\in\mathbf{R}^{n\times n}$,有$\|k\boldsymbol{A}\|=|k|\|\boldsymbol{A}\|$.

(3)三角不等式.对任意矩阵$\boldsymbol{A}\in\mathbf{R}^{n\times n}$和$\boldsymbol{B}\in\mathbf{R}^{n\times n}$,有$\|\boldsymbol{A}+\boldsymbol{B}\|\leq\|\boldsymbol{A}\|+\|\boldsymbol{B}\|$且$\|\boldsymbol{AB}\|\leq\|\boldsymbol{A}\|\cdot\|\boldsymbol{B}\|$.

则称$\|\cdot\|$为矩阵范数(或矩阵的模).

为了用范数来表示线性方程组解的精确度,还需要规定向量范数与矩阵范数之间的关系.

定义 4.2.3 对于给定的向量范数$\|\cdot\|$和矩阵范数$\|\cdot\|$,如果对于任一向量$\boldsymbol{x}\in\mathbf{R}^n$和任一矩阵$\boldsymbol{A}\in\mathbf{R}^{n\times n}$,满足

$$\|\boldsymbol{Ax}\|\leq\|\boldsymbol{A}\|\cdot\|\boldsymbol{x}\|, \tag{4.2.8}$$

则称所给矩阵范数与向量范数是相容的.

关于矩阵范数与向量范数的相容性,有如下重要定理.

定理 4.2.5 设在$\mathbf{R}^n$中给定了一种向量范数,对任一矩阵$\boldsymbol{A}\in\mathbf{R}^{n\times n}$,令

$$\|\boldsymbol{A}\|=\max_{\|\boldsymbol{x}\|=1}\|\boldsymbol{Ax}\|, \tag{4.2.9}$$

则由式(4.2.9)定义的函数$\|\cdot\|$是一种矩阵范数,并且它与给定的向量范数相容.

一般地,我们称由式(4.2.9)所定义的矩阵范数为从属于所给定的向量范数的矩阵范数,又称为矩阵的算子范数.对向量P-范数$\|\cdot\|_p\ (p\geq 1)$,将相应的从属矩阵范数仍记为$\|\cdot\|_p$,即

$$\|\boldsymbol{A}\|_p=\max_{\|\boldsymbol{x}\|_p=1}\|\boldsymbol{Ax}\|_p, \tag{4.2.10}$$

其中,$\boldsymbol{A}\in\mathbf{R}^{n\times n}$,$\boldsymbol{x}\in\mathbf{R}^n$,并称$\|\boldsymbol{A}\|_p$为矩阵$\boldsymbol{A}$的$P$-范数.

由定理 4.2.5 可知,矩阵$\boldsymbol{A}$的P-范数与向量x的P-范数相容,即有

$$\|Ax\|_p \le \|A\|_p \|x\|_p \ .$$

可以证明,对任何 n 阶方阵 $A=(a_{ij})_{n\times n}$,有

$$\|A\|_1 = \max_{1\le j\le n}\sum_{i=1}^{n}|a_{ij}|, \qquad (4.2.11)$$

$$\|A\|_2 = \sqrt{\lambda_{\max}(A^{\mathrm T}A)}, \qquad (4.2.12)$$

$$\|A\|_\infty = \max_{1\le i\le n}\sum_{j=1}^{n}|a_{ij}| \ . \qquad (4.2.13)$$

其中,$\lambda_{\max}(A^{\mathrm T}A)$ 表示实对称矩阵 $A^{\mathrm T}A$ 的最大特征值;$\|A\|_1$、$\|A\|_2$ 和 $\|A\|_\infty$ 又分别称为矩阵的列范数、谱范数和行范数 .

设$\|\cdot\|$是某种矩阵范数,定义

$$\|x\| = \|X\|, \qquad (4.2.14)$$

其中,X 是各列向量均为 x 的 n 阶方阵 . 容易证明,式(4.2.14)定义的向量函数是一种向量范数,且与矩阵范数相容 . 这表明,对任何一种矩阵范数,都存在一种与之相容的向量范数 . 所以,以后凡需要同时考虑向量范数与矩阵范数时,都认为二者是相容的 .

矩阵的范数同特征值之间有密切的关系,设 λ 是矩阵 A 相应于特征向量 x 的特征值,矩阵范数$\|\cdot\|$与向量范数$\|\cdot\|$相容,从而

$$|\lambda|\|x\| = \|\lambda x\| = \|Ax\| \le \|A\|\cdot\|x\| \ .$$

由于特征向量为非零向量,$\|x\| \ne 0$,所以 $|\lambda| \le \|A\|$.

4.2.2.2 残向量

有了范数概念,虽然可以表征误差向量的“大小”,但计算误差向量是不可能的,因为准确解向量 x^* 是未知的,我们只能获得计算解 $\tilde{x}$. 一种自然的办法就是将计算解代入原方程组 $Ax=b$,看其“相差多少”,即只考虑残向量

$$r = b - A\tilde{x} \qquad (4.2.15)$$

的“大小”. 遗憾的是,这不是一个可靠的办法. 在有些情况下,尽管残向量很小,即其范数‖·‖很小,计算解与准确解的差仍可能很大.

大量事实表明,将计算解代回原方程组检验这种古老的方法,可能会导致错误的结论. 因此,不能简单地用残向量来度量计算解的精确度.

4.2.2.3 误差的代数表征

残向量虽不能代表解的精确度,但它的优点是易于计算,而我们希望得到的误差向量又计算不出来. 自然希望在它们之间建立某种关系,以便使用残向量来估计误差,由式(4.2.15),有

$$\tilde{\boldsymbol{x}}=\boldsymbol{A}^{-1}\boldsymbol{b}-\boldsymbol{A}^{-1}\boldsymbol{r}=\boldsymbol{x}^{*}-\boldsymbol{A}^{-1}\boldsymbol{r},$$

所以,误差向量为

$$\boldsymbol{e}=\boldsymbol{x}^{*}-\tilde{\boldsymbol{x}}=\boldsymbol{A}^{-1}\boldsymbol{r}.$$

由范数的性质,对任何一种范数都有

$$\|\boldsymbol{e}\|=\|\boldsymbol{A}^{-1}\boldsymbol{r}\|\le\|\boldsymbol{A}^{-1}\|\cdot\|\boldsymbol{r}\|. \tag{4.2.16}$$

又因为准确解 $\boldsymbol{x}^{*}$ 满足 $\boldsymbol{A}\boldsymbol{x}^{*}=\boldsymbol{b}$,所以 $\|\boldsymbol{b}\|\le\|\boldsymbol{A}\|\cdot\|\boldsymbol{x}^{*}\|$,所以

$$\frac{\|\boldsymbol{e}\|}{\|\boldsymbol{x}^{*}\|}=\left(\|\boldsymbol{A}\|\cdot\|\boldsymbol{A}^{-1}\|\right)\frac{\|\boldsymbol{r}\|}{\|\boldsymbol{b}\|}, \tag{4.2.17}$$

其中,$\dfrac{\|\boldsymbol{e}\|}{\|\boldsymbol{x}^{*}\|}$ 为计算解 $\tilde{\boldsymbol{x}}$ 相对误差;$\dfrac{\|\boldsymbol{r}\|}{\|\boldsymbol{b}\|}$ 为相对残量.

式(4.2.17)表明,计算解的相对误差不超过相对残量的一个倍数,这个倍数是 $\|\boldsymbol{A}\|\cdot\|\boldsymbol{A}^{-1}\|$,它可能很大. 大量研究进一步说明,残向量并不能保证计算解有小的误差,这完全取决于数

$$\operatorname{cond}(\boldsymbol{A})=\|\boldsymbol{A}\|\cdot\|\boldsymbol{A}^{-1}\|, \tag{4.2.18}$$

这个数对估计计算解的误差是十分重要的,称为矩阵 $\boldsymbol{A}$ 的条件数.

由 $\boldsymbol{I}=\boldsymbol{A}\boldsymbol{A}^{-1}$、式 $\|\boldsymbol{A}\boldsymbol{B}\|\le\|\boldsymbol{A}\|\cdot\|\boldsymbol{B}\|$ 和式(4.2.18)易知,对任何可逆矩阵 $\boldsymbol{A}$ 及算子范数‖·‖,都有

$$\operatorname{cond}(\boldsymbol{A})=\|\boldsymbol{A}\|\cdot\|\boldsymbol{A}^{-1}\|\ge\|\boldsymbol{A}\boldsymbol{A}^{-1}\|=\|\boldsymbol{I}\|=1,$$

即条件数总是大于 1，因而残向量总是比计算解的误差小．

4.2.2.4 病态线性方程组

设线性方程组 $\boldsymbol{Ax}=\boldsymbol{b}$ 的系数矩阵 $\boldsymbol{A}$ 非奇异，如果 $\mathrm{cond}(\boldsymbol{A})$ 相对很大，则称该线性方程组是病态线性方程组（也称矩阵 $\boldsymbol{A}$ 是病态矩阵）；如果 $\mathrm{cond}(\boldsymbol{A})$ 相对较小，则该线性方程组是良态线性方程组（也称矩阵 $\boldsymbol{A}$ 是良态矩阵）．

矩阵 $\boldsymbol{A}$ 的条件数刻划了线性方程组 $\boldsymbol{Ax}=\boldsymbol{b}$ 的一种性态．$\boldsymbol{A}$ 的条件数越大，方程组 $\boldsymbol{Ax}=\boldsymbol{b}$ 的病态程度就越严重．对于严重病态的线性方程组 $\boldsymbol{Ax}=\boldsymbol{b}$，当 $\boldsymbol{A}$ 和 $\boldsymbol{b}$ 有微小变化时，即使求解过程是精确进行的，所得到的解相对于原方程组的解也会有很大的相对误差．系数矩阵 $\boldsymbol{A}$ 和右端常向量 $\boldsymbol{b}$ 的很小变化对线性方程组的解的影响作用可以总结为如下定理．

定理 4.2.6　设 $\boldsymbol{A},\ \Delta\boldsymbol{A}\in\mathbf{R}^{n\times n}$，$\boldsymbol{b},\ \Delta\boldsymbol{b}\in\mathbf{R}^{n}$，$\boldsymbol{A}$ 非奇异，$\boldsymbol{b}\neq 0$，$\boldsymbol{x}$ 是线性方程组 $\boldsymbol{Ax}=\boldsymbol{b}$ 的解向量．如果 $\|\Delta\boldsymbol{A}\|<\dfrac{1}{\|\boldsymbol{A}^{-1}\|}$，则

（1）方程组 $(\boldsymbol{A}+\Delta\boldsymbol{A})(\boldsymbol{x}+\Delta\boldsymbol{x})=\boldsymbol{b}+\Delta\boldsymbol{b}$ 有唯一解 $\boldsymbol{x}+\Delta\boldsymbol{x}$．

（2）有误差估计式

$$\frac{\|\Delta\boldsymbol{x}\|}{\|\boldsymbol{x}\|}\leq\frac{\mathrm{cond}(\boldsymbol{A})}{1-\mathrm{cond}(\boldsymbol{A})\dfrac{\|\Delta\boldsymbol{A}\|}{\|\boldsymbol{A}\|}}\left(\frac{\|\Delta\boldsymbol{A}\|}{\|\boldsymbol{A}\|}+\frac{\|\Delta\boldsymbol{b}\|}{\|\boldsymbol{b}\|}\right).\qquad(4.2.19)$$

式（4.2.19）表明，条件数 $\mathrm{cond}(\boldsymbol{A})$ 越小，系数矩阵 $\boldsymbol{A}$ 和右端向量 $\boldsymbol{b}$ 的相对误差对解向量的相对误差的影响就越小；反之则影响可能越大．

最后需要特别指出的是，对于严重病态的线性方程组 $\boldsymbol{Ax}=\boldsymbol{b}$，即使原始数据 $\boldsymbol{A}$ 和 $\boldsymbol{b}$ 没有误差，但由于求解过程中有舍入误差，所得的解也会有很大的相对误差．

4.2.2.5 关于病态方程组的求解问题

在具体实践中,常用于判别线性方程组 $\boldsymbol{Ax}=\boldsymbol{b}$ 是否属于病态方程组的方法如下:

(1)当 $\left|\det(\boldsymbol{A})\right|$ 相对很小或 $\boldsymbol{A}$ 的某些行(或列)近似线性相关时,方程组可能病态.

(2)用(列)主元素高斯消去法求解方程组时,若出现绝对值很小的主元素,则方程组可能病态.

(3)分别用 $\boldsymbol{b}$ 和 $\boldsymbol{b}+\Delta\boldsymbol{b}\left(\|\Delta\boldsymbol{b}\|\ll 1\right)$ 作方程组的右端向量,求解 $\boldsymbol{Ax}=\boldsymbol{b}$ 和 $\boldsymbol{A}\tilde{\boldsymbol{x}}=\boldsymbol{b}+\Delta\boldsymbol{b}$,如果 $\boldsymbol{x}$ 和 $\tilde{\boldsymbol{x}}$ 相差很大,则方程组可能病态.

(4)当 $\boldsymbol{A}$ 的元素在数量级上有很大差别,且无一定规则时,方程组可能病态.例如,若方程组 $\boldsymbol{Ax}=\boldsymbol{b}$ 的系数矩阵为 $\boldsymbol{A}=\begin{pmatrix}0.1 & 0.1\\ 0.1 & 10^{10}\end{pmatrix}$,系数矩阵 $\boldsymbol{A}$ 的条件数为 $\operatorname{cond}(\boldsymbol{A})\approx 10^{11}$,则该方程组严重病态.但是,对于线性方程组 $\boldsymbol{Bx}=\boldsymbol{b}$,其系数矩阵为 $\boldsymbol{B}=\begin{pmatrix}10^{10} & 0.1\\ 0.1 & 10^{10}\end{pmatrix}$,系数矩阵 $\boldsymbol{B}$ 的条件数为 $\operatorname{cond}(\boldsymbol{B})\approx 1$,该方程组是良态的.

那么,如何来求解病态线性方程组呢?具体实践中常用的方法如下:

(1)采用高精度的算术运算,如采用双精度运算,可改善或减轻病态矩阵的影响,但有时可能还是不行.

(2)平衡方法.当系数矩阵 $\boldsymbol{A}$ 的元素在数量级上有很大差别时,可采用行平衡(或列平衡)的方法降低 $\boldsymbol{A}$ 的条件数.

接下来对平衡方法进行简要的讨论.设有 n 元线性方程组 $\boldsymbol{Ax}=\boldsymbol{b}$,其系数矩阵 $\boldsymbol{A}=\left(a_{ij}\right)_{n\times n}$ 非奇异,所谓行平衡方法就是:计算 $s_i=\max\limits_{1\le j\le n}\left|a_{ij}\right|$($i=1,2,\cdots,n$),令 $\boldsymbol{D}=\operatorname{diag}\left(\frac{1}{s_1},\frac{1}{s_2},\cdots,\frac{1}{s_n}\right)$,得到与原方程组等价的同解方程组 $\boldsymbol{DAx}=\boldsymbol{Db}$,新方程组的系数矩阵 $\boldsymbol{DA}$ 的条件数有可能大大降

低. 例如, 对于线性方程组 $\begin{pmatrix} 0.1 & 0.1 \\ 0.1 & 10^{10} \end{pmatrix}\begin{pmatrix} x_1 \\ x_2 \end{pmatrix}=\begin{pmatrix} 0.2 \\ 10^{10} \end{pmatrix}$, 其系数矩阵为 $\boldsymbol{A}=\begin{pmatrix} 0.1 & 0.1 \\ 0.1 & 10^{10} \end{pmatrix}$, 由于 $\operatorname{cond}(\boldsymbol{A})\approx 10^{11}$ 很大, 该方程组严重病态. 进行平衡处理: $s_1=0.1$, $s_2=10^{10}$, $\boldsymbol{D}=\operatorname{diag}\left(\frac{1}{s_1},\frac{1}{s_2}\right)$. 得到的方程组为 $\begin{pmatrix} 1 & 1 \\ 10^{-11} & 1 \end{pmatrix}\begin{pmatrix} x_1 \\ x_2 \end{pmatrix}=\begin{pmatrix} 2 \\ 1 \end{pmatrix}$, 其系数矩阵的条件数为 $\operatorname{cond}(\boldsymbol{DA})=\dfrac{4}{1-10^{-11}}\approx 4$, 很小, 所以新方程组是良态的.

4.3　向量组的线性相关性

解齐次线性方程组也可以从另一观点来讨论, 即把它写成向量方程. 因此齐次线性方程组 $\boldsymbol{AX}=\boldsymbol{0}$ 的解的问题转化为向量方程 $x_1\boldsymbol{\alpha}_1+x_2\boldsymbol{\alpha}_2+\cdots+x_n\boldsymbol{\alpha}_n=\boldsymbol{0}$ (其中向量组 $\boldsymbol{\alpha}_1,\boldsymbol{\alpha}_2,\cdots,\boldsymbol{\alpha}_n$ 是系数矩阵 $\boldsymbol{A}$ 的列向量组) 中的向量 $\boldsymbol{\alpha}_1,\boldsymbol{\alpha}_2,\cdots,\boldsymbol{\alpha}_n$ 线性关系的问题. 即零向量 $\boldsymbol{0}$ 是否由向量 $\boldsymbol{\alpha}_1,\boldsymbol{\alpha}_2,\cdots,\boldsymbol{\alpha}_n$ 线性表示? 显然, 当系数全为 0, 就可将零向量由此向量组线性表示. 但是否存在一组不全为零的数 $k_1,k_2,\cdots,k_n$, 使得 $k_1\boldsymbol{\alpha}_1+k_2\boldsymbol{\alpha}_2+\cdots+k_n\boldsymbol{\alpha}_n=\boldsymbol{0}$ 成立? 这就是向量组的线性相关性问题.

4.3.1 线性相关与线性无关

定义 4.3.1　给定向量组 $A:\boldsymbol{\alpha}_1,\boldsymbol{\alpha}_2,\cdots,\boldsymbol{\alpha}_m$

(1) 若存在一组不全为零的数 $k_1,k_2,\cdots,k_m$, 使

$$k_1\boldsymbol{\alpha}_1+k_2\boldsymbol{\alpha}_2+\cdots+k_m\boldsymbol{\alpha}_m=\boldsymbol{0},$$

则称向量组 $\boldsymbol{A}$ 线性相关;

（2）否则称为线性无关，即仅当 $k_1 = k_2 = \cdots = k_m = 0$ 时，$k_1\boldsymbol{\alpha}_1 + k_2\boldsymbol{\alpha}_2 + \cdots + k_m\boldsymbol{\alpha}_m = \mathbf{0}$ 才成立，则称向量组 $\boldsymbol{A}$ 线性无关．

注意：

（1）向量组只含有一个向量 $\boldsymbol{\alpha}$ 时，$\boldsymbol{\alpha}$ 线性相关 $\Leftrightarrow \boldsymbol{\alpha} = \mathbf{0}$；$\boldsymbol{\alpha}$ 线性无关 $\Leftrightarrow \boldsymbol{\alpha} \neq \mathbf{0}$．

（2）如果一个向量组包含两个向量，并且这两个向量线性相关 $\Leftrightarrow$，那么这两个向量的对应分量一定成比例．在几何上，这意味着这两个向量共线．

（3）三个向量线性相关意味着它们位于同一个平面上，而线性无关则表示它们不在同一平面上．

例 4.3.1 讨论向量组 $\boldsymbol{\alpha}_1 = (1,1,3,1)^{\mathrm{T}}$，$\boldsymbol{\alpha}_2 = (3,-1,2,4)^{\mathrm{T}}$，$\boldsymbol{\alpha}_3 = (1,-3,-4,2)^{\mathrm{T}}$ 的线性相关性．

解：设存在一组数 x_1, x_2, x_3，使得

$$x_1\boldsymbol{\alpha}_1 + x_2\boldsymbol{\alpha}_2 + x_3\boldsymbol{\alpha}_3 = \mathbf{0},$$

即

$$x_1\begin{pmatrix}1\\1\\3\\1\end{pmatrix} + x_2\begin{pmatrix}3\\-1\\2\\4\end{pmatrix} + x_3\begin{pmatrix}1\\-3\\-4\\2\end{pmatrix} = \begin{pmatrix}0\\0\\0\\0\end{pmatrix}.$$

所以

$$\begin{cases} x_1 + 3x_2 + x_3 = 0 \\ x_1 - x_2 - 3x_3 = 0 \\ 3x_1 + 2x_2 - 4x_3 = 0 \\ x_1 + 4x_2 + 2x_3 = 0 \end{cases}.$$

矩阵 $\boldsymbol{A}$ 作初等行变换，有

$$\boldsymbol{A} = \begin{pmatrix}1 & 3 & 1\\1 & -1 & -3\\3 & 2 & -4\\1 & 4 & 2\end{pmatrix} \to \begin{pmatrix}1 & 3 & 1\\0 & -4 & -4\\0 & -7 & -7\\0 & 1 & 1\end{pmatrix} \to \begin{pmatrix}1 & 3 & 1\\0 & 1 & 1\\0 & 0 & 0\\0 & 0 & 0\end{pmatrix}.$$

因为 $R(\boldsymbol{A})=2$ 小于方程组中未知量个数,则该方程组有非零解 . 从而该方程组对应的向量方程

$$x_1\boldsymbol{\alpha}_1+x_2\boldsymbol{\alpha}_2+x_3\boldsymbol{\alpha}=\mathbf{0}$$

有非零解 . 所以向量组 $\boldsymbol{\alpha}_1,\boldsymbol{\alpha}_2,\boldsymbol{\alpha}_3$ 线性相关 .

4.3.2 向量组线性相关性的判定

定理 4.3.1　向量组 $\boldsymbol{\alpha}_1,\boldsymbol{\alpha}_2,\cdots,\boldsymbol{\alpha}_m$ $(m\geq 2)$ 线性相关的充分必要条件是其中至少有一个向量可由其余 $m-1$ 个向量线性表示 .

证明: 必要性 . 若向量组 $\boldsymbol{\alpha}_1,\boldsymbol{\alpha}_2,\cdots,\boldsymbol{\alpha}_m$ 线性相关,则存在不全为零的数 $k_1,k_2,\cdots,k_m$,使得

$$k_1\boldsymbol{\alpha}_1+k_2\boldsymbol{\alpha}_2+\cdots+k_m\boldsymbol{\alpha}_m=\mathbf{0}$$

成立 . 不妨设 $k_m\neq 0$,于是

$$\boldsymbol{\alpha}_m=-\frac{k_1}{k_m}\boldsymbol{\alpha}_1-\frac{k_2}{k_m}\boldsymbol{\alpha}_2-\cdots-\frac{k_{m-1}}{k_m}\boldsymbol{\alpha}_{m-1}.$$

即 $\boldsymbol{\alpha}_m$ 可由其余的 $m-1$ 个向量线性表示 .

充分性 . 若向量组 $\boldsymbol{\alpha}_1,\boldsymbol{\alpha}_2,\cdots,\boldsymbol{\alpha}_m$ 中至少有一个向量可由其余的 $m-1$ 个向量线性表示 . 不妨设

$$\boldsymbol{\alpha}_1=k_2\boldsymbol{\alpha}_2+\cdots+k_m\boldsymbol{\alpha}_m.$$

即

$$(-1)\boldsymbol{\alpha}_1+k_2\boldsymbol{\alpha}_2+\cdots+k_m\boldsymbol{\alpha}_m=\mathbf{0}\ .$$

因 $-1,k_2,\cdots,k_m$ 这 m 个数不全为零(至少 $-1\neq 0$) ,所以 $\boldsymbol{\alpha}_1,\boldsymbol{\alpha}_2,\cdots,\boldsymbol{\alpha}_m$ 线性相关 .

向量组 $\boldsymbol{\alpha}_1,\boldsymbol{\alpha}_2,\cdots,\boldsymbol{\alpha}_m$ 构成的矩阵 $\boldsymbol{A}=(\boldsymbol{\alpha}_1,\boldsymbol{\alpha}_2,\cdots,\boldsymbol{\alpha}_m)$,向量组 $\boldsymbol{\alpha}_1,\boldsymbol{\alpha}_2,\cdots,\boldsymbol{\alpha}_m$ 线性相关(无关)就是齐次线性方程组 $k_1\boldsymbol{\alpha}_1+k_2\boldsymbol{\alpha}_2+\cdots+k_m\boldsymbol{\alpha}_m=\mathbf{0}$ 即 $\boldsymbol{AX}=\mathbf{0}$ 有非零解(只有零解),其中 $\boldsymbol{X}=\begin{pmatrix}x_1\\x_2\\\vdots\\x_m\end{pmatrix}$,由定理 4.3.1,立即可得 .

定理 4.3.2

（1）向量组 $\alpha_1,\alpha_2,\cdots,\alpha_m$ 线性相关的充分必要条件是它所构成的矩阵 $A=(\alpha_1,\alpha_2,\cdots,\alpha_m)$ 的秩小于向量的个数 m 即 $R(A)<m$；（2）向量组 $\alpha_1,\alpha_2,\cdots,\alpha_m$ 线性无关的充分必要条件是 $R(A)=m$.

推论 4.3.1 n 个 n 维向量 $\alpha_1,\alpha_2,\cdots,\alpha_n$ 线性相关（线性无关）的充分必要条件是它们所构成的矩阵 $A=(\alpha_1,\alpha_2,\cdots,\alpha_n)$ 的行列式 $|A|$ 等于（不等于）零 .

推论 4.3.2 当向量的个数超过其维数时，这些向量一定存在线性关系 .

证明： 设 m 个 n 维向量 $\alpha_1,\alpha_2,\cdots,\alpha_m$ 组成向量组，且 $m>n$，则 $A=(\alpha_1,\alpha_2,\cdots,\alpha_m)$ 是 $n\times m$ 矩阵，从而有 $R(A)\le\min\{m,n\}=n<m$，由定理 4.3.2 知，向量组 $\alpha_1,\alpha_2,\cdots,\alpha_m$ 线性相关 .

例 4.3.2 记 $A=(\alpha_1,\alpha_2,\alpha_3)$，对 A 作初等行变换化为行阶梯形矩阵

$$A=(\alpha_1,\alpha_2,\alpha_3)=\begin{pmatrix}1&3&1\\1&-1&-3\\3&2&-4\\1&4&2\end{pmatrix}\to\begin{pmatrix}1&3&1\\0&-4&-4\\0&-7&-7\\0&1&1\end{pmatrix}\to\begin{pmatrix}1&3&1\\0&1&1\\0&0&0\\0&0&0\end{pmatrix}$$

得 $R(A)=2<m=3$，据定理 4.3.2，向量组 $\alpha_1,\alpha_2,\alpha_3$ 线性相关 .

线性相关性是向量组的重要性质，下面是与其相关的其他结论 .

定理 4.3.3

（1）如果向量组的一部分是线性相关的，那么整个向量组也是线性相关的 . 此外，如果向量组包含零向量，那么这个向量组一定是线性相关的 .

（2）如果一个向量组中的向量都是线性无关的，那么无论从中取出多少个向量，它们仍然保持线性无关的关系 .

证明：（1）设向量组 $\alpha_1,\alpha_2,\cdots,\alpha_m$ 中有 r 个向量 $(r\le m)$ 的部分组线性相关，不妨设 $\alpha_1,\alpha_2,\cdots,\alpha_r$ 线性相关，则存在不全为零的数 $\lambda_1,\lambda_2,\cdots,\lambda_r$，使

$$\lambda_1\alpha_1+\lambda_2\alpha_2+\cdots+\lambda_r\alpha_r=\mathbf{0}$$

成立 . 从而存在一组不全为零的数 $\lambda_1,\lambda_2,\cdots,\lambda_r,0,\cdots,0$，使得

$$\lambda_1\alpha_1+\lambda_2\alpha_2+\cdots+\lambda_r\alpha_r+0\alpha_{r+1}+\cdots+0\alpha_m=\mathbf{0}$$

成立．所以向量组 $\boldsymbol{\alpha}_1,\boldsymbol{\alpha}_2,\cdots,\boldsymbol{\alpha}_m$ 线性相关．

（2）是（1）的逆否命题成立．

定理 4.3.4　若向量组 $\boldsymbol{\alpha}_1,\boldsymbol{\alpha}_2,\cdots,\boldsymbol{\alpha}_m$ 线性无关，而向量组 $\boldsymbol{\alpha}_1,\boldsymbol{\alpha}_2,\cdots,\boldsymbol{\alpha}_m,\boldsymbol{\beta}$ 线性相关，则向量 $\boldsymbol{\beta}$ 可由 $\boldsymbol{\alpha}_1,\boldsymbol{\alpha}_2,\cdots,\boldsymbol{\alpha}_m$ 线性表示，且表示式唯一．

证明：先证 $\boldsymbol{\beta}$ 可由 $\boldsymbol{\alpha}_1,\boldsymbol{\alpha}_2,\cdots,\boldsymbol{\alpha}_m d$ 线性表示．

由向量组 $\boldsymbol{\alpha}_1,\boldsymbol{\alpha}_2,\cdots,\boldsymbol{\alpha}_m,\boldsymbol{\beta}$ 线性相关，则存在不全为零的数 $\lambda_1,\lambda_2,\cdots,\lambda_m,\lambda$，使得

$$\lambda_1\boldsymbol{\alpha}_1+\lambda_2\boldsymbol{\alpha}_2+\cdots+\lambda_m\boldsymbol{\alpha}_m+\lambda\boldsymbol{\beta}=\mathbf{0}.$$

若 $\lambda=0$，由 $\boldsymbol{\alpha}_1,\boldsymbol{\alpha}_2,\cdots,\boldsymbol{\alpha}_m$ 线性无关知，$\lambda_1=\lambda_2=\cdots=\lambda_m=0$，这与 $\lambda_1,\lambda_2,\cdots,\lambda_m,\lambda$ 不全为零矛盾．所以 $\lambda\neq 0$. 于是

$$\boldsymbol{\beta}=-\frac{\lambda_1}{\lambda}\boldsymbol{\alpha}_1-\frac{\lambda_2}{\lambda}\boldsymbol{\alpha}_2-\cdots-\frac{\lambda_m}{\lambda}\boldsymbol{\alpha}_m,$$

即 $\boldsymbol{\beta}$ 可由 $\boldsymbol{\alpha}_1,\boldsymbol{\alpha}_2,\cdots,\boldsymbol{\alpha}_m$ 线性表示．

再证唯一性．若 $\boldsymbol{\beta}$ 有两种表示法

$$\boldsymbol{\beta}=\lambda_1\boldsymbol{\alpha}_1+\lambda_2\boldsymbol{\alpha}_2+\cdots+\lambda_m\boldsymbol{\alpha}_m,$$

$$\boldsymbol{\beta}=\mu_1\boldsymbol{\alpha}_1+\mu_2\boldsymbol{\alpha}_2+\cdots+\mu_m\boldsymbol{\alpha}_m,$$

两式相减得

$$(\lambda_1-\mu_1)\boldsymbol{\alpha}_1+(\lambda_2-\mu_2)\boldsymbol{\alpha}_2+\cdots+(\lambda_m-\mu_m)\boldsymbol{\alpha}_r=\mathbf{0}.$$

由 $\boldsymbol{\alpha}_1,\boldsymbol{\alpha}_2,\cdots,\boldsymbol{\alpha}_m$ 线性无关，所以

$$\lambda_i-\mu_i=0.$$

即

$$\lambda_i=\mu_i\ (i=1,2,\cdots,m).$$

故 $\boldsymbol{\beta}$ 可由 $\boldsymbol{\alpha}_1,\boldsymbol{\alpha}_2,\cdots,\boldsymbol{\alpha}_m$ 线性表示的表示式唯一．

定理 4.3.5　设向量

$$\boldsymbol{\alpha}_i=(a_{1i},a_{2i},\cdots,a_{ri})^{\mathrm{T}},\ \boldsymbol{\beta}_i=(a_{1i},a_{2i},\cdots,a_{ri},a_{r+1i},\cdots,a_{mi})^{\mathrm{T}}\ (i=1,2,\cdots,n)$$

即向量 $\boldsymbol{\alpha}_i$ 添加 k 个分量后得到向量 $\boldsymbol{\beta}_i$ $(k=m-r)$．

若向量组 $A:\boldsymbol{\alpha}_1,\boldsymbol{\alpha}_2,\cdots,\boldsymbol{\alpha}_n$ 线性无关，则向量组 $B:\boldsymbol{\beta}_1,\boldsymbol{\beta}_2,\cdots,\boldsymbol{\beta}_n$ 也线性

无关；反之，若向量组 B 线性相关，则向量组 A 线性相关．

证明：记 $\boldsymbol{A}=(\boldsymbol{\alpha}_1,\boldsymbol{\alpha}_2,\cdots,\boldsymbol{\alpha}_n)$，$\boldsymbol{B}=(\boldsymbol{\beta}_1,\boldsymbol{\beta}_2,\cdots,\boldsymbol{\beta}_n)$，则 $\boldsymbol{A}$ 为 $r\times n$ 矩阵，$\boldsymbol{B}$ 为 $m\times n$ 矩阵且 $R(\boldsymbol{A})\le R(\boldsymbol{B})\le\min\{m,n\}\le n$．

若向量组 $\boldsymbol{\alpha}_1,\boldsymbol{\alpha}_2,\cdots,\boldsymbol{\alpha}_n$ 线性无关，由定理 4.3.2 知 $R(\boldsymbol{A})=n$，所以 $R(\boldsymbol{B})=n$．由定理 4.3.2 得 $\boldsymbol{\beta}_1,\boldsymbol{\beta}_2,\cdots,\boldsymbol{\beta}_n$ 线性无关．

故若向量组 $\boldsymbol{\beta}_1,\boldsymbol{\beta}_2,\cdots,\boldsymbol{\beta}_n$ 线性相关，则向量组 $\boldsymbol{\alpha}_1,\boldsymbol{\alpha}_2,\cdots,\boldsymbol{\alpha}_n$ 线性相关．

定理 4.3.6 设向量组 $B:\boldsymbol{\beta}_1,\boldsymbol{\beta}_2,\cdots,\boldsymbol{\beta}_t$ 可由向量组 $A:\boldsymbol{\alpha}_1,\boldsymbol{\alpha}_2,\cdots,\boldsymbol{\alpha}_s$ 线性表示．若向量组 $\boldsymbol{B}$ 线性无关，则 $s\ge t$．

证明：记 $\boldsymbol{A}=(\boldsymbol{\alpha}_1,\boldsymbol{\alpha}_2,\cdots,\boldsymbol{\alpha}_s)$，$\boldsymbol{B}=(\boldsymbol{\beta}_1,\boldsymbol{\beta}_2,\cdots,\boldsymbol{\beta}_t)$．若向量组 $\boldsymbol{B}$ 线性无关，则由定理 4.3.2 知 $R(\boldsymbol{B})=t$，因为向量组 $\boldsymbol{B}$ 可由向量组 $\boldsymbol{A}$ 线性表示．由定理 4.3.3 得 $t=R(\boldsymbol{B})\le R(\boldsymbol{A})\le s$（$\boldsymbol{A}$ 的列数），即 $s\ge t$．

定理 4.3.6 的逆否命题成立．

定理 4.3.7 若向量组 $B:\boldsymbol{\beta}_1,\boldsymbol{\beta}_2,\cdots,\boldsymbol{\beta}_t$ 能由向量组 $A:\boldsymbol{\alpha}_1,\boldsymbol{\alpha}_2,\cdots,\boldsymbol{\alpha}_s$ 线性表示，且 $t>s$，则向量组 $\boldsymbol{B}$ 线性相关．

推论 4.3.3 设向量组 $A:\boldsymbol{\alpha}_1,\boldsymbol{\alpha}_2,\cdots,\boldsymbol{\alpha}_s$ 与向量组 $B:\boldsymbol{\beta}_1,\boldsymbol{\beta}_2,\cdots,\boldsymbol{\beta}_t$ 等价，若向量组 $\boldsymbol{A}$ 与 $\boldsymbol{B}$ 都是线性无关的，则 $s=t$．

证明：依题，向量组 A 线性无关且可由向量组 $\boldsymbol{B}$ 线性表示，则 $s\le t$；向量组 $\boldsymbol{B}$ 线性无关且可由向量组 $\boldsymbol{A}$ 线性表示，则 $s\ge t$，故 $s=t$．

4.4 向量组的极大线性无关组和秩

4.4.1 向量组的极大线性无关组

对无穷多个向量组成的向量组，如齐次线性方程组 $\boldsymbol{AX}=0$，当 $R(\boldsymbol{A}_{m\times n})<n$ 时，有无穷多个解向量，所有解向量组成方程组的解向量组．由向量组中的向量的个数大于向量维数必线性相关可知，它的极大线性无关的部分组中向量个数 r 不超过维数 n．一般地给出下面定义．

定义 4.4.1 设向量组 $\boldsymbol{A}$，若在向量组 $\boldsymbol{A}$ 中能选出 r 个向量

$\boldsymbol{\alpha}_1,\boldsymbol{\alpha}_2,\cdots,\boldsymbol{\alpha}_r$，满足

（1）向量组 $\boldsymbol{A}_0:\boldsymbol{\alpha}_1,\boldsymbol{\alpha}_2,\cdots,\boldsymbol{\alpha}_r$ 线性无关；

（2）向量组 $\boldsymbol{A}$ 中任意 $r+1$ 个向量（若 $\boldsymbol{A}$ 中有 $r+1$ 个向量的话）都线性相关，则称向量组 $\boldsymbol{A}_0$ 是向量组 $\boldsymbol{A}$ 的一个极大线性无关向量组．

由定义可知：

（1）如果一个向量组只包含零向量，那么任何子集都含有零向量，因此不存在一个子集，其向量个数最多且线性无关．

（2）线性无关的向量组本身就是一个最大子集，即它的所有向量都是线性无关的．

4.4.2 向量组的秩

定义 4.4.2　向量组 $\boldsymbol{A}$ 的极大线性无关组所含向量个数 r，称为向量组 $\boldsymbol{A}$ 的秩．记为 R_A. 有限个向量 $\boldsymbol{\alpha}_1,\boldsymbol{\alpha}_2,\cdots,\boldsymbol{\alpha}_m$ 组成的向量组的秩，也记为 $R(\boldsymbol{\alpha}_1,\boldsymbol{\alpha}_2,\cdots,\boldsymbol{\alpha}_m)$.

只含零向量的向量组的秩规定为 0.

注：（1）等价向量组的秩相等．

（2）向量组 $\boldsymbol{\alpha}_1,\boldsymbol{\alpha}_2,\cdots,\boldsymbol{\alpha}_m$ 线性无关 $\Leftrightarrow R(\boldsymbol{\alpha}_1,\boldsymbol{\alpha}_2,\cdots,\boldsymbol{\alpha}_m)=m$；向量组 $\boldsymbol{\alpha}_1,\boldsymbol{\alpha}_2,\cdots,\boldsymbol{\alpha}_m$ 线性相关 $\Leftrightarrow R(\boldsymbol{\alpha}_1,\boldsymbol{\alpha}_2,\cdots,\boldsymbol{\alpha}_m)<m$.

（3）若向量组的秩为 r，则该向量组中任意 r 个线性无关的向量均可作为其极大线性无关组．

4.4.3 矩阵秩与向量组秩的关系

定理 4.4.1　矩阵的秩等于它的列向量组的秩，也等于它的行向量组的秩．

证明：设 $\boldsymbol{A}=(\boldsymbol{\alpha}_1,\boldsymbol{\alpha}_2,\cdots,\boldsymbol{\alpha}_m)$，$R(\boldsymbol{A})=r$，并设 r 阶子式 $\boldsymbol{D}_r\neq 0$. 根据定理 3.3.2，由 $\boldsymbol{D}_r\neq 0$ 知 $\boldsymbol{D}_r$ 所在的 r 列构成的 $n\times r$ 矩阵的秩为 r，故此 r 列线性无关；又由 $\boldsymbol{A}$ 中所有 $r+1$ 阶子式均为零，知 $\boldsymbol{A}$ 中任意 $r+1$ 个列向量构成的 $n\times(r+1)$ 矩阵的秩小于 $r+1$，故此 $r+1$ 列线性相关．因此 $\boldsymbol{D}_r$ 所在的 r 列是 $\boldsymbol{A}$ 的列向量组的一个极大线性无关组，所以 $\boldsymbol{A}$ 的列向量

组的秩等于 r.

类似可证矩阵 $\boldsymbol{A}$ 的行向量组的秩也等于 $R(\boldsymbol{A})=r$.

根据定义 4.4.2 和定理 4.4.1，我们知道向量组的秩是该组向量所构成的矩阵的秩．因此，在定理 4.3.1、定理 4.3.2、定理 4.3.3 和定理 4.3.4 中出现的矩阵的秩，都可以用向量组的秩来代替．此外，这种替换不仅适用于特殊情况，也可以推广到一般向量组的情形．这意味着，对于任意给定的向量组，可以通过计算其秩来了解该组向量的性质和关系．

4.4.4 求向量组的极大线性无关组及秩的方法

求一个向量组的极大线性无关组要用到下面的定理．

定理 4.4.2 设 $\boldsymbol{A}$ 为 $m\times n$ 矩阵．

（1）若 $\boldsymbol{A}$ 经有限次初等行变换化为矩阵 $\boldsymbol{B}$，则 $\boldsymbol{A}$ 的列向量组与 $\boldsymbol{B}$ 的列向组有相同的线性关系．

（2）若矩阵 $\boldsymbol{A}$ 经有限次初等列变换化为 $\boldsymbol{B}$，则 $\boldsymbol{A}$ 的行向量组与 $\boldsymbol{B}$ 的行向量组有相同的线性关系．

由定理 4.4.1 及定理 4.4.2 可得求一个向量组的极大线性无关组的方法：

（1）以这个向量组 $\boldsymbol{\alpha}_1,\boldsymbol{\alpha}_2,\cdots,\boldsymbol{\alpha}_n$ 为列向量组构成矩阵 $\boldsymbol{A}$，对 $\boldsymbol{A}$ 作初等行变换化为行阶梯形矩阵或行最简形矩阵 $\boldsymbol{B}=(\boldsymbol{\beta}_1,\boldsymbol{\beta}_2,\cdots,\boldsymbol{\beta}_n)$．

（2）$R(a_1,a_2,\cdots,a_n)=R(\boldsymbol{A})=R(\boldsymbol{B})=\boldsymbol{B}$ 的阶梯形矩阵中非零行的行数．

（3）在 $\boldsymbol{B}$ 中找最高阶非零的 r 阶子式 $\boldsymbol{D}_r$，$\boldsymbol{D}_r$ 所在的 r 个列向量即是 $\boldsymbol{B}$ 的列向量组 $\boldsymbol{\beta}_1,\boldsymbol{\beta}_2,\cdots,\boldsymbol{\beta}_n$ 的一个极大线性无关组，从而对应的 $\boldsymbol{A}$ 的 r 个列向量即是 $\boldsymbol{A}$ 的列向量组 $\boldsymbol{\alpha}_1,\boldsymbol{\alpha}_2,\cdots,\boldsymbol{\alpha}_n$ 的一个极大线性无关组．

例 4.4.1　给定向量组

$$\boldsymbol{\alpha}_1=\begin{pmatrix}2\\1\\4\\3\end{pmatrix},\boldsymbol{\alpha}_2=\begin{pmatrix}-1\\1\\-6\\6\end{pmatrix},\boldsymbol{\alpha}_3=\begin{pmatrix}-1\\-2\\2\\-9\end{pmatrix},\boldsymbol{\alpha}_4=\begin{pmatrix}1\\1\\-2\\7\end{pmatrix},\boldsymbol{\alpha}_5=\begin{pmatrix}2\\4\\4\\9\end{pmatrix}$$

（1）求向量组的秩；

（2）判定向量组的线性相关性；

（3）求此向量组的一个极大线性无关组；

（4）将其他向量用（3）求出的极大线性无关组线性表示．

解：以向量 $\boldsymbol{\alpha}_1,\boldsymbol{\alpha}_2,\boldsymbol{\alpha}_3,\boldsymbol{\alpha}_4,\boldsymbol{\alpha}_5$ 为列向量组构成矩阵 $\boldsymbol{A}$，再对矩阵 $\boldsymbol{A}$ 作初等行变换化为阶梯形矩阵 $\boldsymbol{B}$.

$$\begin{aligned}\boldsymbol{A}&=(\boldsymbol{\alpha}_1,\boldsymbol{\alpha}_2,\boldsymbol{\alpha}_3,\boldsymbol{\alpha}_4,\boldsymbol{\alpha}_5)\\&=\begin{pmatrix}2&-1&-1&1&2\\1&1&-2&1&4\\4&-6&2&-2&4\\3&6&-9&7&9\end{pmatrix}\to\begin{pmatrix}1&1&-2&1&4\\2&-1&-1&1&2\\2&-3&1&-1&2\\3&6&-9&7&9\end{pmatrix}\to\\&\begin{pmatrix}1&1&-2&1&4\\0&2&-2&2&0\\0&-5&5&-3&-6\\0&3&-3&4&-3\end{pmatrix}\to\begin{pmatrix}1&1&-2&1&4\\0&1&-1&1&0\\0&0&0&2&-6\\0&0&0&1&-3\end{pmatrix}\to\\&\begin{pmatrix}1&1&-2&1&4\\0&1&-1&1&0\\0&0&0&1&-3\\0&0&0&0&0\end{pmatrix}\to\begin{pmatrix}1&0&-1&0&4\\0&1&-1&0&3\\0&0&0&1&-3\\0&0&0&0&0\end{pmatrix}\\&=\boldsymbol{B}=(\boldsymbol{\beta}_1,\boldsymbol{\beta}_2,\boldsymbol{\beta}_3,\boldsymbol{\beta}_4,\boldsymbol{\beta}_5).\end{aligned}$$

（1）$R(\boldsymbol{\alpha}_1,\boldsymbol{\alpha}_2,\boldsymbol{\alpha}_3,\boldsymbol{\alpha}_4,\boldsymbol{\alpha}_5)=R(\boldsymbol{A})=R(\boldsymbol{B})=3$；

（2）由 $R(\boldsymbol{\alpha}_1,\boldsymbol{\alpha}_2,\boldsymbol{\alpha}_3,\boldsymbol{\alpha}_4,\boldsymbol{\alpha}_5)=3<n=5$ 知，向量组 $\boldsymbol{\alpha}_1,\boldsymbol{\alpha}_2,\boldsymbol{\alpha}_3,\boldsymbol{\alpha}_4,\boldsymbol{\alpha}_5$ 线性相关；

（3）列向量组的极大线性无关组含 3 个向量，由 $\boldsymbol{B}$ 的一个最高阶非零子式

$$\boldsymbol{D}_3=\begin{vmatrix}1&0&0\\0&1&0\\0&0&1\end{vmatrix}=1\neq 0,$$

知 $\boldsymbol{\beta}_1,\boldsymbol{\beta}_2,\boldsymbol{\beta}_4$ 是 $\boldsymbol{B}$ 的列向量组 $\boldsymbol{\beta}_1,\boldsymbol{\beta}_2,\boldsymbol{\beta}_3,\boldsymbol{\beta}_4,\boldsymbol{\beta}_5$ 的一个极大线性无关组，从而 $\boldsymbol{\alpha}_1,\boldsymbol{\alpha}_2,\boldsymbol{\alpha}_4$ 是 $\boldsymbol{A}$ 的列向量组 $\boldsymbol{\alpha}_1,\boldsymbol{\alpha}_2,\boldsymbol{\alpha}_3,\boldsymbol{\alpha}_4,\boldsymbol{\alpha}_5$ 的一个极大线性无关组；

（4）由 $\boldsymbol{\beta}_3=-\boldsymbol{\beta}_1-\boldsymbol{\beta}_2+0\boldsymbol{\beta}_4,\boldsymbol{\beta}_5=4\boldsymbol{\beta}_1+3\boldsymbol{\beta}_2-3\boldsymbol{\beta}_4$ 得

$$\boldsymbol{\alpha}_4=-\boldsymbol{\alpha}_1-\boldsymbol{\alpha}_2+0\boldsymbol{\alpha}_4,\boldsymbol{\alpha}_5=4\boldsymbol{\alpha}_1+3\boldsymbol{\alpha}_2-3\boldsymbol{\alpha}_4\ .$$

第 5 章　线性空间与线性变换

线性空间是一个具有加法和数乘运算的代数系统,它必须满足加法和数乘的一些基本性质．线性空间中的元素称为向量,而数乘运算也称为标量乘法．线性空间有一些特殊的元素,如零向量和负向量．加法和数乘的规则必须满足八个定理,如交换律、结合律、分配律等．

线性变换是从一个线性空间到另一个线性空间的映射,这种映射保持加法和数乘不变．线性变换可以用矩阵来表示,其定义与矩阵的行等价和列等价有关．线性变换的性质包括线性变换的零元、逆元、可加性和可乘性等．

线性空间和线性变换是代数学的基本概念,广泛应用于物理学、工程学和经济学等领域．在物理领域中,它们可以用来描述物理系统的状态和运动规律; 在工程领域中,它们可以用来描述各种系统的动态行为和性能; 在经济学领域中,它们可以用来描述经济系统的经济行为和资源配置．

5.1　线性空间与线性变换的基本理论

5.1.1 线性空间的基本理论

5.1.1.1 线性空间的基本概念

定义 5.1.1　设 V 是一个非空集合, $\mathbf{P}$ 是一个数域,在 V 中的元素间定义一种运算法则，称为加法．若任意两个元素 $\boldsymbol{\alpha},\boldsymbol{\beta}\in V$ 有唯一确定的一个元素 $\boldsymbol{\gamma}\in V$ 与之对应，称 $\boldsymbol{\gamma}$ 为 $\boldsymbol{\alpha}$ 与 $\boldsymbol{\beta}$ 的和，记为 $\boldsymbol{\gamma}=\boldsymbol{\alpha}+\boldsymbol{\beta}$；在 $\mathbf{P}$ 中的数与 V 中的元素之间的运算，称为数乘．对于任一数 $k\in\mathbf{P}$ 及任一元素 $\boldsymbol{\alpha}\in V$，有唯一确定的一个 $\boldsymbol{\delta}\in V$ 与之对应，称为 k 与 $\boldsymbol{\alpha}$ 的积，记为 $\boldsymbol{\delta}=k\boldsymbol{\alpha}$．

（1）$\boldsymbol{\alpha}+\boldsymbol{\beta}=\boldsymbol{\beta}+\boldsymbol{\alpha}$；

（2）$(\boldsymbol{\alpha}+\boldsymbol{\beta})+\boldsymbol{\gamma}=\boldsymbol{\alpha}+(\boldsymbol{\beta}+\boldsymbol{\gamma})$；

（3）在 V 中存在零元素 0，对任意 $\boldsymbol{\alpha}\in V$，都有 $\boldsymbol{\alpha}+\mathbf{0}=\boldsymbol{\alpha}$；

（4）对任意 $\boldsymbol{\alpha}\in \boldsymbol{V}$，存在 $\boldsymbol{\beta}\in \boldsymbol{V}$，使 $\boldsymbol{\alpha}+\boldsymbol{\beta}=0$，称 $\boldsymbol{\beta}$ 为 $\boldsymbol{\alpha}$ 的负元素；

（5）$1\cdot\boldsymbol{\alpha}=\boldsymbol{\alpha}$；

（6）$k(l\boldsymbol{\alpha})=(kl)\boldsymbol{\alpha}$；

（7）$(k+l)\boldsymbol{\alpha}=k\boldsymbol{\alpha}+l\boldsymbol{\alpha}$；

（8）$k(\boldsymbol{\alpha}+\boldsymbol{\beta})=k\boldsymbol{\alpha}+k\boldsymbol{\beta}$.

则称 V 是数域 $\mathbf{P}$ 上的一个线性空间．其中 $\boldsymbol{\alpha}$, $\boldsymbol{\beta}$, $\boldsymbol{\gamma}$ 是 V 中的任意元素，k,l 是数域 $\mathbf{P}$ 中的任意数．

检验一个集合是否构成线性空间需要全面考虑其运算性质，仅仅检验对运算的封闭性是不够的，因为封闭性只是线性空间的一个基本要求．为了确保一个集合构成线性空间，除了封闭性外，还需要验证是否满足八条线性运算法则．

5.1.1.2 线性空间的基本性质

性质 5.1.1 零元素 $\mathbf{0}_1$ 是唯一的．

证明： 如果 $\mathbf{0}_1$ 和 $\mathbf{0}_2$ 是线性空间 V 的两个零元素，那么

$$\mathbf{0}_1=\mathbf{0}_1+\mathbf{0}_2=\mathbf{0}_2.$$

上述便证明了零元素是唯一的．

性质 5.1.2 负元素是唯一的．

证明： 设 $\boldsymbol{\alpha}$ 是线性空间 V 中的任一向量．如果 $\boldsymbol{\alpha}$ 有两个负向量 $\boldsymbol{\beta}_1$，$\boldsymbol{\beta}_2$，那么有

$$\boldsymbol{\alpha}+\boldsymbol{\beta}_1=\mathbf{0}\ ,\ \boldsymbol{\alpha}+\boldsymbol{\beta}_2=\mathbf{0}\ ,$$

则

$$\beta_1=\beta_1+\mathbf{0}=\beta_1+(\alpha+\beta_2)=(\beta_1+\alpha)+\beta_2$$
$$=(\alpha+\beta_1)+\beta_2=\mathbf{0}+\beta_2=\beta_2.$$

上述便证明了负元素是唯一的 .

性质 5.1.3　设线性空间 V 中任意的向量 α,β,γ,k 是数域 $\mathbf{P}$ 中的任一数,则

（1）加法满足消去律,即从 $\alpha+\beta=\alpha+\gamma$ 可以推出 $\beta=\gamma$；

（2）$0\alpha=\mathbf{0}$ 这里左边的 0 是数字零,右边的 $\mathbf{0}$ 是零向量;

（3）$k\mathbf{0}=\mathbf{0}$；

（4）$(-1)\alpha=-\alpha$；

（5）$k\alpha=\mathbf{0}$,则 $\alpha=\mathbf{0}$ 或 $k=0$.

证明:（1）由于 $\alpha+\beta=\alpha+\gamma$,则 $(-\alpha)+(\alpha+\beta)=(-\alpha)+(\alpha+\gamma)$.
再由结合律有 $((-\alpha)+\alpha)+\beta=((-\alpha)+\alpha)+\gamma$,即 $\mathbf{0}+\beta=\mathbf{0}+\gamma$.
于是有 $\beta=\gamma$.

（2）由于 $\alpha+0\alpha=1\alpha+0\alpha=(1+0)\alpha=1\alpha=\alpha$,两边都加上 $-\alpha$,即有 $0\alpha=0$.

（3）$k\alpha+k\mathbf{0}=k(\alpha+\mathbf{0})=k\alpha=k\alpha+\mathbf{0}$,两边消除 $k\alpha$,便可得 $k\mathbf{0}=\mathbf{0}$.

（4）由于 $\alpha+(-1)\alpha=1\alpha+(-1)\alpha=[1+(-1)]\alpha=0\alpha=\mathbf{0}$,也就是说 $(-1)\alpha$ 是 α 的负元素,即有 $(-1)\alpha=-\alpha$.

（5）假设 $k\neq0$,于是一方面 $k^{-1}(k\alpha)=k^{-1}\mathbf{0}=\mathbf{0}$,另一方面 $k^{-1}(k\alpha)=(k^{-1}k)\alpha=\alpha$. 由此,便有 $\alpha=\mathbf{0}$. 证毕 .

5.1.2 线性变换的基本理论

5.1.2.1 线性变换的概念

定义 5.1.2　设 V_n 是实数域 $\mathbf{P}$ 上的 n 维线性空间,T 是 V_n 到自身的映射,如果 T 满足

（1）任意 α, $\beta\in V_n$,有 $T(\alpha+\beta)=T(\alpha)+T(\beta)$；

（2）任意 $\alpha\in V_n$, $k\in R$, 有 $T(ka)=kT(a)$；

则称映射 T 为线性空间 V_n 上的线性变换 .

5.1.2.2 线性变换的性质

（1）$T(0)=0, T(-\alpha)=-(\alpha)$.

（2）$T(k_1\alpha_1+k_2\alpha_2+\cdots+k_S\alpha_S)=k_1T(\alpha_1)+k_2T(\alpha_2)+\cdots+k_ST(\alpha_S)$.

（3）若 α_1，$\alpha_2,\cdots$，α_s 线性相关，则 $T(\alpha_1),T(\alpha_2),\cdots,T(\alpha_n)$ 也线性相关 .

以上性质请读者自证，必须注意，性质（3）的逆命题不成立，最简单的例子就是零变换 .

（4）线性变换 T 的像集 $T(V)=\{T(\alpha)|\alpha\in V\}$ 是 V 的线性子空间，称为线性变换 T 的值域 .

证明：对任意的 $k_1,k_2\in R,\beta_1,\beta_2\in T(V)$ ，存在 α_1，$\alpha_2\in V$，使 $T(\alpha_1)=\beta_1$ $T(\alpha_2)=\beta_2$ ，且 $k_1\alpha_1+k_2\alpha_2\in V$ ，故

$$k_1\beta_1+k_2\beta_2=k_1T(\alpha_1)+k_2T(\alpha_2)=\mathrm{T}(k_1\alpha_1+k_2\alpha_2)\in T(V),$$

所以 $T(V)$ 是 V 的线性子空间 .

（5）满足 $T(\alpha)=0$ 的向量 α 的主体 $S_T=\{\alpha|T(\alpha)=0,\alpha\in V\}$ 也是 V 的线性子空间，称为线性变换的核 .

证明：对任意的 $k_1,k_2\in R,\alpha_1,\alpha_2\in S_T$ ，有

$$T(k_1\alpha_1+k_2\alpha_2)=k_1T(\alpha_1)+k_2T(\alpha_2)=0,$$

所以 $k_1\alpha_1+k_2\alpha_2\in S_T$. 故 S_T 是 V 的线性子空间.

5.2　线性子空间及其运算

定义 5.2.1　设 V 是数域 **P** 上的线性空间，V 的一个非空子集 W. 若 W 对于 V 的加法和数乘构成数域 **P** 上线性空间，则称 W 是 V 的一个线性子空间，简称子空间 .

子集｛**0**｝是 V 的一个子空间，称为零子空间；V 也是它本身的一个子空间 .｛**0**｝与 V 叫作 V 的平凡子空间，其他的子空间叫作 V 的非平

凡子空间(或真子空间).

定义 5.2.2　设 $A\in\mathbf{K}^{m\times n}$，以 $\boldsymbol{a}_i\left(i=1,2,\cdots,n\right)$ 表示 $\boldsymbol{A}$ 的第 i 个列向量，称子空间 $L\left(\boldsymbol{a}_1,\boldsymbol{a}_2,\cdots,\boldsymbol{a}_n\right)$ 为矩阵 $\boldsymbol{A}$ 的值域或列空间，记为 $R\left(\boldsymbol{A}\right)$；而称集合 $\left\{\boldsymbol{x}\mid \boldsymbol{A}\boldsymbol{x}=0,\ \boldsymbol{x}\in\mathbf{K}^n\right\}$ 为 $\boldsymbol{A}$ 的核或零空间，记为 $N(\boldsymbol{A})$. 用 $\boldsymbol{b}_j$ $\left(j=1,2,\cdots,m\right)$ 表示 $\boldsymbol{A}^{\mathrm{T}}$ 的第 j 个列向量，称子空间 $L\left(\boldsymbol{b}_1,\boldsymbol{b}_2,\cdots,\boldsymbol{b}_n\right)$ 为矩阵 $\boldsymbol{A}$ 的行空间，记为 $R\left(\boldsymbol{A}^{\mathrm{T}}\right)$；而称集合

$$\left\{\boldsymbol{y}\mid \boldsymbol{A}^{\mathrm{T}}\boldsymbol{y}=\mathbf{0},\ \boldsymbol{y}\in\mathbf{K}^n\right\}$$

为矩阵 $\boldsymbol{A}$ 的左零空间，记为 $N\left(\boldsymbol{A}^{\mathrm{T}}\right)$.

定义 5.2.3　设 W_1 和 W_2 是线性空间 V 的两个子空间，称集合

$$W_1+W_2=\left\{\boldsymbol{\alpha}\mid\boldsymbol{\alpha}=\boldsymbol{\alpha}_1+\boldsymbol{\alpha}_2,\boldsymbol{\alpha}_1\in W_1,\boldsymbol{\alpha}_2\in W_2\right\}$$

为 W_1 和 W_2 的和.

定理 5.2.1（维数公式）　设 V 是数域 $\mathbf{P}$ 上的有限维线性空间，W_1、W_2 是 V 的两个子空间，则

$$\dim W_1+\dim W_2=\dim\left(W_1+W_2\right)+\dim\left(W_1\cap W_2\right).$$

证明：设 $\dim W_1=n_1$，$\dim W_2=n_2$，$\dim\left(W_1\cap W_2\right)=m$.

由于 $W_1\cap W_2\subset W_1$，$W_1\cap W_2\subset W_2$，从而可知 $m\le n_1$，$m\le n_2$.

如果 $m\ne 0$，取 $W_1\cap W_2$ 的基 $\boldsymbol{\alpha}_1,\boldsymbol{\alpha}_2,\cdots,\boldsymbol{\alpha}_m$，把它分别扩充成 W_1 与 W_2 的基 $\boldsymbol{\alpha}_1,\boldsymbol{\alpha}_2,\cdots,\boldsymbol{\alpha}_m$，$\boldsymbol{\beta}_1,\boldsymbol{\beta}_2,\cdots,\boldsymbol{\beta}_{n_1-m}$ 与 $\boldsymbol{\alpha}_1,\boldsymbol{\alpha}_2,\cdots,\boldsymbol{\alpha}_m$，$\boldsymbol{\gamma}_1,\boldsymbol{\gamma}_2,\cdots,\boldsymbol{\gamma}_{n_2-m}$ 则

$$W_1+W_2=L\left(\boldsymbol{\alpha}_1,\boldsymbol{\alpha}_2,\cdots,\boldsymbol{\alpha}_m,\boldsymbol{\beta}_1,\boldsymbol{\beta}_2,\cdots,\boldsymbol{\beta}_{n_1-m},\boldsymbol{\gamma}_1,\boldsymbol{\gamma}_2,\cdots,\boldsymbol{\gamma}_{n_2-m}\right),$$

下面证明 $\boldsymbol{\alpha}_1,\boldsymbol{\alpha}_2,\cdots,\boldsymbol{\alpha}_m$，$\boldsymbol{\beta}_1,\boldsymbol{\beta}_2,\cdots,\boldsymbol{\beta}_{n_1-m}$ 和 $\boldsymbol{\gamma}_1,\boldsymbol{\gamma}_2,\cdots,\boldsymbol{\gamma}_{n_2-m}$ 线性无关.

设

$$k_1\boldsymbol{\alpha}_1+k_2\boldsymbol{\alpha}_2+\cdots k_m\boldsymbol{\alpha}_m+l_1\boldsymbol{\beta}_1+l_2\boldsymbol{\beta}_2+\cdots+l_{n_1-m}\boldsymbol{\beta}_{n_1-m}+p_1\boldsymbol{\gamma}_1+p_2\boldsymbol{\gamma}_2+\cdots p_{n_2-m}\boldsymbol{\gamma}_{n_2-m}=0,$$

令

$$\boldsymbol{\alpha}=k_1\boldsymbol{\alpha}_1+k_2\boldsymbol{\alpha}_2+\cdots k_m\boldsymbol{\alpha}_m+l_1\boldsymbol{\beta}_1+l_2\boldsymbol{\beta}_2+\cdots+l_{n_1-m}\boldsymbol{\beta}_{n_1-m}=-\left(p_1\boldsymbol{\gamma}_1+p_2\boldsymbol{\gamma}_2+\cdots p_{n_2-m}\boldsymbol{\gamma}_{n_2-m}\right).\tag{5.2.1}$$

由式(5.2.1)的第一个等号知 $\boldsymbol{\alpha}\in W_1$，由第二个等号知 $\boldsymbol{\alpha}\in W_2$. 因此，$\boldsymbol{\alpha}\in W_1\cap W_2$，即 $\boldsymbol{\alpha}$ 可由 $\boldsymbol{\alpha}_1,\boldsymbol{\alpha}_2,\cdots,\boldsymbol{\alpha}_m$ 线性表示，设为

$$\boldsymbol{\alpha}=q_1\boldsymbol{\alpha}_1+q_2\boldsymbol{\alpha}_2+\cdots+q_m\boldsymbol{\alpha}_m,$$

从而

$$q_1\boldsymbol{\alpha}_1+q_2\boldsymbol{\alpha}_2+\cdots+q_m\boldsymbol{\alpha}_m=-p_1\boldsymbol{\gamma}_1-p_2\boldsymbol{\gamma}_2-\cdots-p_{n_2-m}\boldsymbol{\gamma}_{n_2-m},$$

即 $q_1\boldsymbol{\alpha}_1+q_2\boldsymbol{\alpha}_2+\cdots+q_m\boldsymbol{\alpha}_m+p_1\boldsymbol{\gamma}_1+p_2\boldsymbol{\gamma}_2+\cdots+p_{n_2-m}\boldsymbol{\gamma}_{n_2-m}=0$.

由 $\boldsymbol{\alpha}_1,\boldsymbol{\alpha}_2,\cdots,\boldsymbol{\alpha}_m$, $\boldsymbol{\gamma}_1,\boldsymbol{\gamma}_2,\cdots,\boldsymbol{\gamma}_{n_2-m}$ 是 W_2 的基可知，

$$q_1=q_2=\cdots=q_m=p_1=p_2=\cdots=p_{n_2-m}=0.$$

通过式(5.2.1)可得

$$k_1\boldsymbol{\alpha}_1+k_2\boldsymbol{\alpha}_2+\cdots+k_m\boldsymbol{\alpha}_m+l_1\boldsymbol{\beta}_1+l_2\boldsymbol{\beta}_2+\cdots+l_{n_1-m}\boldsymbol{\beta}_{n_1-m}=0.$$

又因为 $\boldsymbol{\alpha}_1,\boldsymbol{\alpha}_2,\cdots,\boldsymbol{\alpha}_m$ 、$\boldsymbol{\beta}_1,\boldsymbol{\beta}_2,\cdots,\boldsymbol{\beta}_{n_1-m}$ 均为 W_1 的基，因此只有

$$k_1=k_2=\cdots=k_m=l_1=l_2=l_{n_1-m}=0 .$$

证明了 $\boldsymbol{\alpha}_1,\boldsymbol{\alpha}_2,\cdots,\boldsymbol{\alpha}_m$, $\boldsymbol{\beta}_1,\boldsymbol{\beta}_2,\cdots,\boldsymbol{\beta}_{n_1-m}$ 和 $\boldsymbol{\gamma}_1,\boldsymbol{\gamma}_2,\cdots,\boldsymbol{\gamma}_{n_2-m}$ 线性无关，因此，

$$\dim(W_1+W_2)=n_1+n_2-m=\dim W_1+\dim W_2-\dim(W_1\cap W_2),$$

维数公式成立.

在和空间 W_1+W_2 中，其元素

$$\boldsymbol{\alpha}=\boldsymbol{\alpha}_1+\boldsymbol{\alpha}_2,(\boldsymbol{\alpha}_1\in W_1,\boldsymbol{\alpha}_2\in W_2)$$

的表示方法一般不是唯一的.

定义 5.2.4 设 W_1 和 W_2 是线性空间 V 的两个子空间，如果 W_1+W_2 中每个元素 $\boldsymbol{\alpha}$ 表示为

$$\boldsymbol{\alpha}=\boldsymbol{\alpha}_1+\boldsymbol{\alpha}_2,(\boldsymbol{\alpha}_1\in W_1,\boldsymbol{\alpha}_2\in W_2)$$

的方法是唯一的，此时称 σ 为直线和，记为

$$\sigma^n=\overbrace{\sigma\sigma\cdots\sigma}^{n}.$$

5.3　线性变换的运算

设 V 是线性空间,有各种不同的线性变换,任一个 n 阶矩阵就可给出一个 $\mathbf{R}^n$ 上的线性变换 . 在 V 上所有线性变换中可以定义一些运算关系 .

定义 5.3.1　设 τ 是线性空间 V 的两个线性变换,令

$$(\sigma+\tau)(\boldsymbol{\alpha})=\sigma(\boldsymbol{\alpha})+\tau(\boldsymbol{\alpha})$$
$$(k\sigma)(\boldsymbol{\alpha})=k\sigma(\boldsymbol{\alpha})$$
$$(\sigma\tau)(\boldsymbol{\alpha})=\sigma\left[\tau(\boldsymbol{\alpha})\right]$$
$$\forall\boldsymbol{\alpha}\in V,k\in\mathbf{P}$$

称为 σ 与 $\tau_1=\tau_1\iota=\tau_1(\sigma\tau_2)=(\tau_1\sigma)\tau_2=\iota\tau_2=\tau_2$ 的和, σ 与数 k 的数乘, σ^{-1} 与 σ 的乘积 .

见 $\sigma+\tau$, $k\sigma$, $\sigma\tau$ 仍是 V 上的变换 . 下面的定理证明它们还是线性变换 .

$$\begin{aligned}\sigma(\sigma^{-1}(\boldsymbol{\alpha}+\boldsymbol{\beta}))&=\sigma\sigma^{-1}(\boldsymbol{\alpha}+\boldsymbol{\beta})=\iota(\boldsymbol{\alpha}+\boldsymbol{\beta})=\iota(\boldsymbol{\alpha})+\iota(\boldsymbol{\beta})\\&=\sigma\sigma^{-1}(\boldsymbol{\alpha})+\sigma\sigma^{-1}(\boldsymbol{\beta})\\&=\sigma(\sigma^{-1}(\boldsymbol{\alpha})+\sigma^{-1}(\boldsymbol{\beta}))\end{aligned}$$

仍是 V 上的变换 . 下面的定理证明它们还是线性变换 .

定理 5.3.1　设

$$\begin{aligned}\sigma(\sigma^{-1}(k\boldsymbol{\alpha}))&=\sigma\sigma^{-1}(k\boldsymbol{\alpha})=\iota(k\boldsymbol{\alpha})=k\iota(\boldsymbol{\alpha})\\&=k\sigma\sigma^{-1}(\boldsymbol{\alpha})\\&=\sigma(k\sigma^{-1}(\boldsymbol{\alpha}))\end{aligned}$$

是线性空间 V 的两个线性变换,则 σ^{-1} , $\sigma^{-1}(\boldsymbol{\alpha}+\boldsymbol{\beta})=\sigma^{-1}(\boldsymbol{\alpha})+\sigma^{-1}(\boldsymbol{\beta})$, $\sigma^{-1}(k\boldsymbol{\alpha})=k\sigma^{-1}(\boldsymbol{\alpha})$ 都是 V 的线性变换 .

定义一个线性变换 σ 的方幂为

$$\sigma^n=\overbrace{\sigma\sigma\cdots\sigma}^{n}, n\text{ 是正整数}$$

又规定

$$\sigma^0=\iota,$$

下面,我们介绍一种特殊的线性变换——可逆线性变换.

定义 5.3.2 设 $\sigma\cdot L(V)$,若存在 V 的变换 τ,使得

$$\sigma\tau=\tau\sigma=\iota,$$

则称线性变换 σ 是可逆的,τ 称为 σ 的逆变换.

可逆线性变换的逆变换是唯一的,因为若 τ_1,τ_2 都是 σ 的逆变换时,$\tau_1=\tau_1\iota=\tau_1(\sigma\tau_2)=(\tau_1\sigma)\tau_2=\iota\tau_2=\tau_2$,$\sigma$ 的逆变换记作 σ^{-1}.

设 σ 是可逆线性变换,则有 $\sigma\sigma^{-1}=\sigma^{-1}\sigma=\iota$.因此,对任意 $\alpha,\beta\cdot V,k\cdot F$,有

$$\begin{aligned}\sigma(\sigma^{-1}(\boldsymbol{\alpha}+\boldsymbol{\beta}))&=\sigma\sigma^{-1}(\boldsymbol{\alpha}+\boldsymbol{\beta})=\iota(\boldsymbol{\alpha}+\boldsymbol{\beta})=\iota(\boldsymbol{\alpha})+\iota(\boldsymbol{\beta})\\&=\sigma\sigma^{-1}(\boldsymbol{\alpha})+\sigma\sigma^{-1}(\boldsymbol{\beta})\\&=\sigma(\sigma^{-1}(\boldsymbol{\alpha})+\sigma^{-1}(\boldsymbol{\beta})),\end{aligned}$$

$$\begin{aligned}\sigma(\sigma^{-1}(k\boldsymbol{\alpha}))&=\sigma\sigma^{-1}(k\boldsymbol{\alpha})=\iota(k\boldsymbol{\alpha})=k\iota(\boldsymbol{\alpha})\\&=k\sigma\sigma^{-1}(\boldsymbol{\alpha})\\&=\sigma(k\sigma^{-1}(\boldsymbol{\alpha})).\end{aligned}$$

求上两式左、右两端在 σ^{-1} 之下的像,得

$$\sigma^{-1}(\boldsymbol{\alpha}+\boldsymbol{\beta})=\sigma^{-1}(\boldsymbol{\alpha})+\sigma^{-1}(\boldsymbol{\beta}),$$

$$\sigma^{-1}(k\boldsymbol{\alpha})=k\sigma^{-1}(\boldsymbol{\alpha}).$$

因此 σ 的逆变换 σ^{-1} 也是线性变换.

例 5.3.1 定义 $\mathbf{P}^3$ 的变换 σ 为

$$\sigma(\boldsymbol{\alpha})=(x_1+x_2+x_3,x_2+x_3,x_3),\forall\boldsymbol{\alpha}=(x_1,x_2,x_3)\in F^3$$

证明,σ 是可逆的线性变换.

任取 $\mathbf{P}^3$ 的向量 $\boldsymbol{\beta}_1=(a_1,a_2,a_3),\boldsymbol{\beta}_2=(b_1,b_2,b_3)$,有

$$\begin{aligned}\sigma(\boldsymbol{\beta}_1+\boldsymbol{\beta}_2)&=\sigma(a_1+b_1,a_2+b_2,a_3+b_3)\\&=(a_1+b_1+a_2+b_2+a_3+b_3,a_2+b_2+a_3+b_3,a_3+b_3)\\&=((a_1+a_2+a_3)+(b_1+b_2+b_3),(a_2+a_3)+(b_2+b_3),a_3+b_3)\\&=(a_1+a_2+a_3,a_2+a_3,a_3)+(b_1+b_2+b_3,b_2+b_3,b_3)\\&=\sigma(\boldsymbol{\beta}_1)+\sigma(\boldsymbol{\beta}_2)\end{aligned}$$

对任意的数 $k\in\mathbf{P},\boldsymbol{\beta}_1=(a_1+a_2+a_3)\in F^3$，有

$$\begin{aligned}\sigma(k\boldsymbol{\beta}_1)&=\sigma(ka_1,ka_2,ka_3)\\&=(ka_1+ka_2+ka_3,ka_2+ka_3,ka_3)\\&=k(a_1+a_2+a_3,a_2+a_3,a_3)\\&=k\sigma(\boldsymbol{\beta}_1).\end{aligned}$$

所以 σ 是一个线性变换 .

再证 σ 是可逆的 . 取 $\mathbf{P}^3$ 的基

$$\varepsilon_1=(1,0,0),\varepsilon_2=(0,1,0),\varepsilon_3=(0,0,1),$$

则

$$\sigma(\varepsilon_1)=(1,0,0),\sigma(\varepsilon_2)=(0,1,0),\sigma(\varepsilon_3)=(0,0,1).$$

因为 $\sigma(\varepsilon_1),\sigma(\varepsilon_2),\sigma(\varepsilon_3)$ 线性无关，所以由定理 5.3.2 知，σ 是一个可逆线性变换 .

接下来，再介绍一下线性变换的多项式的运算 . 设 σ 是 $\mathbf{P}$ 上向量空间 V 的一个线性变换，$f(x)$ 是一个数域 $\mathbf{P}$ 上的多项式

$$f(x)=a_nx^n+a_{n-1}x^{n-1}+\cdots+a_1x+a_0,$$

规定

$$f(\sigma)=a_n\sigma^n+a_{n-1}\sigma^{n-1}+\cdots+a_1\sigma+a_0,$$

则 $f(\sigma)$ 也是 V 的一个线性变换，叫作线性变换 σ 的一个多项式 .

可以证明，若 $f(x),g(x)$ 是数域 $\mathbf{P}$ 上的两个多项式，设

$$h(x)=f(x)+g(x),p(x)=f(x)g(x),$$

则

$$h(\sigma)=f(\sigma)+g(\sigma),p(\sigma)=f(\sigma)g(\sigma).$$

5.4 线性变换的矩阵

关系式 $T(x)=Ax(x\in\mathbf{R}^n)$ 简明地表示 $\mathbf{R}^n$ 中的一个线性变换，若 $\mathbf{R}^n$ 中任何一个线性变换都用这样的关系式来表示，即线性变换的矩阵表示 .

5.4.1 线性变换的标准矩阵

若定义 $\mathbf{R}^n$ 中的变换 $y=T(x)$ 为

$$T(x)=Ax \quad (x\in R^n),$$

那么 T 为一个 R^n 的线性变换，设 $e_1,e_2\cdots,e_n$ 为 $\mathbf{R}^n$ 中的单位坐标向量，则有 $\alpha_{\mathrm{i}}=Ae_i=T(e_i)$（$i$=1,2 $\cdots,n$).

如果线性变换 T 有关系式 $T(x)=\boldsymbol{A}x$，则矩阵 $\boldsymbol{A}$ 以 $T(e_i)$ 为列向量 . 反之，如果线性变换 T 使

$$T(e_i)=a_i \quad (i=1,2,\cdots,n),$$

则有

$$\begin{aligned}T(x)=T(e_1,e_2,\cdots,e_n)&=T(x_1e_1+x_2e_2+\cdots+x_ne_n)\\&=x_1T(e_1)+x_2T(e_2)+\cdots+x_nT(e_n)\\&=(T(e_1),T(e_2),\cdots,T(e_n))\,x\\&=(\alpha_1,\alpha_2,\cdots,\alpha_n)\,x\\&=Ax.\end{aligned}$$

$\mathbf{R}^n$ 中任何线性变换 T 都可用关系式

$$T(x)=\boldsymbol{A}x(x\in R^n)$$

表示，其中 $\boldsymbol{A}=\left(T(e_1),T(e_2),\cdots,T(e_n)\right)$称为线性变换 T 的标准矩阵 .

5.4.2 线性变换在给定基下的矩阵

定义 5.4.1　设 T 是线性空间 V_n 中的线性变换，在 V_n 中取定一个基 $a_1,a_2,\cdots a_n$，如果这个基在变换 V_n 下的像为

$$\begin{cases} T(\alpha_1)=a_{11}\alpha_1+a_{21}\alpha_2+\cdots+a_{n1}\alpha_n \\ T(\alpha_2)=a_{12}\alpha_1+a_{22}\alpha_2+\cdots+a_{n2}\alpha_n \\ \qquad\cdots \\ T(\alpha_n)=a_{1n}\alpha_1+a_{2n}\alpha_2+\cdots+a_{nn}\alpha_n \end{cases},$$

记 $T(\alpha_1,\alpha_2,\cdots,\alpha_n)=\left(T(\alpha_1),T(\alpha_2),\cdots,T(\alpha_n)\right)$，则

$$T(\alpha_1,\alpha_2,\cdots,\alpha_n)=(\alpha_1,\alpha_2,\cdots,\alpha_n)\boldsymbol{A}.$$

其中

$$\boldsymbol{A}=\begin{bmatrix} a_{11},a_{12}\cdots a_{1n} \\ a_{21},a_{22}\cdots a_{2n} \\ \cdots \\ a_{n1},a_{n2}\cdots a_{nn} \end{bmatrix},$$

则称 $\boldsymbol{A}$ 为线性变换 T 在基 $\alpha_1,\alpha_2,\cdots,\alpha_n$ 下的矩阵 .

5.4.3 线性变换与其矩阵的关系

设 $\boldsymbol{A}$ 是线性变换 T 在基 $\alpha_1,\alpha_2,\cdots,\alpha_n$ 下的矩阵，即基 $\alpha_1,\alpha_2,\cdots,\alpha_n$ 在变换 T 下的像为

$$T(\alpha_1,\alpha_2,\cdots,\alpha_n)=(\alpha_1,\alpha_2,\cdots,\alpha_n)\boldsymbol{A}.$$

下面推导线性变换 T 满足的条件：

对任意的 $\alpha\in V_n$.设 $\alpha=\sum\limits_{i=1}^{n}x_i\alpha_i$，$T(\alpha)=T(\sum\limits_{i=1}^{n}x_i\alpha_i)$，则

$$T(\alpha)=T\left(\sum_{i=1}^{n}x_i\alpha_i\right)=\sum_{i=1}^{n}x_iT(\alpha_i)$$

$$=\left(T(\alpha_1),\ T(\alpha_1),\cdots T(\alpha_n)\right)\begin{bmatrix} x_1 \\ x_2 \\ \vdots \\ x_n \end{bmatrix}=(\alpha_1,\alpha_2,\cdots\alpha_n)\boldsymbol{A}\begin{bmatrix} x_1 \\ x_2 \\ \vdots \\ x_n \end{bmatrix}.$$

即

$$T(\alpha)=(\alpha_1,\alpha_2,\cdots\alpha_n)\begin{bmatrix}x_1'\\x_2'\\\vdots\\x_n'\end{bmatrix}=(\alpha_1,\alpha_2,\cdots\alpha_n)\boldsymbol{A}\begin{bmatrix}x_1\\x_2\\\vdots\\x_n\end{bmatrix}. \qquad (5.4.1)$$

上式唯一确定了一个以 $\boldsymbol{A}$ 为矩阵的线性变换 T.

由定义 5.4.1 与上面的讨论知,在 V_n 中取定一个基,由一个矩阵 $\boldsymbol{A}$ 可唯一确定一个线性变换 T.

注:由式(5.4.1)知,在基 $\alpha_1,\alpha_2,\cdots\alpha_n$ 下,α 与 $T(\alpha)$ 的坐标分别为

$$\alpha=\begin{bmatrix}x_1\\x_2\\\cdots\\x_n\end{bmatrix},\ T(\alpha)=\boldsymbol{A}\begin{bmatrix}x_1\\x_2\\\cdots\\x_n\end{bmatrix}.$$

因此,按坐标表示,有 $T(\alpha)=A\alpha$ 即

$$\begin{bmatrix}x'_1\\x'_2\\\cdots\\x'_n\end{bmatrix}=\boldsymbol{A}\begin{bmatrix}x_1\\x_2\\\cdots\\x_n\end{bmatrix}.$$

5.4.4 线性变换在不同基下的矩阵

定理 5.4.1 设线性空间 V_n 中取定两个基 $\alpha_1,\alpha_2,\cdots,\alpha_n,\beta_1,\beta_2,\cdots,\beta_n$,由基 $\alpha_1,\alpha_2,\cdots,\alpha_n$ 到基 $\beta_1,\beta_2,\ldots,\beta_n$ 的过渡矩阵为 $\boldsymbol{P}$,V_n 中的线性变换 T 在这两个基下的矩阵分别为 $\boldsymbol{A}$ 和 $\boldsymbol{B}$,则 $\boldsymbol{B}=\boldsymbol{P}^{-1}\boldsymbol{AP}$.

$\boldsymbol{B}$ 与 $\boldsymbol{A}$ 相似,且两个矩阵间的过渡矩阵 $\boldsymbol{P}$ 就是相似变换矩阵 .

例 5.4.2 设 $\mathbf{R}^{3\times3}$ 中的线性变换 T 在基 $\alpha_1,\alpha_2,\alpha_3$ 下的矩阵是

$$\boldsymbol{A}=\begin{bmatrix}a_{11}&a_{12}&a_{13}\\a_{21}&a_{22}&a_{23}\\a_{31}&a_{32}&a_{33}\end{bmatrix},$$

求 T 在基 $\alpha_2,\alpha_3,\alpha_1$ 下的矩阵 .

解：由 $(\alpha_2,\alpha_3,\alpha_1)=(\alpha_1,\alpha_2,\alpha_3)\begin{bmatrix}0&0&1\\1&0&0\\0&1&0\end{bmatrix}$ 知，基 $\alpha_1,\alpha_2,\alpha_3$ 到基 $\alpha_2,\alpha_3,\alpha_1$ 下的过渡矩阵是

$$\boldsymbol{P}=\begin{bmatrix}0&0&1\\1&0&0\\0&1&0\end{bmatrix},$$

于是 T 在基 $\alpha_2,\alpha_3,\alpha_1$ 下的矩阵为

$$\boldsymbol{B}=\boldsymbol{P}^{-1}\boldsymbol{A}\boldsymbol{P}=\begin{bmatrix}0&0&1\\1&0&0\\0&1&0\end{bmatrix}^{-1}\begin{bmatrix}a_{11}&a_{12}&a_{13}\\a_{21}&a_{22}&a_{23}\\a_{31}&a_{32}&a_{33}\end{bmatrix}\begin{bmatrix}0&0&1\\1&0&0\\0&1&0\end{bmatrix}=\begin{bmatrix}a_{22}&a_{23}&a_{21}\\a_{32}&a_{33}&a_{31}\\a_{12}&a_{13}&a_{11}\end{bmatrix}.$$

定义 5.4.2　线性变换下的像空间 $T(V_n)$ 的维数，称为线性变换的秩，易知，若 $\boldsymbol{A}$ 是线性变换 T 的矩阵，则 T 的秩就等于矩阵 $\boldsymbol{A}$ 的秩 $R(\boldsymbol{A})$，若 $\boldsymbol{A}$ 的秩是 r，则 T 的核 S_T 的维数为 $n-r$.

5.5　线性变换的值域、核、不变子空间

5.5.1 线性变换的值域与核

5.5.1.1 线性变换的值域与核的概念

定义 5.5.1　设 σ 是线性空间 V 的一个线性变换，则称集合

$$\{\sigma(\boldsymbol{\alpha})|\forall\boldsymbol{\alpha}\in V\}$$

为 σ 的值域，记作 $\sigma(V)$（或 $\mathrm{Im}\sigma$）；称集合

$$\{\xi|\forall\xi\in V\text{且}\sigma(\xi)=0\}$$

为 σ 的核，记作 $\sigma^{-1}(0)$（或 $\ker\sigma$），即

$$\sigma(V)=\{\sigma(\boldsymbol{\alpha})|\forall\boldsymbol{\alpha}\in V\};\sigma^{-1}(0)=\{\xi|\forall\xi\in V\text{且}\sigma(\xi)=0\}.$$

设 $\boldsymbol{\alpha},\boldsymbol{\beta}$ 是数域 $\mathbf{P}$ 上的 n 维线性空间 V 的任意两个向量，k 是 $\mathbf{P}$ 中任一常数．显然 $\sigma(V)$ 与 $\sigma^{-1}(0)$ 是非空的，即它们都是 V 的非空子集．又由于

$$\sigma(\boldsymbol{\alpha})+\sigma(\boldsymbol{\beta})=\sigma(\boldsymbol{\alpha}+\boldsymbol{\beta}),\sigma(k\boldsymbol{\alpha})=k\sigma(\boldsymbol{\alpha}),$$

即 $\sigma(V)$ 对加法与数乘是封闭的，所以 $\sigma(V)$ 是 V 的一个子空间．

如果 $\sigma(\boldsymbol{\alpha})=0,\sigma(\boldsymbol{\beta})=0$，则

$$\sigma(\boldsymbol{\alpha}+\boldsymbol{\beta})=\sigma(\boldsymbol{\alpha})+\sigma(\boldsymbol{\beta})=0,\sigma(k\boldsymbol{\alpha})=k\sigma(\boldsymbol{\alpha})=0,$$

所以 $\sigma^{-1}(0)$ 也是 V 的子空间．故有下面的命题．

命题 5.5.1　V 的线性变换 σ 的值域 $\sigma(V)$ 与核 $\sigma^{-1}(0)$ 都是 V 的子空间．

定义 5.5.2　将 V 的线性变换 σ 的值域 $\sigma(V)$ 的维数称为线性变换 σ 的秩；$\sigma^{-1}(0)$ 的维数称为线性变换 σ 的零度．

V 的线性变换的值域 $\sigma(V)$ 是由全体象的集合构成的．这自然可以联想到基象组 $\sigma(\boldsymbol{\varepsilon}_1),\sigma(\boldsymbol{\varepsilon}_2),\cdots,\sigma(\boldsymbol{\varepsilon}_n)$（$\boldsymbol{\varepsilon}_1,\boldsymbol{\varepsilon}_2,\cdots,\boldsymbol{\varepsilon}_n$ 是 V 的一组基）与值域 $\sigma(V)$ 之间有哪些联系呢？

定理 5.5.1　设 σ 是 n 维线性空间 V 的线性变换，$\boldsymbol{\varepsilon}_1,\boldsymbol{\varepsilon}_2,\cdots,\boldsymbol{\varepsilon}_n$ 是 V 的一组基，σ 在这组基下的矩阵是 $\boldsymbol{A}$，则

（1）σ 的值域 $\sigma(V)$ 是由基的象 $\sigma(\boldsymbol{\varepsilon}_1),\sigma(\boldsymbol{\varepsilon}_2),\cdots,\sigma(\boldsymbol{\varepsilon}_n)$ 所生成的子空间，即

$$\sigma(V)=L(\sigma(\boldsymbol{\varepsilon}_1),\sigma(\boldsymbol{\varepsilon}_2),\cdots,\sigma(\boldsymbol{\varepsilon}_n)).$$

（2）σ 的秩等于 $\boldsymbol{A}$ 的秩．

证明：设 $\boldsymbol{\alpha}$ 是线性空间 V 的任一向量，它在基 $\boldsymbol{\varepsilon}_1,\boldsymbol{\varepsilon}_2,\cdots,\boldsymbol{\varepsilon}_n$ 下的坐标为 $(x_1,x_2,\cdots x_n)$，即

$$\boldsymbol{\alpha}=x_1\boldsymbol{\varepsilon}_1+x_2\boldsymbol{\varepsilon}_2+\cdots+x_n\boldsymbol{\varepsilon}_n,$$

于是

$$\begin{aligned}\sigma(\boldsymbol{\alpha})&=\sigma(x_1\boldsymbol{\varepsilon}_1+x_2\boldsymbol{\varepsilon}_2+\cdots+x_n\boldsymbol{\varepsilon}_n)\\&=x_1\sigma(\boldsymbol{\varepsilon}_1)+x_2\sigma(\boldsymbol{\varepsilon}_2)+\cdots+x_n\sigma(\boldsymbol{\varepsilon}_n),\end{aligned}$$

所以

$$\sigma(\boldsymbol{\alpha})\in L(\sigma(\boldsymbol{\varepsilon}_1),\sigma(\boldsymbol{\varepsilon}_2),\cdots,\sigma(\boldsymbol{\varepsilon}_n)).$$

因而

$$\sigma(V)\subseteq L(\sigma(\boldsymbol{\varepsilon}_1),\sigma(\boldsymbol{\varepsilon}_2),\cdots,\sigma(\boldsymbol{\varepsilon}_n)).$$

再设 $L(\sigma(\boldsymbol{\varepsilon}_1),\sigma(\boldsymbol{\varepsilon}_2),\cdots,\sigma(\boldsymbol{\varepsilon}_n))$ 中任一向量 $\boldsymbol{\eta}$,则存在一组数 $k_1,k_2,\cdots,k_n$,使得 $\boldsymbol{\eta}=k_1\sigma(\boldsymbol{\varepsilon}_1)+k_2\sigma(\boldsymbol{\varepsilon}_2)+\cdots+k_n\sigma(\boldsymbol{\varepsilon}_n)=\sigma(k_1\boldsymbol{\varepsilon}_1+k_2\boldsymbol{\varepsilon}_2+\cdots+k_n\boldsymbol{\varepsilon}_n)$,这表明了 $\boldsymbol{\eta}\in\sigma(V)$,所以

$$L(\sigma(\boldsymbol{\varepsilon}_1),\sigma(\boldsymbol{\varepsilon}_2),\cdots,\sigma(\boldsymbol{\varepsilon}_n))\subseteq\sigma(V),$$

故

$$\sigma(V)=L(\sigma(\boldsymbol{\varepsilon}_1),\sigma(\boldsymbol{\varepsilon}_2),\cdots,\sigma(\boldsymbol{\varepsilon}_n)).$$

（2）因为 σ 的秩等于 $\dim\sigma(V)$,由（1）则有 σ 的秩等于 $\operatorname{rank}(\sigma(\boldsymbol{\varepsilon}_1),\sigma(\boldsymbol{\varepsilon}_2),\cdots,\sigma(\boldsymbol{\varepsilon}_n))$,又矩阵 $\boldsymbol{A}$ 是由基象组的坐标按列排成的．而在 n 维线性空间 V 中取定一组基之后,把 V 中的每一向量与它的坐标对应起来,就得到了 V 到 $\mathbf{P}^n$ 的一个同构映射．同构映射保持向量组的一切线性关系,因此基象组与它们的坐标组(即矩阵的列向量组)有相同的秩．证毕．

说明：上述定理表明了线性变换与矩阵的对应关系保持秩不变．

定理 5.5.2　设 σ 是 n 维线性空间 V 的线性变换,则

$$\sigma\text{ 的秩 }+\sigma\text{ 的零度 }=n,$$

即

$$\dim\sigma(V)+\dim\sigma^{-1}(0)=\dim V.$$

证明：设 σ 的零度为 r,在核 $\sigma^{-1}(0)$ 中取一组基 $\boldsymbol{\varepsilon}_1,\boldsymbol{\varepsilon}_2,\cdots,\boldsymbol{\varepsilon}_r$,现在将它扩充为 V 的一组基 $\boldsymbol{\varepsilon}_1,\boldsymbol{\varepsilon}_2,\cdots,\boldsymbol{\varepsilon}_r,\boldsymbol{\varepsilon}_{r+1},\cdots,\boldsymbol{\varepsilon}_n$,又

$$\sigma(V)=L(\sigma(\boldsymbol{\varepsilon}_1),\cdots,\sigma(\boldsymbol{\varepsilon}_r),\sigma(\boldsymbol{\varepsilon}_{r+1}),\cdots,\sigma(\boldsymbol{\varepsilon}_n)),$$

而 $\sigma(\boldsymbol{\varepsilon}_1),\sigma(\boldsymbol{\varepsilon}_2),\cdots,\sigma(\boldsymbol{\varepsilon}_r)$ 全是零向量,所以

$$\sigma(V)=L(\sigma(\boldsymbol{\varepsilon}_{r+1}),\cdots,\sigma(\boldsymbol{\varepsilon}_n)).$$

下面证明 $\sigma(\boldsymbol{\varepsilon}_{r+1}),\cdots,\sigma(\boldsymbol{\varepsilon}_n)$ 是 $\sigma(V)$ 的一组基．显然 $\sigma(V)$ 中任一向量均可由 $\sigma(\boldsymbol{\varepsilon}_{r+1}),\cdots,\sigma(\boldsymbol{\varepsilon}_n)$ 线性表示,只需要证明 $\sigma(\boldsymbol{\varepsilon}_{r+1}),\cdots,\sigma(\boldsymbol{\varepsilon}_n)$ 线性无关即可．设

$$\lambda_{r+1}\sigma(\boldsymbol{\varepsilon}_{r+1})+\cdots+\lambda_n\sigma(\boldsymbol{\varepsilon}_n)=0,$$

则有

$$\sigma(\lambda_{r+1}\boldsymbol{\varepsilon}_{r+1}+\cdots+\lambda_n\boldsymbol{\varepsilon}_n)=0,$$

所以

$$\lambda_{r+1}\boldsymbol{\varepsilon}_{r+1}+\cdots+\lambda_n\boldsymbol{\varepsilon}_n\in\sigma^{-1}(0).$$

因此 $\lambda_{r+1}\boldsymbol{\varepsilon}_{r+1}+\cdots+\lambda_n\boldsymbol{\varepsilon}_n$ 可以用 $\sigma^{-1}(0)$ 的基 $\boldsymbol{\varepsilon}_1,\boldsymbol{\varepsilon}_2,\cdots,\boldsymbol{\varepsilon}_r$ 线性表示，设为

$$\lambda_{r+1}\boldsymbol{\varepsilon}_{r+1}+\cdots+\lambda_n\boldsymbol{\varepsilon}_n=\lambda_1\boldsymbol{\varepsilon}_1+\lambda_2\boldsymbol{\varepsilon}_2+\cdots+\lambda_r\boldsymbol{\varepsilon}_r,$$

而 $\boldsymbol{\varepsilon}_1,\boldsymbol{\varepsilon}_2,\cdots,\boldsymbol{\varepsilon}_r,\boldsymbol{\varepsilon}_{r+1},\cdots,\boldsymbol{\varepsilon}_n$ 线性无关，所以 $\lambda_i=0,(i=1,2,\cdots,n)$，故 $\sigma(\boldsymbol{\varepsilon}_{r+1}),\cdots,\sigma(\boldsymbol{\varepsilon}_n)$ 线性无关．因而 σ 的秩等于 $n-r$，所以 σ 的秩 $+\sigma$ 的零度 $=n$．证毕．

说明：虽然 $\sigma(V)$ 与 $\sigma^{-1}(0)$ 的维数和是 n，但 $\sigma(V)+\sigma^{-1}(0)$ 未必就是整个线性空间 V.

推论 5.5.1 设 σ 是有限维线性空间 V 的一个线性变换，则

$$\sigma\text{ 是单射}\Leftrightarrow\sigma\text{ 是满射}.$$

证明：设 σ 是单射，则 $\sigma^{-1}(0)=\{0\}$，而又

$$\dim\sigma(V)+\dim\sigma^{-1}(0)=\dim V,$$

所以 $\dim\sigma(V)=\dim V$．$\sigma(V)=V$，所以 σ 是满射，从而为双射．

反过来，设 σ 是满射，仍由 $\dim\sigma(V)+\dim\sigma^{-1}(0)=\dim V$ 有 $\sigma^{-1}(0)=\{0\}$，即 σ 是单射，从而是双射．

注：这是有限维线性空间线性变换的一个特性，对于无限维线性空间并不成立．

5.5.1.2 线性变换的值域与核的求法

设数域 $\mathbf{P}$ 上的 n 维线性空间为 V，σ 是 V 的线性变换，常通过下面的两种方法来求 $\sigma(V)$ 及 $\sigma^{-1}(0)$．

（1）取 V 的一组基 $\boldsymbol{\varepsilon}_1,\boldsymbol{\varepsilon}_2,\cdots,\boldsymbol{\varepsilon}_n$，由于 $\sigma(V)=L(\sigma(\boldsymbol{\varepsilon}_1),\sigma(\boldsymbol{\varepsilon}_2),\cdots,\sigma(\boldsymbol{\varepsilon}_n))$，所以先求出基象组 $\sigma(\boldsymbol{\varepsilon}_1),\sigma(\boldsymbol{\varepsilon}_2),\cdots,\sigma(\boldsymbol{\varepsilon}_n)$，再求出 $\mathrm{rank}(\sigma(\boldsymbol{\varepsilon}_1),\sigma(\boldsymbol{\varepsilon}_2),\cdots,\sigma(\boldsymbol{\varepsilon}_n))$ 及其一个极大无关组，也就得到了 $\sigma(V)$ 的维数及它的基；

设 $\boldsymbol{\eta}\in\sigma^{-1}(0)$，根据 $\sigma(\boldsymbol{\eta})=0$ 来求确定 $\sigma^{-1}(0)$ 的维数与基．

（2）求出 σ 在基 $\boldsymbol{\varepsilon}_1,\boldsymbol{\varepsilon}_2,\cdots,\boldsymbol{\varepsilon}_n$ 下的矩阵 $\boldsymbol{A}$，所以 σ 的秩就等于 $\mathbf{A}$ 的秩，且由于 $\sigma(\boldsymbol{\varepsilon}_i)$ 在基 $\boldsymbol{\varepsilon}_1,\boldsymbol{\varepsilon}_2,\cdots,\boldsymbol{\varepsilon}_n$ 下的坐标就是 $\boldsymbol{A}$ 的第 i 个列向量，利用同构，$\boldsymbol{A}$ 的列向量组的极大无关组对应 $\sigma(\boldsymbol{\varepsilon}_1),\sigma(\boldsymbol{\varepsilon}_2),\cdots,\sigma(\boldsymbol{\varepsilon}_n)$ 的极大无关组，从而可以确定 $\sigma(V)$ 的基．设 $\boldsymbol{\eta}\in\sigma^{-1}(0)$，则由 $\sigma(\boldsymbol{\eta})=0$ 知，$\boldsymbol{\eta}$ 在基 $\boldsymbol{\varepsilon}_1,\boldsymbol{\varepsilon}_2,\cdots,\boldsymbol{\varepsilon}_n$ 下的坐标 $(x_1,x_2,\cdots,x_n)$ 就是齐次线性方程组 $\boldsymbol{A}x=0$ 的解向量，所以 $\boldsymbol{A}x=0$ 的基础解系就是 $\sigma^{-1}(0)$ 的基在 $\boldsymbol{\varepsilon}_1,\boldsymbol{\varepsilon}_2,\cdots,\boldsymbol{\varepsilon}_n$ 下的坐标．

5.5.2 不变子空间

定义 5.5.3　设 σ 是线性空间 V 的一个线性变换，W 是 V 的一个子空间．如果

$$\sigma(W)\subseteq W,$$

即 W 中的向量在 σ 之下的象仍属于 W，则称 W 对 σ 不变，或称 W 是关于 σ 的一个不变子空间．

如果子空间 W 对 σ 保持不变，从而 σ 诱导出 W 的一个线性变换．该线性变换称为 σ 在 W 上的限制（或 σ 在 W 中的诱导变换），记为 $\sigma|_W$．因此

$$\left(\sigma|_W\right)\boldsymbol{\beta}=\sigma\boldsymbol{\beta}\quad(\forall\boldsymbol{\beta}\in W).$$

当不致发生混淆时，有时也将 $\sigma|_W$ 仍记为 σ.

定理 5.5.3　设 σ 是 n 维线性空间 V 的一个线性变换，W 是 V 的子空间，$\boldsymbol{\alpha}_1,\boldsymbol{\alpha}_2,\cdots,\boldsymbol{\alpha}_r$ 是 W 的基．则 W 是 σ 的不变子空间的充要条件是

$$\sigma(\boldsymbol{\alpha}_1),\sigma(\boldsymbol{\alpha}_2),\cdots,\sigma(\boldsymbol{\alpha}_r)$$

在 W 中．

证明：十分明显必要性成立，那么接下来仅需要对充分性进行证明．

对任意向量

$$\boldsymbol{\xi}=k_1\boldsymbol{\alpha}_1+k_2\boldsymbol{\alpha}_2+\cdots+k_r\boldsymbol{\alpha}_r\in W,$$

有

$$\begin{aligned}\sigma(\boldsymbol{\xi})&=\sigma(k_1\boldsymbol{\alpha}_1+k_2\boldsymbol{\alpha}_2+\cdots+k_r\boldsymbol{\alpha}_r)\\&=k_1\sigma(\boldsymbol{\alpha}_1)+k_2\sigma(\boldsymbol{\alpha}_2)+\cdots+k_r\sigma(\boldsymbol{\alpha}_r).\end{aligned}$$

而$\sigma(\boldsymbol{\alpha}_1),\sigma(\boldsymbol{\alpha}_2),\cdots,\sigma(\boldsymbol{\alpha}_r)$都是$W$中的向量，所以$\sigma(\boldsymbol{\xi})\in W$. 因此，$W$是$\sigma$的不变子空间．

下面将对不变子空间与线性变换的矩阵的化简之间的关系进行讨论．

设σ是n维线性空间的一个线性变换．W是σ的一个非平凡不变子空间．在W中取一组基$\boldsymbol{\alpha}_1,\boldsymbol{\alpha}_2,\cdots,\boldsymbol{\alpha}_r\ (0<r<n)$，把它扩充成$V$的一组基

$$\boldsymbol{\alpha}_1,\boldsymbol{\alpha}_2,\cdots,\boldsymbol{\alpha}_r,\boldsymbol{\alpha}_{r+1},\cdots,\boldsymbol{\alpha}_n.$$

于是，因为

$$\sigma(\boldsymbol{\alpha}_i)\in W,i=1,2,\cdots,r,$$

故可设

$$\begin{aligned}
\sigma(\boldsymbol{\alpha}_1)&=a_{11}\boldsymbol{\alpha}_1+\cdots+a_{r1}\boldsymbol{\alpha}_r,\\
&\cdots\\
\sigma(\boldsymbol{\alpha}_r)&=a_{1r}\boldsymbol{\alpha}_1+\cdots+a_{rr}\boldsymbol{\alpha}_r,\\
\sigma(\boldsymbol{\alpha}_{r+1})&=a_{1,r+1}\boldsymbol{\alpha}_1+\cdots+a_{r,r+1}\boldsymbol{\alpha}_r+\cdots+a_{n,r+1}\boldsymbol{\alpha}_n,\\
&\cdots\\
\sigma(\boldsymbol{\alpha}_n)&=a_{1n}\boldsymbol{\alpha}_1+\cdots+a_{rn}\boldsymbol{\alpha}_r+\cdots+a_{nn}\boldsymbol{\alpha}_n.
\end{aligned}$$

因此，σ关于这个基的矩阵为

$$\boldsymbol{A}=\begin{pmatrix}
a_{11} & \cdots & a_{1r} & a_{1,r+1} & \cdots & a_{1n}\\
\vdots & & \vdots & \vdots & & \vdots\\
a_{r1} & \cdots & a_{rr} & a_{r,r+1} & \cdots & a_{rn}\\
0 & \cdots & 0 & a_{r+1,r+1} & \cdots & a_{r+1,n}\\
\vdots & & \vdots & \vdots & & \vdots\\
0 & \cdots & 0 & a_{n,r+1} & \cdots & a_{nn}
\end{pmatrix}.$$

把$\boldsymbol{A}$写成分块矩阵，则为

$$\boldsymbol{A}=\begin{pmatrix}\boldsymbol{A}_1 & \boldsymbol{A}_3\\ \boldsymbol{0} & \boldsymbol{A}_2\end{pmatrix}.$$

这里$\boldsymbol{A}_1$是$\sigma|_W$关于W的基$\boldsymbol{\alpha}_1,\boldsymbol{\alpha}_2,\cdots,\boldsymbol{\alpha}_r$的矩阵．

尤其，如果V可分解成两个非平凡不变子空间W_1和W_2的直和

$$V=W_1\oplus W_2,$$

则选取 W_1 的一个基 $\boldsymbol{\alpha}_1,\boldsymbol{\alpha}_2,\cdots,\boldsymbol{\alpha}_r$ 和 W_2 的一个基 $\boldsymbol{\alpha}_{r+1},\cdots,\boldsymbol{\alpha}_n$，凑成 V 的一个基 $\boldsymbol{\alpha}_1,\boldsymbol{\alpha}_2,\cdots,\boldsymbol{\alpha}_n$，当 W_1 和 W_2 都在 σ 下保持不变时，σ 关于这个基的矩阵是

$$\boldsymbol{A}=\begin{pmatrix}\boldsymbol{A}_1 & \boldsymbol{0}\\ \boldsymbol{0} & \boldsymbol{A}_2\end{pmatrix}.$$

这里 $\boldsymbol{A}_1$ 是 r 阶矩阵，$\boldsymbol{A}_2$ 是 $n-r$ 阶矩阵，它们分别是 $\sigma\big|_{W_1}$ 关于基 $\boldsymbol{\alpha}_1,\boldsymbol{\alpha}_2,\cdots,\boldsymbol{\alpha}_r$ 的矩阵和 $\sigma\big|_{W_2}$ 关于基 $\boldsymbol{\alpha}_{r+1},\cdots,\boldsymbol{\alpha}_n$ 的矩阵．

如果 V 可分解成 s 个非平凡子空间 $W_1,W_2,\cdots,W_s$ 的直和，并且每一 $W_i\left(i=1,\cdots,s\right)$ 均为 σ 的不变子空间，在每一子空间中取一个基，凑成 V 的基，σ 关于该基的矩阵就为分块对角形矩阵

$$\begin{pmatrix}\boldsymbol{A}_1 & & & \\ & \boldsymbol{A}_2 & & \\ & & \ddots & \\ & & & \boldsymbol{A}_s\end{pmatrix}.$$

其中，$\boldsymbol{A}_i$ 是 $\sigma\big|_{W_i}$ 关于 W_i 的基的矩阵，$i=1,\cdots,s$．

定义 5.5.4　设 σ 是线性空间 V 的一个线性变换，由 σ 的全体象组成的集合称为 σ 的值域，记作 $\sigma(V)$ 或 $\mathrm{Im}\,\sigma$；由所有被 σ 变成零向量的向量组成的集合称为 σ 的核，记作 $\mathrm{Ker}\,\sigma$，即

$$\mathrm{Im}\,\sigma=\left\{\sigma(\boldsymbol{\xi})\middle|\boldsymbol{\xi}\in V\right\},$$

$$\mathrm{Ker}\,\sigma=\left\{\boldsymbol{\xi}\in V\middle|\sigma(\boldsymbol{\xi})=\boldsymbol{0}\right\}.$$

定理 5.5.4　设 σ 是线性空间 V 的一个线性变换，则 $\mathrm{Im}\,\sigma$ 和 $\mathrm{Ker}\,\sigma$ 是 V 的子空间，并且在 σ 下保持不变．

证明：首先证明 $\mathrm{Im}\,\sigma$ 为子空间．

由于 $\boldsymbol{0}\in V$，$\sigma(\boldsymbol{0})=\boldsymbol{0}\in\mathrm{Im}\,\sigma$，因此 $\mathrm{Im}\,\sigma$ 非空．由于对任意 $k\in\mathbf{P}$，$\boldsymbol{\xi},\boldsymbol{\eta}\in\mathrm{Im}\,\sigma$，存在 $\boldsymbol{\alpha},\boldsymbol{\beta}\in V$，使得 $\boldsymbol{\xi}=\sigma(\boldsymbol{\alpha})$，$\boldsymbol{\eta}=\sigma(\boldsymbol{\beta})$，而

$$\boldsymbol{\xi}+\boldsymbol{\eta}=\sigma(\boldsymbol{\alpha})+\sigma(\boldsymbol{\beta})=\sigma(\boldsymbol{\alpha}+\boldsymbol{\beta})\in\mathrm{Im}\,\sigma,$$

$$k\boldsymbol{\xi}=k\sigma(\boldsymbol{\alpha})=\sigma(k\boldsymbol{\alpha})\in\mathrm{Im}\,\sigma,$$

因此，$\mathrm{Im}\,\sigma$ 为子空间．任取 $\boldsymbol{\xi}\in\mathrm{Im}\,\sigma$，当然

$$\boldsymbol{\xi}\in V,\ \sigma(\boldsymbol{\xi})\in\mathrm{Im}\,\sigma.$$

所以 $\mathrm{Im}\sigma$ 是 σ 的不变子空间 .

接下来对 $\mathrm{Ker}\sigma$ 是 σ 的不变子空间进行证明 .

因为 $\mathbf{0}\in\mathrm{Ker}\sigma$,所以 $\mathrm{Ker}\sigma$ 非空 . 对任意 $k\in\mathbf{P}$, $\boldsymbol{\alpha},\boldsymbol{\beta}\in\mathrm{Ker}\sigma$,则有 $\sigma(\boldsymbol{\alpha})=\mathbf{0}$, $\sigma(\boldsymbol{\beta})=\mathbf{0}$,从而有

$$\sigma(\boldsymbol{\alpha}+\boldsymbol{\beta})=\sigma(\boldsymbol{\alpha})+\sigma(\boldsymbol{\beta})=\mathbf{0},$$

$$\sigma(k\boldsymbol{\alpha})=k\sigma(\boldsymbol{\alpha})=\mathbf{0},$$

即有

$$\boldsymbol{\alpha}+\boldsymbol{\beta},\ k\boldsymbol{\alpha}\in\mathrm{Ker}\sigma .$$

因此 $\mathrm{Ker}\sigma$ 是一个子空间 . 由于 $\mathrm{Ker}\sigma$ 中向量在 σ 下的象均为零向量,因此, $\mathrm{Ker}\sigma$ 是 σ 的不变子空间 .

把 $\mathrm{Im}\sigma$ 的维数称为线性变换 σ 的秩 . 把 $\mathrm{Ker}\sigma$ 的维数称为线性变换 σ 的零度 .

在 n 维线性空间 V 中,任取一组基 $\boldsymbol{\alpha}_1,\boldsymbol{\alpha}_2,\cdots,\boldsymbol{\alpha}_n$,由于 V 中任意向量 $\boldsymbol{\xi}$ 都表示成 $\boldsymbol{\alpha}_1,\boldsymbol{\alpha}_2,\cdots,\boldsymbol{\alpha}_n$ 的线性组合,所以 $\sigma(\boldsymbol{\xi})$ 可表示为 $\sigma(\boldsymbol{\alpha}_1),\sigma(\boldsymbol{\alpha}_2),\cdots,\sigma(\boldsymbol{\alpha}_n)$ 的线性组合 . 因此

$$\mathrm{Im}\sigma=L\big(\sigma(\boldsymbol{\alpha}_1),\sigma(\boldsymbol{\alpha}_2),\cdots,\sigma(\boldsymbol{\alpha}_n)\big).$$

从而易知: σ 的秩等于向量组 $\sigma(\boldsymbol{\alpha}_1),\sigma(\boldsymbol{\alpha}_2),\cdots,\sigma(\boldsymbol{\alpha}_n)$ 的秩 .

设 σ 在基 $\boldsymbol{\alpha}_1,\boldsymbol{\alpha}_2,\cdots,\boldsymbol{\alpha}_n$ 的矩阵是 $\boldsymbol{A}$,那么

$$\big(\sigma(\boldsymbol{\alpha}_1),\sigma(\boldsymbol{\alpha}_2),\cdots,\sigma(\boldsymbol{\alpha}_n)\big)=(\boldsymbol{\alpha}_1,\boldsymbol{\alpha}_2,\cdots,\boldsymbol{\alpha}_n)\boldsymbol{A}.$$

所以向量组 $\sigma(\boldsymbol{\alpha}_1),\sigma(\boldsymbol{\alpha}_2),\cdots,\sigma(\boldsymbol{\alpha}_n)$ 的秩等于 $\boldsymbol{A}$ 的秩 . 因此证明了

$$\sigma\text{ 的秩}=\boldsymbol{A}\text{ 的秩}.$$

如果向量 $\boldsymbol{\xi}$ 属于 σ 的核,那么

$$\sigma(\boldsymbol{\xi})=\mathbf{0}.$$

将 $\boldsymbol{\xi}$ 表示成 $\boldsymbol{\alpha}_1,\boldsymbol{\alpha}_2,\cdots,\boldsymbol{\alpha}_n$ 的线性组合:

$$\boldsymbol{\xi}=x_1\boldsymbol{\alpha}_1+x_2\boldsymbol{\alpha}_2+\cdots+x_n\boldsymbol{\alpha}_n ,$$

那么 $\boldsymbol{\xi}$ 的坐标 $x_1,x_2,\cdots,x_n$ 满足

$$\boldsymbol{A}\begin{pmatrix}x_1\\x_2\\\vdots\\x_n\end{pmatrix}=\mathbf{0}.$$

因此，$\mathrm{Ker}\,\sigma$ 的维数等于 $n-r$ ，这里 r 是 $\boldsymbol{A}$ 的秩 .

通过上面的讨论给出了线性变换 σ 的值域和核的求法 .

定理 5.5.5　设 σ 是 n 维线性空间 V 的一个线性变换，则

$$\sigma \text{ 的秩 } + \sigma \text{ 的零度 } = n.$$

需要注意的是，虽然 $\mathrm{Im}\,\sigma$ 与 $\mathrm{Ker}\,\sigma$ 的维数之和为 n，但是 $\mathrm{Im}\,\sigma+\mathrm{Ker}\,\sigma$ 不一定是整个空间 .

第 6 章　函数极限与连续

函数极限是描述函数在某一点附近的表现，尤其是函数值的趋近情况的数学概念．连续则是描述函数在某个区间内没有间断点的性质．如果函数在某一点的极限值等于该点的函数值，则称函数在该点连续．此外，如果函数在定义域内的每一点都连续，则称函数为连续函数．连续函数在数学分析中具有很多重要的性质，如可导性、可积性等．

6.1　函数

在具体的研究过程中，需要对多个变量进行综合考虑，探究它们之间的相互影响和关联．要探究两个变量之间的关系，可以采用各种方法，如线性回归分析、相关系数计算等．通过这些方法，可以分析两个变量之间的关联程度，并进一步探究它们之间的变化规律．

为了更好地理解两个变量之间的关系，还需要注意一些关键点．首先，需要明确自变量和因变量的关系，即哪个变量是随着另一个变量的变化而变化的．其次，需要考虑其他因素的影响，因为在实际的自然现象中，许多因素都可能对变量的变化产生影响．最后，还需要对研究结果进行合理的解释和推论，以更好地理解自然现象的内在规律．

定义 6.1.1　设 D 是实数集 $\mathbf{R}$ 的一个非空子集，若对 D 中的每一个 x，按照对应法则 f，实数集 $\mathbf{R}$ 中有唯一的数 y 与之相对应，称 f 为从 D 到 $\mathbf{R}$ 的一个函数，记作

$$f:D \to \mathbf{R}.$$

上述 y 与 x 之间的对应关系记作 $y=f(x)$，并称 y 为 x 的函数值，D 称为函数的定义域，数集 $f(D)=\{y|y=f(x),x\in D\}$ 称为函数的值域．若把 x,y 看成变量，则 x 称为自变量，y 称为因变量．

定义域 D 就是自变量 x 的取值范围，而值域 $f(D)$ 是因变量 y 的取值范围．当值域 $f(D)$ 是仅由一个实数 C 组成的集合时，$f(x)$ 称为常值函数．这时，$f(x)=C$，也就是说，把常量看成特殊的因变量．

函数的表示方法常用的有以下三种。

（1）解析法．解析法是一种数学方法，用于通过数学表达式或解析表达式来表达自变量和因变量之间的关系．这种方法的目的是将问题简化为数学模型，以便进行精确的数学分析和计算．在解析法中，通常使用四则运算、乘幂、取对数、指数、三角函数以及反三角函数等数学运算来推导解析表达式．这些数学运算可以用来描述各种复杂的现象和关系，并且能够得出精确的结果．通过解析法，可以推导出许多重要的数学公式和定理，这些公式和定理在数学、物理、工程等多个领域都有着广泛的应用．此外，解析法还可以用来解决实际问题，例如求解代数方程、积分方程等．在实际应用中，解析法需要一定的数学基础和技巧，因此并不是所有人都能够轻松地使用这种方法．但是，掌握了解析法的基本原理和方法，可以更好地理解和应用各种数学模型，对于解决实际问题具有很大的帮助．

（2）图形法．这种方法通过将数据点绘制在坐标系中，并使用线段、曲线或其他图形来连接这些点，从而直观地展示出自变量与因变量之间的关系．在图像法中，通常选择适当的坐标轴来表示自变量和因变量．例如，如果正在研究一个与时间相关的函数，可能会选择时间作为 x 轴，而将对应的函数值作为 y 轴．通过这种方式，可以将函数的增减性、周期性、对称性等特性直观地展示出来．图像法具有许多优点．首先，它能够直观地展示出自变量与因变量之间的关系，使得我们能够快速地理解函数的性质和变化趋势．其次，图像法可以方便地进行比较和对比，使我们能够轻松地观察不同函数之间的差异和相似之处．此外，图像法还可以帮助我们发现一些隐藏的模式和规律，从而更好地理解数据的内在结构．但图像法也有一些局限性．首先，它只能展示有限的数据点，因此对于一些复杂函数或大数据集，可能无法完全展示其特性．其次，图像法可能会受到视觉上的误导或主观性的影响，导致对数据的理解产生偏差．因此，在使用图像法时，需要谨慎选择合适的图形和坐标轴，并进行必要的解释和说明．图 6-1 为函数 $y=f(x)$ 的图形．

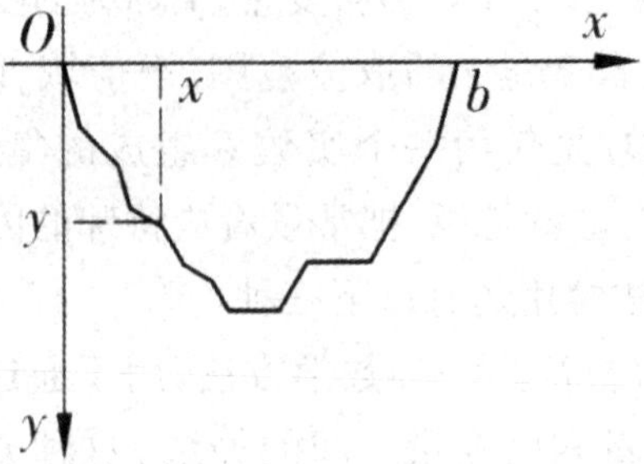

图 6-1

（3）列表法．列表法是一种通过表格的形式来表示自变量和因变量之间关系的方法．在物理实验中，列表常常会通过测量不同时刻的物理量来研究物理现象的变化规律．列表法就是将这些测量数据整理成表格，以便于分析和处理．在列表法中，通常将自变量的值（如时间、位置等）和对应的因变量值（如速度、位移等）列在同一表格中．通过对比不同时刻的测量数据，可以观察到因变量的变化趋势，并探究其与自变量之间的关系．设某一物理现象的数学关系为 $y=f(t)$，用实验测得 t 时刻的 y 值，如表 6-1 所示．

表 6-1

t	0	t_1	t_2	…	t_m
y	y_0	y_1	y_2	…	y_m

6.2 一元函数的极限

6.2.1 函数极限的定义

对函数 $y=f(x)$,根据自变量可分为下列两种情况 .

6.2.1.1 当 $x\to\infty$ 时函数的极限

定义 6.2.1 设函数 $y=f(x)$ 在 $[a,+\infty)$ 有定义, A 为常数 . 若 $\forall\varepsilon>0$, $\exists X>0$,使得当 $x>X$ 时,有

$$y=|f(x)-A|<\varepsilon ,$$

则称函数 $f(x)$ 当 $x\to+\infty$ 时有极限,极限值为 A ,记作

$$\lim_{x\to+\infty}f(x)=A ,$$

或 $f(x)\to A$ ($x\to+\infty$).

其中, $\forall\varepsilon>0$, $\exists X>0$,使得 $y=f(x)$ 在 $[X,+\infty)$ 完全位于以直线 $y=A$ 为中心,宽为 2ε 的带形区域(图 6-2).

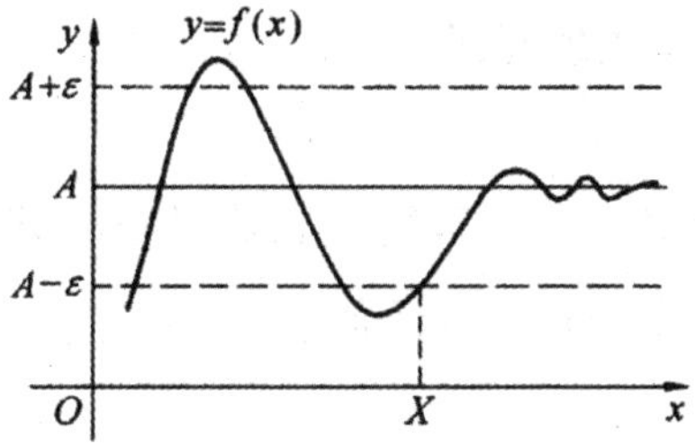

图 6-2

若 $x\to-\infty$,则把定义中 $x>X$ 改成 $x<-X$,可得 $\lim\limits_{x\to-\infty}f(x)=A$ 定义; 同样,若 $x\to\infty$,则把 $x>X$ 改成 $|x|>X$,可得 $\lim\limits_{x\to\infty}f(x)=A$ 定义 .

6.2.1.2 当 $x \to x_0$ 时函数的极限

定义 6.2.2 若 $y=f(x)$ 在 x_0 的某去心邻域上有定义，A 为常数．当 $\forall \varepsilon>0$，$\exists \delta>0$，且 $0<|x-x_0|<\delta$ 时，恒有

$$|f(x)-A|<\varepsilon,$$

则称 $x \to x_0$ 时函数 $y=f(x)$ 有极限，极限值为 A，记为

$$\lim_{x\to x_0} f(x)=A$$

或

$$f(x)\to A(x\to x_0).$$

$\forall \varepsilon>0$，$\exists \delta>0$，使得函数 $y=f(x)$ 在 x_0 的某去心邻域 $(x_0-\delta,x_0)\cup(x_0,x_0+\delta)$ 内完全位于以直线 $y=A$ 为中心，宽为 2ε 的带形区域内(图 6-3)．

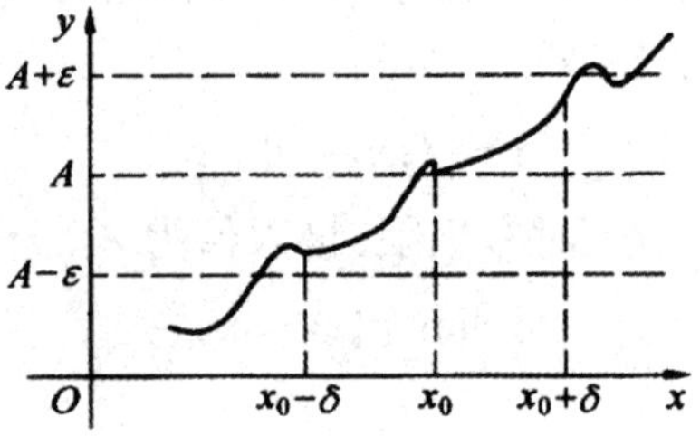

图 6–3

6.2.2 函数极限存在的判断

定理 6.2.1（归结原则） 函数 $f(x)$ 在某空心邻域 $U^{\circ}(x_0,\delta)$ 有定义，则 $\lim_{x\to x_0} f(x)=A$ 的充要条件：对任何 $\{x_n\}\subset U^{\circ}(x_0,\delta)$，当 $x_n\to x_0, n\to\infty$ 时，有

$$\lim_{n\to\infty} f(x_n)=A.$$

证明：必要性，若 $\lim_{x\to x_0} f(x)=A$，当 $\forall \varepsilon>0, \exists \delta>0$，且 $\forall x{:}0<|x-x_0|<\delta$ 时，有

$$|f(x)-A|<\varepsilon.$$

由于 $\lim\limits_{n\to+\infty} x_n = x_0$，对任意的 $\delta > 0$，$\exists N > 0$，当 $n > N$ 时，必有

$$|x_n - x_0| < \delta ,$$

即

$$x_n \in U^0(x_0,\delta).$$

因此

$$|f(x_n) - A| < \varepsilon ,$$

即

$$\lim_{n\to\infty} f(x_n) = A .$$

充分性，设 $\lim\limits_{x\to x_0} f(x) \ne A$，则 $\exists\varepsilon_0 > 0$，对 $\forall\delta > 0$，$\exists x'$，尽管 $0 < |x_0 - x'| < \delta$，但 $|f(x') - A| \ge \varepsilon_0$．由 δ 的任意性，取 $\delta_n = \dfrac{1}{n} > 0$，则存在 x_n 满足

$$0 < |x_n - x_0| < \frac{1}{n},$$

但

$$|f(x_n) - A| \ge \varepsilon_0,$$

即 $\lim\limits_{n\to\infty} x_n = x_0$，但 $|f(x_n) - A| \ge \varepsilon_0$．与假设条件 $\lim\limits_{n\to\infty} f(x_n) = A$ 矛盾．从而有

$$\lim_{x\to x_0} f(x) = A .$$

引入另一个重要的定理进一步证明函数极限的存在性．

定理 6.2.2（柯西准则）　设函数 $f(x)$ 在 x_0 的某个去心邻域 $U^\circ(x_0,\delta)$ 有定义，则极限 $\lim\limits_{x\to x_0} f(x)$ 存在的充要条件：对 $\forall\varepsilon > 0, \exists\delta > 0$，当 $x_1, x_2 \in U^\circ(x_0,\delta) \subset U^\circ(x_0)$ 时，有

$$|f(x_1) - f(x_2)| < \varepsilon.$$

证明：必要性，设 $\lim\limits_{x\to x_0} f(x) = A$，则对 $\forall\varepsilon > 0, \exists\delta > 0$，当 $x \in U^\circ(x_0,\delta) \subset U^\circ(x_0)$ 时，有

$$|f(x) - A| < \frac{\varepsilon}{2}.$$

对于任何 $x_1,x_2\in U^{\circ}(x_0,\delta)\subset U^{\circ}(x_0)$，有

$$\left|f(x_1)-A\right|<\frac{\varepsilon}{2},\left|f(x_2)-A\right|<\frac{\varepsilon}{2}.$$

从而

$$\left|f(x_1)-f(x_2)\right|\le\left|f(x_1)-A\right|+\left|f(x_2)-A\right|<\varepsilon.$$

充分性，对任意 $x_1,x_2\in U^{\circ}(x_0,\delta)\subset U^{\circ}(x_0)$，有

$$\left|f(x_1)-f(x_2)\right|<\varepsilon.$$

任取数列 $\{x_n\}\subset U^{\circ}(x_0,\delta)$ 且 $\lim\limits_{n\to+\infty}x_n=x_0$，则对 $\forall\delta>0,\exists N>0$，当 $n,m>N$ 时，有 $x_n,x_m\in U^{\circ}(x_0,\delta)$，从而

$$\left|f(x_n)-f(x_m)\right|<\varepsilon.$$

定理 6.2.3 极限 $\lim\limits_{x\to+\infty}f(x)$ 存在的充要条件：对 $\forall\varepsilon>0,\exists M>0$，当 $x_1,x_2>M$ 时，有

$$\left|f(x_1)-f(x_2)\right|<\varepsilon.$$

定理 6.2.4 若函数 $f(x)$ 在点 x_0 的某个右邻域 $U^{+}(x_0,x_0+\delta)$ 内单调有界，则右极限 $\lim\limits_{x\to x_0^+}f(x)$ 存在；若函数 $f(x)$ 在点 x_0 的某个左邻域 $U^{-}(x_0-\delta,x_0)$ 内单调有界，则左极限 $\lim\limits_{x\to x_0^-}f(x)$ 存在 .

6.2.3 函数极限的四则运算法则

定理 6.2.5 设极限 $\lim\limits_{x\to x_0}f(x),\lim\limits_{x\to x_0}g(x)$ 都存在，k 为一常数，则

（1）$\lim\limits_{x\to x_0}\left[f(x)\pm g(x)\right]$ 存在，且有 $\lim\limits_{x\to x_0}\left[f(x)\pm g(x)\right]=\lim\limits_{x\to x_0}x_n\pm\lim\limits_{x\to x_0}y_n$.

（2）$\lim\limits_{x\to x_0}kf(x)$ 存在，且有 $\lim\limits_{x\to x_0}kf(x)=k\lim\limits_{x\to x_0}f(x)$.

（3）$\lim\limits_{x\to x_0}\left[f(x)\cdot g(x)\right]$ 存在，且有 $\lim\limits_{x\to x_0}\left[f(x)\cdot g(x)\right]=\lim\limits_{x\to x_0}f(x)\cdot\lim\limits_{x\to x_0}g(x)$.

（4）若 $\lim\limits_{x\to x_0}g(x)\neq0$ 则，$\lim\limits_{x\to x_0}\dfrac{f(x)}{g(x)}$ 存在，且有 $\lim\limits_{x\to x_0}\dfrac{f(x)}{g(x)}=\dfrac{\lim\limits_{x\to x_0}f(x)}{\lim\limits_{x\to x_0}g(x)}$.

当 $x\to x_0$ 时，函数的极限的四则运算法则；当 $x\to\infty,x\to x_0^+$，$x\to x_0^-,x\to-\infty,x\to+\infty$ 时，函数的极限的四则运算法则与当 $x\to x_0$ 时，函数的极限的四则运算法则相同 .

定理 6.2.6　设极限 $\lim\limits_{x\to x_0} f(x)$ 都存在，且 m,k 为正整数，则

（1）$\lim\limits_{x\to x_0}[f(x)]^m$ 存在，且有 $\lim\limits_{x\to x_0}[f(x)]^m=\left[\lim\limits_{x\to x_0} f(x)\right]^m$.

（2）当 $\lim\limits_{x\to x_0} f(x)>0$ 时，$\lim\limits_{x\to x_0}[f(x)]^{\frac{k}{m}}$ 存在，且有

$$\lim_{x\to x_0}[f(x)]^{\frac{k}{m}}=\left[\lim_{x\to x_0} f(x)\right]^{\frac{k}{m}}.$$

（3）若 $m,-k$ 为正整数，且 $\lim\limits_{x\to x_0} f(x)>0$ 时，$\lim\limits_{x\to x_0}[f(x)]^{\frac{k}{m}}$ 存在，且

$$\lim_{x\to x_0}[f(x)]^{\frac{k}{m}}=\frac{1}{\left[\lim\limits_{x\to x_0} f(x)\right]^{\frac{-k}{m}}}.$$

当 $x\to x_0$ 时，函数极限的幂指数运算法则；当 $x\to\infty, x\to x_0^+$，$x\to x_0^-, x\to-\infty, x\to+\infty$ 时，运算法则完全相同 .

6.3　一元函数的连续

6.3.1 函数连续的定义

定义 6.3.1　若函数 $f(x)$ 在 x_0 处满足：

（1）$f(x)$ 在 x_0 处有定义（即 $f(x_0)$ 存在）；

（2）$f(x)$ 在 x_0 处有极限；

（3）$f(x)$ 在 x_0 处的极限值等于该处的函数值 .

则称函数 $f(x)$ 在 x_0 处连续，$x=x_0$ 为 $f(x)$ 的连续点 .

简化得

$$f(x)\text{ 在 } x=x_0 \text{ 处连续} \Leftrightarrow \lim_{x\to x_0} f(x)=f(x_0).$$

定义 6.3.2　设函数 $y=f(x)$ 在点 x_0 及其附近有定义，若自变量 x 的增量 $\Delta x=x-x_0$ 趋于 0，对应的函数增量 $\Delta y=f(x_0+\Delta x)-f(x_0)$ 也趋于 0，则称函数 $f(x)$ 在 x_0 连续 .

定义 6.3.3 若函数 $f(x)$ 在 x_0 的某右邻域有定义,且

$$\lim_{x\to 0^+} f(x)=f(x_0),$$

则称 $f(x)$ 在 x_0 处右连续；若函数 $f(x)$ 在 x_0 的某左邻域有定义,且

$$\lim_{x\to 0^-} f(x)=f(x_0),$$

则称 $f(x)$ 在 x_0 处左连续 .

定理 6.3.1 $f(x)$ 在 x_0 连续的充要条件是 $f(x)$ 在 x_0 既左连续又右连续,即

$$\lim_{x\to x_0} f(x)=f(x_0)\Leftrightarrow \lim_{x\to 0^+} f(x)=f(x_0)=\lim_{x\to 0^-} f(x).$$

图 6-4 显示 a 点只能是右连续点；c 为连续点；b 为左连续点；d 为右连续点；h 既非左连续点,又非右连续点；且 b,d,h 都是间断点 .

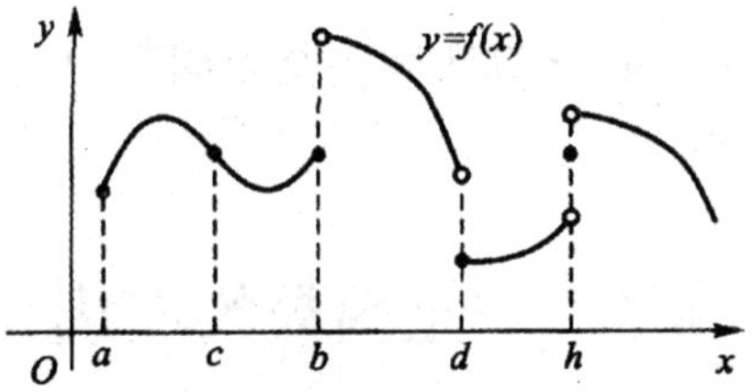

图 6–4

例 6.3.1 证明函数 $y=f(x)=2x^2-x$ 在其定义域内连续 .

证明：$f(x)$ 的定义域为 $(-\infty,+\infty)$，$\forall x\in(-\infty,+\infty)$,因

$$\begin{aligned}\Delta y&=f(x+\Delta x)-f(x)\\&=\left[2(x+\Delta x)^2-(x+\Delta x)\right]-(2x^2-x)\\&=4x\Delta x+2\Delta x^2-\Delta x\\&=\Delta x(4x+2\Delta x-1)\to 0(\Delta x\to 0),\end{aligned}$$

故 $y=f(x)$ 在点 x 处连续 .

6.3.2 一致连续性

定义 6.3.4 设函数 $y=f(x)$ 在区间 I 上有定义,任给正数 ε,存在正数 δ,使得区间 I 上任意两点 x_1,x_2，当 $|x_1-x_2|<\delta$ 时,有 $|f(x_1)-$

$f(x_2)| < \varepsilon$，则称函数 $y = f(x)$ 在区间 I 上一致连续 .

定理 6.3.2　若函数 $y = f(x)$ 在闭区间 $[a,b]$ 上连续，则函数在区间 $[a,b]$ 上是一致连续的 .

例 6.3.2　设函数 $f(x)$ 在有限开区间 (a,b) 内连续，证明函数 $f(x)$ 在有限开区间 (a,b) 内一致连续的是极限 $\lim\limits_{x\to a^+} f(x)$ 与 $\lim\limits_{x\to b^-} f(x)$ 存在 .

证明：必要性，若函数 $f(x)$ 在有限开区间 (a,b) 内一致连续，即 $\forall\varepsilon > 0, \exists\delta > 0$，对于任何 $x_1, x_2 \in (a,b)$，当 $|x_1 - x_2| < \delta$ 时，有 $|f(x_1) - f(x_2)| < \varepsilon$.

对于上述 $\delta > 0$，当 $x_1, x_2 \in (a, a+\delta)$ 时，同样有 $|f(x_1) - f(x_2)| < \varepsilon$. 故极限 $\lim\limits_{x\to a^+} f(x)$ 存在，同理，证得 $\lim\limits_{x\to b^-} f(x)$ 存在 .

充分性，构造函数

$$F(x) = \begin{cases} \lim\limits_{x\to a^+} f(x), & x = a \\ f(x), & a < x < b, \\ \lim\limits_{x\to b^-} f(x), & x = b \end{cases}$$

则函数 $F(x)$ 在区间 $[a,b]$ 内连续，函数 $F(x)$ 在区间 $[a,b]$ 内一致连续，从而函数 $F(x)$ 在区间 (a,b) 内也一致连续 . 在区间 (a,b) 内，$F(x) \equiv f(x)$，则函数 $f(x)$ 在有限开区间 (a,b) 内一致连续 .

6.3.3 连续函数的运算

对于连续函数，其四则运算和复合运算的结果函数同样保持连续性 . 这是因为四则运算和复合运算是连续的数学运算，而连续函数在连续的数学运算下保持其连续性 . 同样地，反函数也是连续的 . 这一结论对于深入理解函数的性质和行为至关重要 .

（1）若函数 $f(x)$ 和 $g(x)$ 都在点 x_0 处连续，则和（差）函数 $f(x) \pm g(x)$、积函数 $f(x)\cdot g(x)$、商函数 $\dfrac{f(x)}{g(x)}(g(x) \neq 0)$ 在点 x_0 处连续 .

（2）若函数 $y = f[\varphi(x)]$ 在点 x_0 的某邻域内有定义，$\varphi(x)$ 与 $f(u)$ 分别在 $x = x_0$ 与 $u_0 = \varphi(x_0)$ 处连续，则复合函数 $y = f[\varphi(x)]$ 在点 x_0 处也连续，即 $\lim\limits_{x\to x_0} f[\varphi(x)] = f[\varphi(x_0)]$.

（3）若函数 $y=f(x)$ 是区间 I_x 上单调增（减）的连续函数，则反函数 $x=\varphi(y)$ 是对应区间 $I_y=\{y|y=f(x),x\in I_x\}$ 上单调增（减）的连续函数．

函数的连续性定义和连续函数的运算规律，对于初等函数的连续性问题提供了完美的论断，并在高等数学研究中具有重大的意义．

（1）基本初等函数（如常数函数、幂函数、指数函数、三角函数和对数函数等）在各自的定义域内，其函数值的变化是连续不断的．无论自变量的值如何变化，只要在定义域内，函数值都会按照其对应的数学公式进行连续变化．这种连续性是由函数的定义和性质决定的，并且在数学分析中得到了严格的证明．

（2）初等函数是由有限次四则运算和有限次复合生成的函数．由于基本的四则运算（加、减、乘、除）和复合运算都是连续的，因此由这些运算生成的初等函数也保持了连续性．这意味着在初等函数的定义域内，无论自变量的值如何变化，只要在定义域内，函数值都会保持连续变化．

这两个结论对于高等数学研究具有重要的意义．首先，它们提供了对初等函数连续性的完整理解，有助于我们更好地掌握函数的性质和行为．其次，这些结论为进一步研究函数的极限、导数和积分等概念奠定了基础，因为连续性是这些概念的基本前提．此外，这些结论在解决实际问题、进行数学建模等方面也具有广泛的应用价值．

6.4　无穷小与无穷大

6.4.1 无穷小

在极限的研究中，无限小数有着极为重要的作用．下面对无穷小的定义加以阐述．

定义 6.4.1　若 $\lim f(x)=0$，则称函数 $f(x)$ 为 x 趋于某个值时的无穷小量，又叫作无穷小．

此处，符号“lim”之下并未写出自变量 x 的具体变化趋势，包括上面所述的各类变化趋势（$x\to x_0$，$x\to x_0^-,x\to x_0^+,x\to\infty,x\to+\infty,x\to-\infty$）．之

后出现此类表示方法，有相同的含义．

根据极限的 ε - δ 定义，表示为："$f(x)$ 为 $x \to x_0$ 时的无穷小 $\Leftrightarrow$ $\forall \varepsilon > 0, \exists \delta > 0$，当 $0 < |x - x_0| < \delta$ 时，有 $|f(x)| < \varepsilon$．" 其他自变量变化趋势下的无穷小也能这样表达．

定理 6.4.1（极限与无穷小之间的关系）　$\lim\limits_{x \to x_0} f(x) = A$ 的充分必要条件为 $f(x) = A + \alpha(x)$，其中 $\alpha(x)$ 为当 $x \to x_0$ 时的无穷小量．

证明：必要性：设 $\lim\limits_{x \to x_0} f(x) = A$，则对任意 $\varepsilon > 0$，存在 $\delta > 0$．对任意 x，当 $0 < |x - x_0| < \delta$ 时，$|f(x) - A| < \varepsilon$．令 $\alpha(x) = f(x) - A$，则 $\lim\limits_{x \to x_0} \alpha(x) = 0$，即 $\alpha(x)$ 是当 $x \to x_0$ 时的无穷小量，且 $f(x) = A + \alpha(x)$．

充分性：设 $f(x) = A + \alpha(x)$，其中 A 是常数，$\alpha(x)$ 是当 $x \to x_0$ 时的无穷小量，则 $|f(x) - A| = |\alpha(x)|$．因为 $\lim\limits_{x \to x_0} \alpha(x) = 0$，所以，对任意 $\varepsilon > 0$，存在 $\delta > 0$，对任意 x，当 $0 < |x - x_0| < \delta$ 时，有 $|\alpha(x)| < \varepsilon$，即 $|f(x) - A| = |\alpha(x)| < \varepsilon$，即 $\lim\limits_{x \to x_0} f(x) = A$．

利用定理 6.4.1 可以把函数的极限运算问题转变成无穷小的代数运算问题，因此，这个定理对于理论推导与证明具有十分重要的意义．

定理 6.4.2　有限个无穷小的和、差、积仍为无穷小．

定理 6.4.3　无穷小与有界函数的乘积为无穷小．其中，常数与无穷小的乘积仍为无穷小．

例 6.4.1　利用无穷小的定义证明 $y = x\sin\left(\dfrac{1}{x}\right)$ 为当 $x \to 0$ 时的无穷小．

证明：$|f(x) - 0| = \left|x\sin\left(\dfrac{1}{x}\right)\right| \le |x|$，对任意正数 ε，若需要令 $|f(x) - 0| < \varepsilon$ 成立，仅需 $\left|x\sin\left(\dfrac{1}{x}\right)\right| \le |x| < \varepsilon$ 成立，可以取 $\delta = \varepsilon$，对任意正数 ε，存在 $\delta = \varepsilon$，使当 $0 < |x| < \delta$ 时恒有 $\left|x\sin\left(\dfrac{1}{x}\right)\right| < \varepsilon$，即 $\lim\limits_{x \to 0} x\sin\left(\dfrac{1}{x}\right) = 0$．

6.4.2 无穷大

定义 6.4.2 当 x 无限趋近点 x_0 时，函数 $f(x)$ 的绝对值无限增大，那么函数 $f(x)$ 称为 $x\to x_0$ 时的无穷大量，又叫作无穷大．

函数 $f(x)$ 为 $x\to x_0$ 时的无穷大，换句话说，为极限不存在的一种形式．不过，为便于应用，一般也将其称为“函数的极限为无穷大”，记为

$$\lim_{x\to x_0} f(x)=\infty 或 f(x)\to\infty\left(x\to x_0\right).$$

如果把“x 无限趋近点 x_0”以及“函数绝对值无限增大”借助数学语言加以量化，便能得出下面定量的解释．

定义 6.4.3 函数 $f(x)$ 在点 x_0 的某一去心邻域内有定义，对任意正数 $G>0$，存在 $\delta>0$，对任意 x，当 $0<|x-x_0|<\delta$ 时，有 $|f(x)|>G$，那么称函数 $f(x)$ 为 $x\to x_0$ 时的无穷大量．

对于定义 6.4.2，把“函数 $f(x)$ 的绝对值无限增大”具体阐述为“函数 $f(x)$ 取正值无限增大或取负值无限减少”，那么分别称函数 $f(x)$（$x\to x_0$）为正无穷大或负无穷大，表示为

$$\lim_{x\to x_0} f(x)=+\infty 或 f(x)\to+\infty\left(x\to x_0\right)$$

与

$$\lim_{x\to x_0} f(x)=-\infty 或 f(x)\to-\infty\left(x\to x_0\right).$$

无穷大与无穷小两者存在紧密的联系．例如，当 $x\to 0$ 时，函数 x 为无穷小，其倒数 $\dfrac{1}{x}$ 为无穷大；同样，当 $x\to+\infty$ 时，函数 x 为无穷大，其倒数为无穷小．通常情况下，根据无穷大和无穷小的定义能够得出以下定理．

定理 6.4.4（无穷大与无穷小的关系） 设 $f(x)\neq 0$，若 $\lim f(x)=\infty$，则 $\lim\dfrac{1}{f(x)}=0$，反之，若 $\lim f(x)=0$，则 $\lim\dfrac{1}{f(x)}=\infty$．

注意：定理 6.4.4 中极限没有标明自变量的变化过程．

具体而言，无穷大为变量，并非某个常数，因而，再大的数字也并非无穷大．并且，$\lim f(x)=\infty$ 不能代表 $f(x)$ 在自变量的变化过程中存在极限，仅仅是利用这种表示方法来表示极限不存在的函数，也可称为“函数 $f(x)$ 的极限为无穷大”．

例 6.4.2　证明 $\lim\limits_{x\to 1}\dfrac{1}{x-1}=\infty$.

证明： $\forall M>0$,要使

$$\left|\frac{1}{x-1}\right|>M,$$

只要

$$|x-1|<\frac{1}{M}.$$

所以,取 $\delta=\dfrac{1}{M}$,则只要 x 适合不等式 $0<|x-1|<\delta=\dfrac{1}{M}$,就有 $\left|\dfrac{1}{x-1}\right|>M$.这就证明了 $\lim\limits_{x\to 1}\dfrac{1}{x-1}=\infty$.

图 6-5 为函数 $y=\dfrac{1}{x-1}$ 的图像,由该图可以看出,直线 $x=1$ 为函数 $y=\dfrac{1}{x-1}$ 的图像的铅直渐近线.通常认为,若 $\lim\limits_{x\to x_0}f(x)=\infty$,则直线 $x=x_0$ 为函数 $y=f(x)$ 的图像的铅直渐近线.

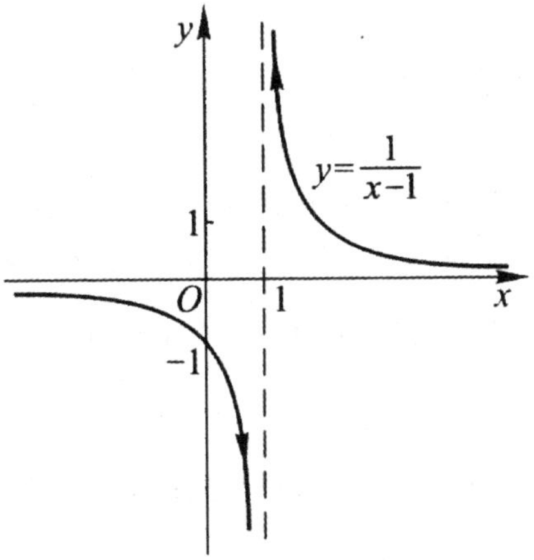

图 6–5

例 6.4.3　利用无穷大的定义证明函数 $y=\dfrac{1+2x}{x}$ 为当 $x\to 0$ 时的无穷大.判断自变量 x 满足什么条件能够实现 $|y|>10^4$.

解：运用缩小法进行证明．由于$\left|\frac{1+2x}{x}\right|=\left|\frac{2+1}{x}\right|\geq\frac{1}{|x|}-2$，那么对任意正数$M$，若令$\left|\frac{1+2x}{x}\right|>M$，仅需使$\frac{1}{|x|}-2>M$，即仅需$|x|<\frac{1}{M+2}$，取$\delta=\frac{1}{M+2}$，则当$0<|x-0|<\delta$时，总有

$$\left|\frac{1+2x}{x}\right|=\left|\frac{1}{x}+2\right|>\frac{1}{|x|}-2>M+2-2=M.$$

所以当$x\to 0$时，$y=\frac{1+2x}{x}$是无穷大．

令$M=10^4$，取$\delta=\frac{1}{10^4+2}$，则当$0<|x-0|=|x|<\frac{1}{10^4+2}$时就能使$|y|>10^4$成立．

注意：这里先对$|f(x)|=\left|\frac{1+2x}{x}\right|$进行等价变形，再加以适当缩小，令缩小得到的量小于$M$，在此基础上得到$\delta$. 利用定义证明函数在某一变化过程中为无穷大时多采用该方法．

6.4.3 无穷小的比较

从以上分析可知，两个无穷小的和、差以及乘积均为无穷小，并未对两个无穷小的商进行探讨．具体而言，两个无穷小的商存在多种可能，例如，当$x\to 0$时，$2x,x^2,\sin x$均为无穷小，然而

$$\lim_{x\to 0}\frac{x^2}{2x}=0,\lim_{x\to 0}\frac{2x}{x^2}=\infty,\lim_{x\to 0}\frac{\sin x}{2x}=\frac{1}{2}.$$

从本质上而言，无穷小是比较两个函数在自变量趋近于某一点时，它们的极限值的相对大小关系．

定义 6.4.4 设$\alpha(x)$和$\beta(x)$在$x\to x_0$时都趋于0，则称$\alpha(x)$和$\beta(x)$为无穷小．当$\beta(x)\neq 0$时，有以下几种情况：若$\lim_{x\to x_0}\frac{\alpha(x)}{\beta(x)}=0$，则称$\alpha(x)$是比$\beta(x)$高阶的无穷小，记作$\alpha(x)=o(\beta(x))$；若$\lim_{x\to x_0}\frac{\alpha(x)}{\beta(x)}=1$，则称$\alpha(x)$和$\beta(x)$是等阶无穷小，记作$\alpha(x)\sim\beta(x)$；若$\lim_{x\to x_0}\frac{\alpha(x)}{\beta(x)}=\infty$，则

称 $\alpha(x)$ 是比 $\beta(x)$ 低阶的无穷小；若 $\lim\limits_{x\to x_0}\dfrac{\alpha(x)}{\beta(x)}=b\neq 0$，则称 $\alpha(x)$ 与 $\beta(x)$ 是同阶无穷小；若 $\lim\limits_{x\to x_0}\dfrac{\alpha(x)}{[\beta(x)]^k}=b\neq 0$，$k>0$，则称 $\alpha(x)$ 是关于 $\beta(x)$ 的 k 阶无穷小．

无穷小的比较定义可以用来比较两个无穷小的相对大小，从而简化某些极限运算．例如，在计算某些复杂极限时，可以通过无穷小比较来判断某些项是否可以忽略，从而简化计算过程．

定理 6.4.5　$\beta(x)$ 与 $\alpha(x)$ 是等价无穷小的充分必要条件是

$$\beta(x)=\alpha(x)+o(\alpha(x)).$$

证明：以 $x\to x_0$ 为例进行证明．

必要性：设 $\alpha(x)\sim\beta(x)$，即

$$\lim_{x\to x_0}\frac{\beta(x)-\alpha(x)}{\alpha(x)}=\lim_{x\to x_0}\left[\frac{\beta(x)}{\alpha(x)}-1\right]=\lim_{x\to x_0}\frac{\beta(x)}{\alpha(x)}-1=0,$$

那么

$$\beta(x)-\alpha(x)=o(\alpha(x)),$$

还能表示为

$$\beta(x)=\alpha(x)+o(\alpha(x)).$$

充分性，设 $\beta(x)=\alpha(x)+o(\alpha(x))$，即

$$\lim_{x\to x_0}\frac{\beta(x)}{\alpha(x)}=\lim_{x\to x_0}\frac{\alpha(x)+o(\alpha(x))}{\alpha(x)}=\lim_{x\to x_0}\left[1+\frac{o(\alpha(x))}{\alpha(x)}\right]=1,$$

从而 $\alpha(x)\sim\beta(x)$．

由定理 6.4.5 可知，当 $x\to 0$ 时，$\sin x\sim x$，$\tan x\sim x$，$\arcsin x\sim x$，$1-\cos x\sim\dfrac{x^2}{2}$，则当 $x\to 0$ 时，有

$$\sin x=x+o(x),\ \tan x=x+o(x),\ \arcsin x=x+o(x),\ 1-\cos x=\frac{x^2}{2}+o(x^2).$$

定理 6.4.6（等价无穷小替换原理）　设 $\alpha(x)$，$\beta(x)$，$\alpha'(x)$，$\beta'(x)$ 在 x 的相同变化趋势中均趋于 0，且 $\alpha(x)\sim\alpha'(x)$，$\beta(x)\sim\beta'(x)$，那么

$$\lim\frac{\beta(x)}{\alpha(x)}=\lim\frac{\beta'(x)}{\alpha'(x)}.$$

证明:

$$\lim\frac{\beta(x)}{\alpha(x)}=\lim\left(\frac{\beta(x)}{\beta'(x)}\cdot\frac{\beta'(x)}{\alpha'(x)}\cdot\frac{\alpha'(x)}{(x)}\right)$$

$$=\lim\frac{\beta(x)}{\beta'(x)}\cdot\lim\frac{\beta'(x)}{\alpha'(x)}\cdot\lim\frac{\alpha'(x)}{(x)}$$

$$=\lim\frac{\beta'(x)}{\alpha'(x)}.$$

注意:在某些极限运算中,可以将等价无穷小的函数进行替换,而不改变原极限的值.

例 6.4.4 求极限 $\lim\limits_{x\to 0}\dfrac{\tan x-\sin x}{\sin x^3}$.

解:多次应用等价无穷小代换可得

$$\lim_{x\to 0}\frac{\tan x-\sin x}{\sin x^3}=\lim_{x\to 0}\frac{\tan x-\sin x}{x^3}\left(\sin x^3\sim x^3\right)$$

$$=\lim_{x\to 0}\frac{\sin x(1-\cos x)}{x^3\cos x}$$

$$=\lim_{x\to 0}\frac{x\left(\frac{x^2}{2}\right)}{x^3\cos x}\left(\sin x\sim x,1-\cos x\sim\frac{x^2}{2}\right)$$

$$=\lim_{x\to 0}\frac{1}{2\cos x}=\frac{1}{2}.$$

例 6.4.5 求极限 $\lim\limits_{x\to 0}\dfrac{e^x-1}{x^2+3x}$.

解:当 $x\to 0$ 时, $e^x-1\sim x,x^2+3x\sim x^2+3x$. 所以

$$\lim_{x\to 0}\frac{e^x-1}{x^2+3x}=\lim_{x\to 0}\frac{x}{x^2+3x}=\frac{1}{3}.$$

在此要强调一点:利用等价无穷小替换求极限,一般是乘积或者作商运算时进行整体替换,而在有和或差运算时要慎重,如

$$\lim_{x\to 0}\frac{2\sin x-\sin 2x}{x^3}=\lim_{x\to 0}\frac{2x-2x}{x^3},$$

此计算过程是错误的,正确运算过程为

$$\lim_{x\to 0}\frac{2\sin x-\sin 2x}{x^3}=\lim_{x\to 0}\frac{2\sin x}{x}\cdot\frac{1-\cos x}{x^2}$$

$$=\lim_{x\to 0}\frac{2x}{x}\cdot\frac{\frac{x^2}{2}}{x^2}=2\times\frac{1}{2}=1.$$

第 7 章　导数与微分

导数和微分是微积分中的基本概念,它们描述了函数在某一点处的变化率.导数描述的是函数在某一点处的切线的斜率,而微分则描述了函数在某一点处的变化量与自变量变化量之间的比值.导数的定义可以追溯到微积分学创立者牛顿和莱布尼茨的时代,它被定义为函数在某一点处增量与自变量增量之比的极限.导数的几何意义是函数曲线在某一点处的切线的斜率.在解决物理问题时,导数可以被解释为相关变化率,例如位移关于时间的变化率即为速度.微分则是一个比导数更广泛的概念,它可以看作是导数的扩展.微分描述的是函数在某一点处的局部变化量,它包括了函数值和一阶导数.微分可以用一个线性函数来近似表示原函数在某一点附近的变化,从而为函数的近似计算提供了基础.

导数和微分是微积分中的重要概念,它们被广泛应用于数学、物理、工程等领域.例如,在物理学中,导数可以用来描述速度、加速度、温度等物理量的变化;在经济学中,导数可以用来描述成本、收益、利润等经济指标的变化.

7.1　导数及导函数的性质

7.1.1 导数的定义

导数作为数学分析的重要工具,通过导数可以更好地理解函数的局部行为，研究函数的极值、曲线的切线等问题．这些问题的解决有助于读者更深入地理解实际现象，并为解决实际问题提供重要的数学支持．

定义 7.1.1　设函数 $y=f(x)$ 在点 x_0 的某个邻域内有定义，对于任意实数 $\Delta x\neq 0$，当 $x_0+\Delta x$ 在该邻域内时，函数值增量为 $\Delta y=f(x_0+\Delta x)-f(x_0)$．当 $\Delta x\to 0$ 时，$\dfrac{\Delta y}{\Delta x}$ 的极限存在，则函数 $y=f(x)$ 在点 x_0 处可导，且极限 $\lim\limits_{\Delta x\to 0}\dfrac{\Delta y}{\Delta x}$ 是函数 $y=f(x)$ 在点 x_0 处的导数，记为 $f'(x_0)$，即 $f'(x_0)=\lim\limits_{\Delta x\to 0}\dfrac{\Delta y}{\Delta x}=\lim\limits_{\Delta x\to 0}\dfrac{f(x_0+\Delta x)-f(x_0)}{\Delta x}$，也记 $y'(x_0)$ 或 y'．若极限 $\lim\limits_{\Delta x\to 0}\dfrac{\Delta y}{\Delta x}$ 不存在，则函数 $y=f(x)$ 在点 x_0 处不可导．$\lim\limits_{\Delta x\to 0}\dfrac{\Delta y}{\Delta x}=\infty$ 也称函数 $y=f(x)$ 在点 x_0 处的导数为无穷大．

函数 $y=f(x)$ 在点 x_0 处可导，即 $y=f(x)$ 在点 x_0 具有导数或导数存在．导数定义式形式常见的有

$$f'(x_0)=\lim_{h\to 0}\frac{f(x_0+h)-f(x_0)}{h}，f'(x_0)=\lim_{x\to x_0}\frac{f(x)-f(x_0)}{x-x_0}．$$

定义 7.1.2　若函数 $y=f(x)$ 在开区间 I 中的处处可导，则称函数 $y=f(x)$ 在开区间 I 上可导．当 $\forall x\in I$ 时，有

$$f'(x)=\lim_{\Delta x\to 0}\frac{f(x+\Delta x)-f(x)}{\Delta x} \text{ 或 } f'(x)=\lim_{h\to 0}\frac{f(x+h)-f(x)}{h}．$$

在开区间 I 上定义的新函数 $f'(x)(x\in I)$，为原来的函数 $y=f(x)$ 的导函数，即因变量 y 对自变量 x 的导数，记作 $f(x)$，y'，$\dfrac{\mathrm{d}y}{\mathrm{d}x}$ 或 $\dfrac{\mathrm{d}f(x)}{\mathrm{d}x}$，也可记作 $\dfrac{\mathrm{d}}{\mathrm{d}x}y$ 或 $\dfrac{\mathrm{d}}{\mathrm{d}x}f(x)$．

定义 7.1.3　若函数 $y=f(x)$ 的导数 $y'=f'(x)$ 是 x 的函数，则对 x 求导，即导数的导数称为 y 或 $f(x)$ 对 x 的二阶导数，记作 y'' 或 $f''(x)$，或 $\dfrac{\mathrm{d}^2y}{\mathrm{d}x^2}$ 或 $\dfrac{\mathrm{d}^2f(x)}{\mathrm{d}x^2}$，即 $y''=(y')'$ 或 $\dfrac{\mathrm{d}^2y}{\mathrm{d}x^2}=\dfrac{\mathrm{d}}{\mathrm{d}x}\left(\dfrac{\mathrm{d}y}{\mathrm{d}x}\right)$．

二阶导数 y'' 为 x 的函数，对 x 求导，得二阶导数 y'' 的导数，称为 y 对 x 的三阶导数，记作 y''' 或 $f'''(x)$．由此可定义 y 对 x 的四阶导数、五阶导数、……、n 阶导数（n 是大于 1 的正整数），记作 $y^{(n)}$ 或 $f^{(n)}(x)$ 或

$\frac{d^n y}{dx^n}$，表示 y 对 x 的 $(n-1)$ 阶导数 $y^{(n-1)}$ 的导数，即 $y^{(n)}=\left[y^{(n-1)}\right]'$ 或 $\frac{d^n y}{dx^n}=\frac{d}{dx}\left(\frac{d^{n-1}y}{dx^{n-1}}\right)$.

导数 y' 或 $f'(x)$ 称为 x 的一阶导数 . 二阶和二阶以上的导数均称为高阶导数 .

7.1.2 导函数的性质

导函数有下述两个重要性质 .

7.1.2.1 导函数没有第一类间断点

定理 7.1.1（导数极限定理） 若 $f(x)$ 满足下述条件：①在 $(a-\delta, a+\delta)$ 内连续；②在 $(a-\delta,a)$ 及 $(a,a+\delta)$ 内可导；③ $\lim\limits_{x\to a}f'(x)=k$，则 $f(x)$ 在点 a 可导，且 $f'(a)=k$.

证明：在 $[x,a]\subset(a-\delta,a]$ 上用拉格朗日中值定理，有

$$f(x)-f(a)=f'(\xi)(x-a),\xi\in(x,a),$$

$$f'_-(a)=\lim_{x\to a^-}\frac{f'(\xi)(x-a)}{x-a}=\lim_{\xi\to a^-}f'(\xi).$$

因为 $\lim\limits_{x\to a}f'(x)=k$. 所以 $\lim\limits_{\xi\to a^-}f'(\xi)=k$，同理 $f'_+(a)=k$，所以 $f'_-(a)=f'_+(a)=k$，故 $f(x)$ 在 $x=a$ 处可导，且 $f'(a)=k$.

注意：

（1）对于定理的条件，它是充分的，但并非必要的 . 这意味着，当导数存在时，函数的可导性可以得到保证，但反之则不然 . 也就是说，函数的可导性并不一定需要满足定理的所有条件 . 因此，定理的条件虽然对于函数的可导性是充分的，但不是必要的 .

（2）对于导函数在某点 a 的单侧极限不存在的情况，不能直接推断出函数在该点的同侧导数不存在 . 因为导数的定义要求在定义域内每一点都存在左右极限，而单侧极限只是左右极限中的一个特例 . 即使导函数在某点的单侧极限不存在，也不能排除该点同侧导数存在的可能性 .

同样地，如果导函数在某点 a 的极限不存在，也不能推断出函数在该点不可导．因为导数的定义要求在定义域内每一点都存在极限，如果导函数在某点的极限不存在，可能是由于该点处的函数值本身就是无穷大或无定义，这并不影响函数在该点的可导性．因此，不能仅凭导函数在某点的极限不存在就断定函数在该点不可导．

在讨论导数无第一类间断点时，是在导函数在区间内处处可导的前提下进行的．这并不意味着任何函数的导函数在区间内都不存在第一类间断点．例如，对于函数 $f(x)=|x|$，$x=0$ 是该函数 $f'(x)$ 的一个第一类间断点．因此，不能简单地说任何函数的导函数在区间内都不存在第一类间断点．

7.1.2.2 导函数的介值性

定理 7.1.2（达布定理） 若 $f(x)$ 在 $[a,b]$ 上可微，且 $f'(a)\neq f'(b)$，则对 $f'(a)$ 与 $f'(b)$ 之间任一实数 c，$\exists\xi\in(a,b)$，使得 $f'(\xi)=c$．

证明：（1）若 $f'(a)f'(b)<0$，设 $f'(a)<0, f'(b)>0$，则 $\exists\xi\in(a,b)$，使得 $f'(\xi)=0$．事实上，$f'(a)=\lim\limits_{x\to a^+}\dfrac{f(x)-f(a)}{x-a}<0$，$f'(b)=\lim\limits_{x\to b^-}\dfrac{f(x)-f(b)}{x-b}>0$，据极限保号性，$\exists x_1,x_2\in(a,b)$，使 $f(x_1)<f(a), f(x_2)<f(b)$，故 $f(x)$ 在 (a,b) 内某点 ξ 达到它在 $[a,b]$ 上的最小值，由费马定理知 $f'(\xi)=0$．

（2）一般情况下，设 $f'(a)\neq f'(b)$，令 $F(x)=f(x)-cx$，则 $F(x)$ 在 $[a,b]$ 上可微，$F'(a)=f'(a)-c, F'(b)=f'(b)-c$，因 $F'(a)F'(b)<0$．所以 $\exists\xi\in(a,b)$，使得 $F'(\xi)=f'(\xi)-c=0$，即 $f'(\xi)=c$．

尽管导函数不一定是连续的，但它确实具有介值性质．通过将导函数的介值定理（或零点定理）与连续函数的介值定理（或零点定理）进行比较，可以清楚地看到导函数与原函数之间的主要差异．

特别地，导函数的零点定理表明，如果导函数在某个区间内只有一个零点，那么原函数在该零点两侧必须是单调的．换句话说，如果原函数在某个区间内只有一个驻点，并且这个驻点是该区间的极限点，那么这个驻点必定是该区间内的最值点．

7.1.2.3 函数的可导性与连续性

定理 7.1.3 设函数 $y=f(x)$ 在点 x_0 处可导，则在点 x_0 连续 .

证明：设函数 $y=f(x)$ 在点 x_0 可导，有

$$\lim_{\Delta x\to 0}\frac{\Delta y}{\Delta x}=f'(x_0),$$

由极限与无穷小量的关系得

$$\frac{\Delta y}{\Delta x}=f'(x_0)+\alpha,$$

其中，$\alpha\to 0,\Delta x\to 0$. 有

$$\Delta y=f'(x_0)\Delta x+\alpha\Delta x\ ,$$

$$\lim_{\Delta x\to 0}\Delta y=\lim_{\Delta x\to 0}[f'(x_0)\Delta x+\alpha\Delta x]=0\ ,$$

由连续性定义知，函数 $y=f(x)$ 在点 x_0 处连续 .

例 7.1.1 讨论函数 $f(x)=\begin{cases}x^2 & x\geq 1\\ x+1 & x<1\end{cases}$ 在 $x=1$ 处的连续性及可导性 .

解：$\lim\limits_{x\to 1^+}f(x)=\lim\limits_{x\to 1^+}x^2=1,\lim\limits_{x\to 1^-}f(x)=\lim\limits_{x\to 1^-}x+1=2$，左、右极限存在不相等，所以 $f(x)$ 在 $x=1$ 处不连续 .

$$\because f'_+(1)=\lim_{\Delta x\to 0^+}\frac{f(1+\Delta x)-f(1)}{\Delta x}\lim_{\Delta x\to 0^+}\frac{(1+\Delta x)^2-1}{\Delta x}=\lim_{\Delta x\to 0^+}(2+\Delta x)=2,$$

$$f'_-(1)=\lim_{\Delta x\to 0^-}\frac{f(1+\Delta x)-f(1)}{\Delta x}\lim_{\Delta x\to 0^-}\frac{1+\Delta x+1-1}{\Delta x}=\infty\text{，不存在}$$

所以 $f(x)$ 在 $x=1$ 处不可导 .

例 7.1.2 当 a 为何值时，$f(x)=\begin{cases}x^\alpha\sin\dfrac{1}{x}, & x\neq 0\\ 0, & x=0\end{cases}$ 在 x=0 处连续、可导 .

解：当 a>0 时，

$$\lim_{x\to 0}f(x)=\lim_{x\to 0}x^\alpha\sin\frac{1}{x}=0=f(0),$$

故 $f(x)$ 在 x=0 处连续 .

由于当 $a\leqslant 0$ 时上式极限不存在，则 $f(x)$ 在 x=0 处不连续，当然也不可导 .

又因

$$\lim_{x\to 0}\frac{f(x)-f(0)}{x}=\lim_{x\to 0}\frac{x^{\alpha}\sin\frac{1}{x}}{x}=\lim_{x\to 0}x^{\alpha-1}\sin\frac{1}{x},$$

故仅当 $a-1>0$，即 $a>1$ 时，上述极限存在且为 0，从而 $f(x)$ 在 $x=0$ 处可导且导数为 0.

例 7.1.3　讨论函数 $y=f(x)=\begin{cases}x\arctan\frac{1}{x}, x\neq 0\\ 0, x=0\end{cases}$ 在 $x=0$ 点的连续性与可导性.

解：因为 $\lim\limits_{x\to 0}x=0$，当 $x\neq 0$ 时，$\left|\arctan\frac{1}{x}\right|<\frac{\pi}{2}$，所以 $\lim\limits_{x\to 0}x\arctan\frac{1}{x}=0$，因此有

$$\lim_{x\to 0}x\arctan\frac{1}{x}=0=f(0),$$

所以，$f(x)$ 在 $x=0$ 点连续. 但是

$$f_{-}'(0)=\lim_{x\to 0^-}\frac{f(x)-f(0)}{x-0}=\lim_{x\to 0^-}\frac{x\arctan\frac{1}{x}}{x}=\lim_{x\to 0^-}\arctan\frac{1}{x}=-\frac{\pi}{2},$$

$$f_{+}'(0)=\lim_{x\to 0^+}\frac{f(x)-f(0)}{x-0}=\lim_{x\to 0^+}\frac{x\arctan\frac{1}{x}}{x}=\lim_{x\to 0^+}\arctan\frac{1}{x}=\frac{\pi}{2},$$

$f_{-}'(0)\neq f_{+}'(0)$，因此函数 $y=f(x)$ 在点 x=0 处不可导.

7.2　导数的计算

以下是函数求导的基本类型和方法：

（1）基于导数的定义进行计算：这是最基本的方法，适用于所有可导的函数. 通过定义可知，导数是函数值随自变量变化的速率. 基于这个定义，就可以计算出任何函数的导数.

（2）利用函数及其运算的性质进行推导：这是一个非常有用的方法，因为它允许利用已知的函数性质来推导导数．例如，线性函数的导数是常数，多项式函数的导数是它的系数等等．

（3）复合函数的导数计算方法：复合函数是由两个或更多的函数组合而成的．要计算复合函数的导数，需要使用链式法则．这个法则告诉我们如何将一个复合函数的导数分解为各个组成部分的导数的乘积．

（4）隐函数的导数计算技巧：隐函数是一类特殊的函数，其自变量和因变量之间的关系不是显而易见的．要计算隐函数的导数，需要使用对数求导法则和链式法则．

（5）反函数的导数求法：反函数是将一个函数的输入和输出互换得到的函数．要计算反函数的导数，需要使用反函数求导法则．这个法则告诉我们如何将反函数的导数表示为其原函数的导数的倒数．

（6）参变量函数的导数求解：参变量函数是指那些含有参数的函数．要计算参变量函数的导数，需要使用参数求导法则．这个法则告诉我们如何将参变量函数的导数表示为其参数的偏导数．

（7）一元函数的高阶导数计算方法：高阶导数是函数的一阶导数的导数．要计算一元函数的高阶导数，需要使用高阶求导法则．这个法则告诉我们如何将一元函数的高阶导数表示为其低阶导数的乘积．

7.2.1 根据导数定义

在许多函数的导数计算中，经常需要通过函数的导数定义来求解．这种情况多出现在无法使用（或不便使用）求导法则和公式的情况下．通过函数的导数定义，可以直接计算出某些简单函数的导数，例如常数函数、幂函数、三角函数等．这些函数在定义域内是处处可导的，因此可以直接使用导数的定义进行计算．

然而，对于一些复杂的函数，如分式函数、指数函数、对数函数等，通常需要使用求导法则和公式来计算其导数．这些法则和公式可以帮助我们将一个复杂的导数问题分解为一些简单的导数问题，从而更容易地求解．有时候可能无法使用这些求导法则和公式，或者使用它们不方便．在这种情况下，可能需要回到导数的定义，直接计算函数的导数．这通常需要我们根据函数的表达式和性质，分析其在各个点的导数，并尝试找到其规律．因此，虽然求导法则和公式是计算导数的常用方法，但在某些情况下，通过函数的导数定义进行计算仍然是必要的．

例 7.2.1　求函数 $f(x)=\dfrac{1}{x}$ 在 $x=x_0\neq 0$ 的导数．

解：

$$\Delta y=f(x_0+\Delta x)-f(x_0)=\frac{1}{x_0+\Delta x}-\frac{1}{x_0}=\frac{-\Delta x}{x_0(x_0+\Delta x)},$$

$$\frac{\Delta y}{\Delta x}=\frac{\dfrac{-\Delta x}{x_0(x_0+\Delta x)}}{\Delta x}=\frac{-1}{x_0(x_0+\Delta x)},$$

因此

$$f'(x_0)=\lim_{\Delta x\to 0}\frac{\Delta y}{\Delta x}=\lim_{\Delta x\to 0}\frac{-1}{x_0(x_0+\Delta x)}=-\frac{1}{x_0^{\ 2}}.$$

例 7.2.2　求函数 $f(x)=\sin x$ 的导函数．

解：

$$\begin{aligned}f'(x)&=\lim_{\Delta x\to 0}\frac{f(x+\Delta x)-f(x)}{\Delta x}=\lim_{\Delta x\to 0}\frac{\sin(x+\Delta x)-\sin x}{\Delta x}\\&=\lim_{\Delta x\to 0}\frac{1}{\Delta x}\cdot 2\cos\left(x+\frac{\Delta x}{2}\right)\sin\frac{\Delta x}{2}\\&=\lim_{\Delta x\to 0}\cos\left(x+\frac{\Delta x}{2}\right)\cdot\frac{\sin\dfrac{\Delta x}{2}}{\dfrac{\Delta x}{2}}\\&=\cos x,\end{aligned}$$

有 $(\sin x)'=\cos x$．

正弦函数的导数是余弦函数．同理可得 $(\cos x)'=-\sin x$．

7.2.2 根据函数及其运算的性质

在求导的过程中，利用基本导数表和函数导数的四则运算性质是至关重要的．基本导数表包含了常见函数的导数公式，如幂函数、三角函数、指数函数等，这些公式为我们提供了快速计算导数的依据．而函数导数的四则运算性质，如加法法则、减法法则、乘法法则和除法法则，则帮助我们将复杂的导数问题简化，使得计算过程更加便捷．

面对一个未知函数的导数时，首先可以尝试在基本导数表中查找是否有对应的公式可用．如果有，直接应用公式即可得出结果．若没有现成的公式可用，则可以利用四则运算性质进行推导．例如，对于两个函数的和与差，可以通过加法法则和减法法则分别求得其导数；对于函数的乘积和商，则可以使用乘法法则和除法法则来求解．

然而，值得注意的是，尽管基本导数表和四则运算性质为我们提供了强大的工具，但在某些情况下，这些方法可能并不适用或不够精确．这时，我们需要回归到导数的定义，通过定义来直接计算函数的导数．

例 7.2.3 求函数 $y=\sqrt{x}\cos x+4\ln x+\sin\frac{\pi}{7}$ 的导数．

解：

$$\begin{aligned}y'&=\left(\sqrt{x}\cos x\right)'+(4\ln x)'+\left(\sin\frac{\pi}{7}\right)'\\&=\left(\sqrt{x}\right)'\cos x+\sqrt{x}\left(\cos x\right)'+4\left(\ln x\right)'\\&=\frac{\cos x}{2\sqrt{x}}-\sqrt{x}\sin x+\frac{4}{x}.\end{aligned}$$

例 7.2.4 求函数 $y=x^3\sin x\ln x$ 的导数．

解：

$$\begin{aligned}y'&=\left(x^3\right)'\sin x\ln x+x^3\left(\sin x\right)'\ln x+x^3\sin x\left(\ln x\right)'\\&=3x^2\sin x\ln x+x^3\cos x\ln x+x^3\frac{1}{x}\sin x\\&=3x^2\sin x\ln x+x^3\cos x\ln x+x^2\sin x.\end{aligned}$$

例 7.2.5　求函数 $y=\tan x$ 的导数 .

解：

$$y'=(\tan x)'=\left(\frac{\sin x}{\cos x}\right)'$$
$$=\frac{(\sin x)'\cos x-\sin x(\cos x)'}{\cos^2 x}$$
$$=\frac{\cos^2 x+\sin^2 x}{\cos^2 x}$$
$$=\frac{1}{\cos^2 x}$$
$$=\sec^2 x.$$

即

$$y'=(\tan x)'=\sec^2 x.$$

7.2.3 复合函数的求导法

复合函数的求导法是微积分中的重要概念 . 当一个函数由多个函数复合而成时，可以通过链式法则来求其导数 . 在实际应用中，需要根据具体函数的表达式和性质，选择合适的求导方法进行计算 .

例 7.2.6　求函数 $y=(x-1)\sqrt{x^2-1}$ 的导数 .

解： 由复合函数的求导法则得

$$y'=(x-1)'\sqrt{x^2-1}+(x-1)\left(\sqrt{x^2-1}\right)'$$
$$=\sqrt{x^2-1}+(x-1)\cdot\frac{1}{2\sqrt{x^2-1}}(x^2-1)'$$
$$=\sqrt{x^2-1}+(x-1)\cdot\frac{2x}{2\sqrt{x^2-1}}$$
$$=\frac{2x^2-x-1}{\sqrt{x^2-1}}.$$

例 7.2.7　求函数 $y=\ln\left(x+\sqrt{1+x^2}\right)$ 的导数 .

解： $$y'=\frac{1}{x+\sqrt{1+x^2}}\cdot\left(x+\sqrt{1+x^2}\right)'$$

$$=\frac{1}{x+\sqrt{1+x^2}}\cdot\left[1+\frac{1}{2\sqrt{1+x^2}}\cdot\left(1+x^2\right)'\right]$$

$$=\frac{1}{x+\sqrt{1+x^2}}\cdot\left(1+\frac{2x}{2\sqrt{1+x^2}}\right)$$

$$=\frac{1}{\sqrt{1+x^2}}.$$

7.2.4 隐函数的求导法

隐函数 $F(x,y)=0$ 的求导方法是先把方程 $F(x,y)=0$ 两边对 x 求导，然后解出 y'.

例 7.2.8 求 $y=x^{\sin x}(x>0)$ 的导数 .

解： 为了求幂指函数的导数，先在等式两边取对数，得

$$\ln y=\sin x\cdot\ln x.$$

两边对 x 求导，注意 $y=y(x)$，得

$$\frac{1}{y}y'=\cos x\cdot\ln x+\sin x\cdot\frac{1}{x},$$

于是

$$y'=y\left(\cos x\cdot\ln x+\frac{\sin x}{x}\right)=x^{\sin x}\left(\cos x\cdot\ln x+\frac{\sin x}{x}\right).$$

对于幂指函数

$$y=\left[u(x)\right]^{v(x)}\left(u>0\right).$$

若 $u=u(x)$、$v=v(x)$ 可导，则可像例 7.2.8 那样利用对数求导法求出幂指函数的导数 .

7.2.5 反函数的求导法

反函数的求导方法通常可以通过前述的求导法则和公式来进行 . 这

里将通过两个具体的例子来说明反函数的求导方法．在实际应用中，需要根据具体函数的反函数形式，选择合适的求导方法进行计算．

例 7.2.9 求 $y=\arcsin x$ 的导数．

解： 已知 $y=\arcsin x$ 是 $x=\sin y$ 的反函数，$x=\sin y$ 在区间 $\left(-\frac{\pi}{2},\frac{\pi}{2}\right)$ 内单调、可导，且 $\frac{\mathrm{d}x}{\mathrm{d}y}=\cos y>0$．由反函数求导法则得

$$y'=\frac{1}{\frac{\mathrm{d}x}{\mathrm{d}y}}=\frac{1}{\cos y}=\frac{1}{\sqrt{1-\sin^2 y}}=\frac{1}{\sqrt{1-x^2}}.$$

即

$$(\arcsin x)'=\frac{1}{\sqrt{1-x^2}}.$$

同样，可得反余弦函数的导数公式

$$(\arccos x)'=-\frac{1}{\sqrt{1-x^2}}.$$

7.2.6 参变量函数求导法

对于参变量函数的求导问题，只需要按照前面介绍的方法进行操作．现在，通过几个例子来说明参变量函数的求导方法．在实际应用中，需要根据具体函数的表达式和参数个数，选择合适的求导方法进行计算．

例 7.2.10 求由参数方程 $\begin{cases}x=t-\sin t\\ y=1-\cos t\end{cases}$ 所确定的函数 $y=y(x)$ 的一阶、二阶导数．

解：

$$\frac{\mathrm{d}y}{\mathrm{d}x}=\frac{(1-\cos t)'}{(t-\sin t)'}=\frac{\sin t}{1-\cos t},$$

$$\frac{\mathrm{d}^2y}{\mathrm{d}x^2}=\left(\frac{\sin t}{1-\cos t}\right)'\cdot\frac{1}{(t-\sin t)'}$$
$$=\frac{-1}{1-\cos t}\cdot\frac{1}{1-\cos t}=-\frac{1}{(1-\cos t)^2}.$$

7.2.7 一元函数的高阶导数求法

一元函数的高阶导数求法确实多种多样，技巧性较强．为了更好地理解和应用，可以将其归纳为以下几种主要方法．

（1）根据定义计算：对于一些简单的一元函数，可以直接根据导数的定义来计算高阶导数．例如，对于多项式函数，可以逐项对其求导，直到达到所需的阶数．但这种方法只适用于那些表达式较为简单的一元函数．

（2）根据莱布尼兹（Leibniz）公式计算：这是一个强大的工具，允许我们计算复合函数的高阶导数．通过莱布尼兹公式，可以将一个复合函数的高阶导数表示为其各组成部分的一阶导数的组合形式．这大大简化了高阶导数的计算过程．

（3）利用数学归纳法计算：对于一些难以直接求导的复杂函数，数学归纳法提供了一个有效的解决方案．这种方法基于数学归纳法的原理，通过假设某一阶导数已知，然后利用这个假设来推导更高阶的导数．

一元函数的高阶导数求法有多种，选择哪种方法取决于具体的问题和函数的性质．在实际应用中，我们需要根据具体情况灵活运用这些方法，以准确、高效地计算出所需的高阶导数．

举例如下：

（1）根据定义计算

由于导数是描述函数局部行为的工具，因此在某些情况下，为了研究函数在某一点的导数情况，需要根据导数的定义来直接计算．这可能涉及分析该点的切线斜率或函数值的变化率，以深入了解该点的局部性质．直接使用导数定义可以确保我们获得最准确和最直接的结果，尤其是在处理复杂函数或需要高精度结果的情况下．因此，尽管有许多方法可以求导，但在某些特定情况下，根据导数定义进行计算仍然是非常重要和有必要的．

例 7.2.11　求函数 $y=x^2(1+\ln x)$ 的二阶导数 .

解：

$$\begin{aligned} y' &= \left[x^2(1+\ln x)\right]' \\ &= \left(x^2\right)'(1+\ln x)+x^2(1+\ln x)' \\ &= 2x(1+\ln x)+x^2\cdot\frac{1}{x} \\ &= 3x+2x\ln x, \end{aligned}$$

$$y''=(3x+2x\ln x)'=3+2\ln x+2x\cdot\frac{1}{x}=5+2\ln x.$$

（2）根据莱布尼兹（Leibniz）公式计算

定义 7.2.1　设 $u(x)$, $v(x)$ 存在 n 阶导数，则

$$(uv)^{(n)}=\sum_{k=0}^{n}\mathrm{C}_n^k u^{(n-k)}(v)^{(k)},$$

其中，$u^{(0)}=u, \mathrm{C}_n^k=\dfrac{n!}{k!(n-k)!}$，规定 $0!=1$. 这个公式即为 Leibniz 公式 .

例 7.2.12　$y=x^2\mathrm{e}^{2x}$，求 $y^{(20)}$.

解：设 $u=\mathrm{e}^{2x}, v=x^2$，那么有

$$u^{(k)}=2^k\mathrm{e}^{2x}, k=1,2,3,\cdots,20,,$$

$$v'=2x,\ v''=2,\ v^{(k)}=0, k=3,4,4\cdots,20,$$

代入莱布尼茨公式可得

$$\begin{aligned} y^{(20)} &= \left(x^2\mathrm{e}^{2x}\right)^{(20)} \\ &= 2^{20}\mathrm{e}^{2x}\cdot x^2+20\cdot 2^{19}\mathrm{e}^{2x}\cdot 2x+\frac{20\cdot 19}{2!}2^8\mathrm{e}^{2x}\cdot 2 \\ &= 2^{20}\mathrm{e}^{2x}\left(x^2+20x+95\right). \end{aligned}$$

（3）利用数学归纳法计算

在利用数学归纳法求函数的高阶导数时，通常首先尝试找出其表达式的规律 . 这一步是至关重要的，因为它能帮助我们理解函数的高阶导数是如何变化的 . 一旦找到了规律，就可以使用数学归纳法来进行证明 . 数学归纳法是一个强大的工具，它允许通过证明一个基础步骤和一个归纳步骤来证明一个命题对所有自然数成立 . 在这个情境下，基础步

骤通常是证明高阶导数在某一特定点处的值，而归纳步骤则是利用这个基础步骤来证明高阶导数的表达式规律．通过这种方式，可以确信函数的高阶导数满足预期的规律，从而完成证明．

例 7.2.13 设 $y=\mathrm{e}^{ax}\sin bx$（a,b 为常数），求 $y^{(n)}$.

解：根据高阶导数的定义，逐阶求导可得

$$
\begin{aligned}
y' &= a\mathrm{e}^{ax}\sin bx + b\mathrm{e}^{ax}\cos bx \\
&= \mathrm{e}^{ax}\left(a\sin bx + b\cos bx\right) \\
&= \mathrm{e}^{ax}\cdot\sqrt{a^2+b^2}\sin\left(bx+\varphi\right), \varphi = \arctan\frac{b}{a},
\end{aligned}
$$

$$
\begin{aligned}
y'' &= \sqrt{a^2+b^2}\cdot\left[a\mathrm{e}^{ax}\sin\left(bx+\varphi\right)+b\mathrm{e}^{ax}\cos\left(bx+\varphi\right)\right] \\
&= \sqrt{a^2+b^2}\cdot\mathrm{e}^{ax}\cdot\sqrt{a^2+b^2}\sin\left(bx+2\varphi\right),
\end{aligned}
$$

$$\vdots$$

$$y^{(n)} = \left(a^2+b^2\right)^{\frac{\pi}{2}}\cdot\mathrm{e}^{ax}\sin\left(bx+n\varphi\right)\cdot$$

7.3 微分及其在近似计算中的应用

定义 7.3.1 设函数 $y=f\left(x\right)$ 在 x_0 点的一个邻域中有定义，Δx 是 x 在 x_0 点的增量，且 $x_0+\Delta x$ 处于该邻域中，当 $\Delta x\to 0$ 时，函数相应的增量 $\Delta y = f\left(x_0+\Delta x\right)-f\left(x_0\right)$ 表示为 $\Delta y = A\Delta x + o\left(\Delta x\right)$，其中，$A$ 是仅依赖于 x_0 而与 Δx 无关的常数，$o\left(\Delta x\right)$ 是比 Δx 高阶的无穷小量，则称函数 $y=f\left(x\right)$ 在点 x_0 处可微，称 $A\Delta x$ 为 $y=f\left(x\right)$ 在点 x_0 相应于自变量增量 Δx 的微分，记作 $\mathrm{d}y\big|_{x=x_0}$，$\mathrm{d}f\big|_{x=x_0}$ 或简写为 $\mathrm{d}y,\mathrm{d}f$，即 $\mathrm{d}y\big|_{x=x_0} = A\Delta x$．

定理 7.3.1 函数 $y=f\left(x\right)$ 在 x_0 点可微的充分必要的条件：$y=f\left(x\right)$ 在点 x_0 可导，且有 $\mathrm{d}y\big|_{x=x_0} = f'\left(x_0\right)\Delta x$.

若函数 $y=f(x)$ 在区间 I 内处处可导，则 $\exists x\in I$，有 $\mathrm{d}y = f'\left(x\right)\mathrm{d}x$，称为

函数的微分，即 $\frac{dy}{dx}=f'(x)$.

通过微分可以更好地理解函数的局部行为，并使用线性函数来近似表示非线性函数．这种近似方法在解决实际问题时非常有效，因为误差可以被合理控制，并且计算过程相对简单．

如果函数 $y=f(x)$ 在点 x_0 处的导数 $f'(x_0)\neq 0$ ，且 $|\Delta x|$ 很小时，有 $\Delta y\approx dy=f'(x_0)\Delta x$ ，即 $f(x_0+\Delta x)-f(x_0)\approx f'(x_0)\Delta x$ 或 $f(x_0+\Delta x)\approx f(x_0)+f'(x_0)\Delta x$ ．若令 $x=x_0+\Delta x$ ，即 $\Delta x=x-x_0$ ，则 $f(x)\approx f(x_0)+f'(x_0)(x-x_0)$ ．在 x_0 附近局部线性逼近，即可以用切线上的点近似代替曲线上的点．

当 $f(x_0)$ 与 $f'(x_0)$ 容易计算时，可通过 $f(x)\approx f(x_0)+f'(x_0)(x-x_0)$ 近似得到 $f(x)$ 的值．当 $x_0=0$ 时，有 $f(x)\approx f(0)+f'(0)x$ ．其中，$f(x)$ 在点 $x_0=0$ 处可微，$|x|$ 充分小．

例如，取 $f(x)$ 为 $(1+x)^{\alpha}$ ，e^x ，$\ln(1+x)$ ，$\sin x$ ，$\tan x$ 可得到一系列重要的近似计算公式．

例 7.3.1 证明当 $|x|$ 很小时，有 $\sqrt[n]{1+x}\approx 1+\frac{1}{n}x$.

证明：令 $f(x)=\sqrt[n]{1+x}$ ，于是

$$f'(x)=\frac{1}{n}(1+x)^{\frac{1}{n}-1}.$$

$$f(0)=1, f'(0)=\frac{1}{n},$$

代入 $f(x)\approx f(0)+f'(0)x$ ，即得到

$$\sqrt[n]{1+x}\approx 1+\frac{1}{n}x.$$

类似的，当 $|x|$ 很小时，可得以下近似式：$e^x\approx 1+x, \ln(1+x)\approx x$ 等．

例 7.3.2 求 $\sqrt[4]{82}$ 的近似值（精确到 0.001 ）.

解：方法一：令 $f(x)=\sqrt[4]{x}$ ，则 $f'(x)=\frac{1}{4}x^{-\frac{3}{4}}$ ，设 $x_0=81$ ，$\Delta x=1$ ，即

$$\sqrt[4]{82}=f(81+1)\approx f(81)+f'(81)\cdot 1=3+\frac{1}{4}x^{-\frac{3}{4}}\Big|_{x=81}\cdot 1=3+\frac{1}{108}\approx 3.009.$$

方法二：有公式 $\sqrt[n]{1+x}\approx 1+\frac{1}{n}x$（当 $x\to 0$ 时）

$$\sqrt[4]{82}=\sqrt[4]{81\left(1+\frac{1}{81}\right)}=3\sqrt[4]{1+\frac{1}{81}}=3\left(1+\frac{1}{4}\cdot\frac{1}{81}\right)=3+\frac{1}{108}\approx 3.009.$$

7.4 微分中值定理的应用

7.4.1 罗尔定理

引理 7.4.1（费马引理） 设函数 $y=f(x)$ 在点 x_0 的一个邻域 $U(x_0)$ 上有定义，并在 x_0 点可导 . 若

$$f(x)\ge f(x_0)\left(\text{或} f(x)\le f(x_0)\right)\left(\forall x\in U(x_0)\right),$$

则

$$f'(x_0)=0.$$

点 $P_0(x_0, f(x_0))$ 位于曲线 C：$y=f(x)\left(x\in U(x_0)\right)$ 的“谷底”（或“峰顶”）（图 7-1），这时 C 在点 P_0 的切线必是水平的 .

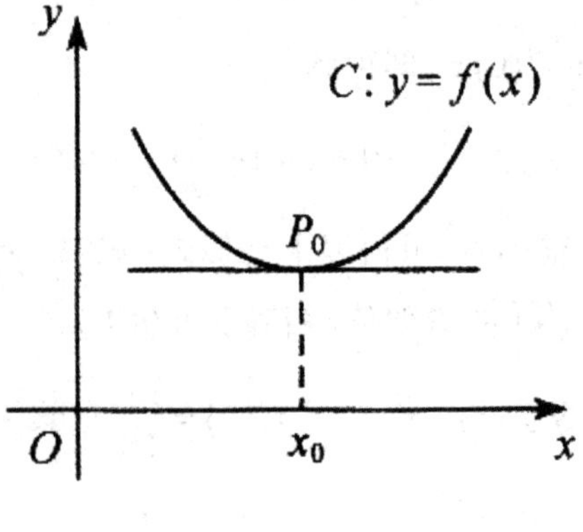

图 7-1

证明：设自变量 x 在点 x_0 有改变量 Δx，$x_0+\Delta x\in U(x_0)$，假设

$f(x_0+\Delta x) \geq f(x_0)$，从而函数 $f(x)$ 相应的增量

$$\Delta y = f(x_0 + \Delta x) - f(x_0) \geq 0,$$

当 $\Delta x > 0$ 时 $\dfrac{\Delta y}{\Delta x} \geqslant 0$，当 $\Delta x < 0$ 时 $\dfrac{\Delta y}{\Delta x} \leqslant 0$. 由极限的保号性质得到

$$f_+'(x_0) = \lim_{\Delta x \to 0^+} \frac{\Delta y}{\Delta x} \geqslant 0, f_-'(x_0) = \lim_{\Delta x \to 0^-} \frac{\Delta y}{\Delta x} \leqslant 0.$$

因为 $f(x)$ 在点 x_0 可导，故在点 x_0 的导数

$$f'(x_0) = f_+'(x_0) = f_-'(x_0),$$

所以必有 $f'(x_0) = 0$.

对于 $f(x) \leqslant f(x_0)(\forall x \in U(x_0))$ 的情形，这里不做证明 .

费马引理中提到的点是函数 $f(x)$ 的稳定点或临界点，因为该点的导数等于零 . 换句话说，这个点是函数 $f(x)$ 在其定义域内的一个特殊位置，因为它的斜率为零，这使得它成为函数行为变化的潜在位置 . 因此，也可以说费马引理中的点 x_0 是函数 $f(x)$ 的拐点或极值点，因为这些点在函数的图形上表示了形状或方向的变化 . 无论采用哪种表达方式，其核心意义是相同的，即导数 $f(x)$ 等于零的点对于函数的行为具有重要的意义 .

定理 7.4.1（罗尔定理） 设函数 $y = f(x)$ 在 $[a,b]$ 上连续，在 (a,b) 上可导，且 $f(a) = f(b)$，则 $\exists \xi \in (a,b)$，使得 $f'(\xi) = 0$.

如果光滑曲线 Γ: $y=f(x)(x \in [a,b])$ 的两个端点 A 和 B 等高，即其连线 AB 是: 水平的，则在 Γ 上必有一点 $C(\xi, f(\xi))(\xi \in (a,b))$，$\Gamma$ 在 C 点的切线是水平的（图 7-2）.

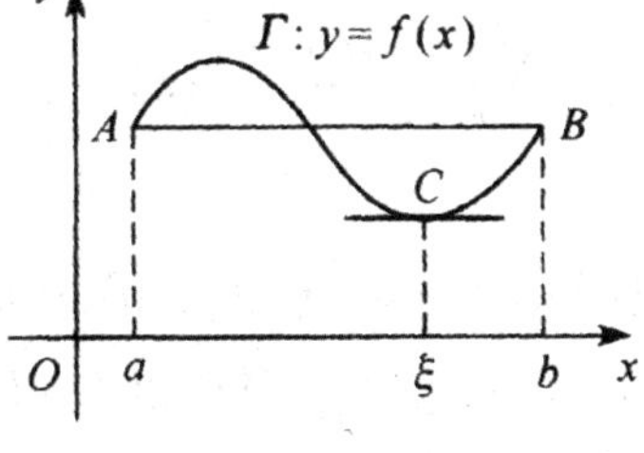

图 7–2

从几何角度来看，当曲线或直线段 AB 处于某一状态时，其上任意一点的切线都是水平的 . 这表示曲线在该点处的斜率为零，使得切线与

x 轴平行．这种情况在数学分析和微积分中具有重要的应用，因为它是研究函数行为和变化的关键点．若 Γ 不是直线段，则 Γ 必有“谷底”或“峰顶”，设这样的点为 $C(\xi, f(\xi))$，则 $\xi \in (a,b)$，且由费马引理，必有 $f'(\xi)=0.$

证明定理的过程实际上是对上述几何事实的逻辑推导和解析表述．这里我们不再赘述具体的证明过程，因为证明的细节和推导涉及一些复杂的数学概念和技巧．然而，重要的是要理解定理的证明是如何通过逻辑推理和解析表达来揭示和阐述几何事实的本质的．

罗尔定理在数学理论中占有重要地位．这个定理为研究函数的性质和行为提供了基础，帮助我们更好地理解函数的内在规律和变化特征．虽然罗尔定理没有给出具体的驻点数量或确定方法，但它为我们提供了一个探索函数行为的重要工具，激发了后续的数学研究和探索．

7.4.2 拉格朗日中值定理

拉格朗日中值定理拓展了罗尔定理的应用范围，如果一个函数在闭区间上连续，在开区间上可导，则在这个区间内至少存在一个点，使得函数的导数等于该点的函数值与区间另一端点函数值的商．这个定理的证明涉及更复杂的数学概念和技巧，但它的应用范围更广，能够解决更多类型的问题．因此，去掉罗尔定理的条件，从而得到拉格朗日中值定理，是数学发展中一个重要的步骤．

定理 7.4.2[拉格朗日（Lagrange）中值定理]　设函数 $f(x)$ 在 $[a,b]$ 上连续，在 (a,b) 可导，则 $\exists \xi \in (a,b)$，使得

$$\frac{f(b)-f(a)}{b-a}=f'(\xi), \tag{7.4.1}$$

或

$$f(b)-f(a)=f'(\xi)(b-a)\,(a<\xi<b). \tag{7.4.2}$$

对于曲线 Γ：$y=f(x)\ (x\in[a,b])$，其端点为 $A(a,f(a))$ 和 $B(b,f(b))$，式（7.4.1）的左边表示弦 AB 的斜率，右边表示 Γ 在点 $C(\xi,f(\xi))$ 的切线的斜率（图 7-4），式（7.4.1）表明这切线与直线 AB 平行．由于 Γ 是光滑的连续曲线，这样的点 C 一定存在．

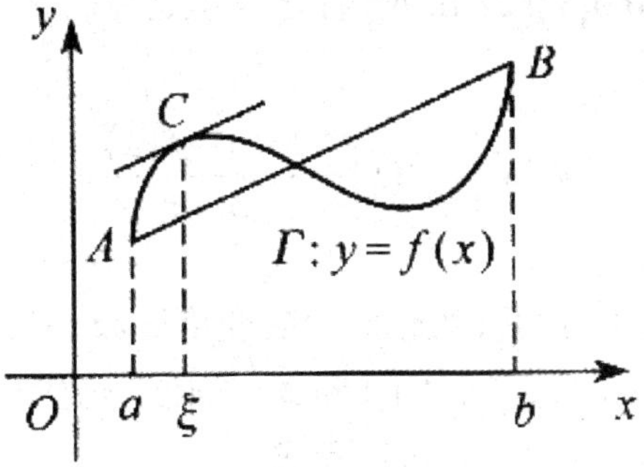

图 7–4

当函数在闭区间上满足特定条件时，可以应用罗尔定理或拉格朗日中值定理．罗尔定理的条件是函数在闭区间的端点取值相等，而拉格朗日中值定理的条件是函数在开区间内可导．在某些情况下，可以利用罗尔定理来证明拉格朗日中值定理，将更一般的形式转化为特殊形式．因此，可以说罗尔定理是拉格朗日中值定理的特殊情况．

证明：根据罗尔定理，这个差函数在闭区间上至少存在一个驻点，即存在一个点，使得差函数的导数等于零．然后我们可以利用这个驻点来证明拉格朗日中值定理．具体来说，可以将差函数在驻点处的导数等于零转化为两个函数在该点的导数之间的关系，从而证明拉格朗日中值定理．

从直线 AB 的方程

$$y-f(a)=\frac{f(b)-f(a)}{b-a}(x-a),$$

或

$$y=f(a)+\frac{f(b)-f(a)}{b-a}(x-a),$$

作新的函数

$$\varphi(x)=f(x)-\left[f(a)+\frac{f(b)-f(a)}{b-a}(x-a)\right].$$

显然 $\varphi(x)$ 在 $[a,b]$ 上连续，在 (a,b) 上可导，其导数为

$$\varphi'(x)=f'(x)-\frac{f(b)-f(a)}{b-a},$$

且 $\varphi(a)=0,\varphi(b)=0.\varphi(x)\left(x\in[a,b]\right)$ 符合罗尔定理的条件，所以 $\exists\xi\in(a,b)$ 使得

$$\varphi'(x)=f'(x)-\frac{f(b)-f(a)}{b-a},$$

这就得到式(7.4.1).

如果将式(7.4.1)或式(7.4.2)中的变量 a 和 b 互换，公式仍然保持不变．因此，当 $b<a$ 时，式(7.4.1)和式(7.4.2)仍然成立．这两个公式被称为拉格朗日中值公式．它也可写成

$$f(x_2)-f(x_1)=f'(\xi)(x_2-x_1)\ (x_1<\xi<x_2) \quad (7.4.3)$$

拉格朗日定理适用于各种类型的函数，这使得它在数学和物理等多个领域中都有广泛的应用．有时，它也被称为微分中值定理，以强调它在连接函数和其导数之间的作用．与罗尔定理类似，拉格朗日中值定理证明了存在满足式(7.4.1)的中值 ξ，但它没有提供具体找到这个中值的方法，也没有说明这样的中值有多少个．尽管如此，拉格朗日定理在数学理论中占据了重要的地位．它不仅帮助我们理解函数的局部行为，而且为我们提供了研究函数整体性质的工具．因此，拉格朗日定理是微积分学中的基本定理之一，对于深入理解函数的性质和行为至关重要．

推论 7.4.1 如果函数 $f(x)$ 在区间 I 上的导数恒等于零，则 $f(x)$ 在 I 上是一个常数．

证明：由假设，$f(x)$ 在 I 上满足拉格朗日定理的条件．任取 $x_1, x_2\in I$，$x_1<x_2$，由式(7.4.3)，有

$$f(x_2)-f(x_1)=f'(\xi)(x_2-x_1)\ \ (x_1<\xi<x_2).$$

根据假设，$f'(x)=0\ (\forall\, x\in I)$，从而 $f'(\xi)=0$，由此

$$f(x_2)-f(x_1)=0,$$

即 $f(x_2)=f(x_1)$．这说明 $f(x)$ 在 I 中任意两点的函数值总相等，所以在 I 上 $f(x)$ 是一个常数．

如果一个函数的导数在某一点等于零，那么该点必然是满足拉格朗日中值定理条件的 ξ 中值．这个推论在数学分析中具有深远的意义．它为我们提供了一个重要的工具，可以帮助我们更好地理解函数的局部行为和整体性质．当我们遇到一个函数，其导数在某一点等于零时，可以利用拉格朗日中值定理来研究该函数的性质．这不仅可以帮助我们解

决一些复杂的数学问题，而且还可以在物理学、工程学等其他领域中发挥重要作用．因此，拉格朗日中值定理作为一个基本的数学定理，对于数学研究和应用都具有非常重要的价值．所以

$$f'(x)\equiv 0 \Leftrightarrow f(x)=C\text{（常数）}.$$

例 7.4.1　证明： $\arctan x=\arcsin\dfrac{x}{\sqrt{1+x^2}}\,(x\in\mathbf{R})$.

证明： 因为 $(\arctan x)'=\dfrac{1}{1+x^2}$,

$$\left(\arcsin\frac{x}{\sqrt{1+x^2}}\right)'=\frac{1}{\sqrt{1-\dfrac{x^2}{1+x^2}}}\left(\frac{x}{\sqrt{1+x^2}}\right)'$$

$$=\frac{1}{\sqrt{\dfrac{1}{1+x^2}}}\frac{\sqrt{1+x^2}-x\dfrac{x}{\sqrt{1+x^2}}}{1+x^2}=\frac{1}{1+x^2}.$$

所以，对任意的 $x\in\mathbf{R}$,

$$\arctan x=\arcsin\frac{x}{\sqrt{1+x^2}}+C.$$

当 $x=0$ 时，$\arctan x=0$，$\arcsin\dfrac{x}{\sqrt{1+x^2}}=0$，从而 $C=0$. 这就得到要证的等式．

7.4.3 柯西中值定理

拉格朗日中值定理的推广形式为我们提供了更广泛的应用，使我们能够研究更复杂的函数关系和动态系统．通过利用两个函数的拉格朗日中值定理，我们可以深入了解函数之间的相互作用和变化规律，从而更好地解决实际问题和理论问题．这种推广对于数学分析的发展和广泛应用具有重要的意义．

定理 7.4.3（柯西中值定理）　设函数 $f(x)$ 和 $g(x)$ 都在 $[a,b]$ 上连续，在 (a,b) 上可导，且 $g'(x)\neq 0\ \ (\forall\, x\in(a,b))$，则 $\exists\xi\in(a,b)$ 使得

$$\frac{f(b)-f(a)}{g(b)-g(a)}=\frac{f'(\xi)}{g'(\xi)}. \qquad (7.4.4)$$

证明：由拉格朗日定理，在条件 $g'(x)\neq 0$ 下，

$$g(b)-g(a)=g'(\eta)(b-a)\neq 0,\ a<\eta<b$$

作函数

$$f'(\xi)=\frac{f(b)-f(a)}{g(b)-g(a)}g'(\xi).$$

易验证 $F(x)$ 在 $[a,b]$ 上满足罗尔定理条件，存在 $\xi\in(a,b)$ 使得 $F'(\xi)=0$，即

$$f'(\xi)=\frac{f(b)-f(a)}{g(b)-g(a)}g'(\xi).$$

由 $g'(\xi)\neq 0$ 可得式（7.4.4）.

例 7.4.2 设 $b>a>0$，函数 $f(x)$ 在闭区间 $[a,b]$ 上连续，在开区间 (a,b) 内可导，证明存在 $\xi\in(a,b)$ 使得

$$f(\xi)-\xi f'(\xi)=\frac{bf(a)-af(b)}{b-a}.$$

证明：上式可将之改写为

$$\frac{\dfrac{f(a)}{b}-\dfrac{f(b)}{a}}{\dfrac{1}{b}-\dfrac{1}{a}}=f(\xi)-\xi f'(\xi),$$

因此若设 $F(x)=\dfrac{f(x)}{x},G(x)=\dfrac{1}{x}\ (a\leqslant x\leqslant b)$，那么函数 $F(x)$ 和 $G(x)$ 在闭区间 $[a,b]$ 上满足柯西中值定理的条件，因此必存在 $\xi\in(a,b)$ 使得

$$\frac{F(b)-F(a)}{G(b)-G(a)}=\frac{F'(\xi)}{G'(\xi)},$$

且有

$$F'(x)=\frac{xf'(x)-f(x)}{x^2},G'(x)=-\frac{1}{x^2},$$

则

$$\frac{F'(\xi)}{G'(\xi)}=f(\xi)-\xi f'(\xi),$$

又因为

$$\frac{F(b)-F(a)}{G(b)-G(a)}=\frac{bf(a)-af(b)}{b-a},$$

上述结论得证 .

例 7.4.3　设函数 $f(x)$ 和 $g(x)$ 在点 x_0 的某去心领域 $U(x_0)\setminus\{x_0\}$ 内有定义，且满足

（1）$\lim\limits_{x\to x_0} f(x)=\lim\limits_{x\to x_0} g(x)=0$;

（2）$f'(x),g'(x)$ 在 $U(x_0)\setminus\{x_0\}$ 内存在，且 $g'(x_0)\neq 0$;

（3）$\lim\limits_{x\to x_0}\frac{f'(x)}{g'(x)}=A$（或者 ∞ ）.

则有

$$\lim_{x\to x_0}\frac{f(x)}{g(x)}=\lim_{x\to x_0}\frac{f'(x)}{g'(x)}=A\text{（或者 }\infty\text{ ）}.$$

证明：首先作辅助函数

$$F(x)=\begin{cases} f(x), x\in U(x_0)\setminus\{x_0\} \\ 0, \quad x=x_0 \end{cases}.$$

$$G(x)=\begin{cases} g(x), x\in U(x_0)\setminus\{x_0\} \\ 0, \quad x=x_0 \end{cases},$$

从而对任意的 $x\in U(x_0)$ ，在区间 $[x,x_0]$ 或者 $[x_0,x]$ 上，函数 $F(x)$ 和 $G(x)$ 显然满足柯西中值定理条件，因此柯西中值定理有

$$\begin{aligned}\lim_{x\to x_0}\frac{f(x)}{g(x)}=\lim_{x\to x_0}\frac{F(x)}{G(x)}&=\lim_{x\to x_0}\frac{F(x)-F(x_0)}{G(x)-G(x_0)}\\ &=\lim_{\xi\to x_0}\frac{F'(x)}{G'(x)}\\ &=\lim_{\xi\to x_0}\frac{f'(x)}{g'(x)}\\ &=\lim_{x\to x_0}\frac{f'(x)}{g'(x)}=A\text{（或者 }\infty\text{ ）}.\end{aligned}$$

例 7.4.4　设函数 $f(x)$ 在区间$[a,b]$上可导，$0<a<b$ ，证明存在一点 $\xi\in(a,b)$ ，使得

$$f(b)-f(a)=\xi f'(\xi)\ln\frac{b}{a}.$$

证明：由于 $0<a<b$，则在区间 $[a,b]$ 上 $f(x)$、$F(x)=\ln x$ 连续且可导，又因为

$$F'(x)=\frac{1}{x}\neq 0,$$

从而根据柯西中值定理可知至少存在一点 $\xi\in(a,b)$，使得

$$\frac{f(b)-f(a)}{F(b)-F(a)}=\frac{f'(\xi)}{F'(\xi)},$$

即有

$$\frac{f(b)-f(a)}{\ln b-\ln a}=\frac{f'(\xi)}{\frac{1}{\xi}},$$

或者

$$f(b)-f(a)=\xi f'(\xi)\ln\frac{b}{a}.$$

第 8 章　不定积分与定积分

不定积分和定积分都是微积分中的重要概念，也是两种不同的运算，被认为是两种不同的工具(一个是求导逆运算的工具，一个是求给定函数在有限区间里与 x 轴围成图形的面积的定值)．两者的出发点不同，前者是为了求出具有普遍意义的函数，而后者是为了求一个具体函数在具体区间的具体面积．

不定积分，也被称为原函数，是对函数的积分结果的集合，其中每个结果在给定函数上都成立．不定积分解决的是对函数求导的逆运算，即通过求解不定积分获得函数的原函数．不定积分在数学、物理学，以及工程学等领域具有广泛的应用，常见的应用包括求解函数的面积、曲线的长度、物体的质量等．而定积分是一种求和运算，它的原本方法是划分区间，来求各区间面积和的极限，所以这是个运用极限思想的求和运算．但是函数的横坐标乘上纵坐标的无限相加的极限值，也就是函数与 x 轴围成的面积，这个面积关于 x 坐标的函数是函数族(即原函数)中的一种函数．

8.1　不定积分的计算

8.1.1 不定积分的换元积分法

利用基本积分公式和积分的运算性质仍然存在许多无法直接利用基本公式求解的例子，例如 $\int \tan x\mathrm{d}x$ 和 $\sqrt{a^2-x^2}\,\mathrm{d}x$ 等．目前，求解不定积分的两种主要方法——换元积分法可以分为两类：第一类换元积分法（也称为凑微分法）和第二类换元积分法．这两种方法在求解不定积分时各有特点，能够处理不同类型的问题．通过灵活运用这两种方法，可以解决许多看似复杂的积分问题，从而更好地理解和掌握积分的概念和应用．

8.1.1.1 第一类换元积分法

定理 8.1.1 设 $f(u)$ 具有原函数，$u=\varphi(x)$ 可导，则

$$\int f[\varphi(x)]\varphi'(x)\mathrm{d}x=\left[\int f(u)\mathrm{d}u\right]_{u=\varphi(x)}.$$

证明：设 $F(u)$ 为 $f(u)$ 的原函数，则 $\left[\int f(u)\mathrm{d}u\right]_{u=\varphi(x)}=F[\varphi(x)]+C$．由不定积分的定义，只需证明 $\left(F[\varphi(x)]\right)'=f[\varphi(x)]\varphi'(x)$，利用复合函数的求导法则显然成立．

不定积分 $\int f[\varphi(x)]\varphi'(x)\mathrm{d}x$ 是一个整体的记号，形式上被积表达式中的 $\mathrm{d}x$ 也被视为自变量 x 的微分．

凑微分是第一类换元积分法的核心步骤．通过观察被积函数的形式，尝试找到一个合适的函数，使得被积函数可以转化为这个函数的导数．这个过程需要对微积分的基本概念和性质有深入的理解．通过凑微分的方法，可以将一些看似复杂的积分问题转化为更简单的问题．这种方法的关键在于找到合适的新函数，使得被积函数可以转化为这个函数的导数，从而简化积分计算．通过不断练习和积累经验，可以提高凑微分技巧，从而更好地应用第一换元积分法来求解不定积分问题．

例 8.1.1 求 $\int x^2(3x-5)^{100}\mathrm{d}x$．

解：令 $t=3x-5$，即 $x=\frac{1}{3}(t+5)$，$\mathrm{d}x=\frac{1}{3}\mathrm{d}t$，代入原式有

$$\int x^2(3x-5)^{100}\mathrm{d}x=\int\left(\frac{t+5}{3}\right)^2 t^{100}\frac{1}{3}\mathrm{d}t$$
$$=\frac{1}{27}\int(t^{102}+10t^{101}+25t^{100})\,\mathrm{d}t$$
$$=\frac{1}{27}\left(\frac{t^{103}}{103}+\frac{10t^{102}}{102}+\frac{25t^{101}}{101}\right)+C$$
$$=\frac{(3x-5)^{101}}{27}\left[\frac{(3x-5)^2}{103}+\frac{5}{51}(3x-5)+\frac{25}{101}\right]+C.$$

例 8.1.2　求不定积分 $\int\frac{2x-14}{x^2-4x+16}\mathrm{d}x$.

解: 变形可得

$$\int\frac{2x-14}{x^2-4x+16}\mathrm{d}x=\int\frac{\left(x^2-4x+16\right)'-10}{x^2-4x+16}\mathrm{d}x,$$

令 $u=x^2-4x+16$,则

$$\int\frac{\left(x^2-4x+16\right)'-10}{x^2-4x+16}\mathrm{d}x$$
$$=\int\frac{1}{u}\mathrm{d}u-10\int\frac{1}{x^2-4x+16}\mathrm{d}x$$
$$=\ln|u|-10\int\frac{1}{x^2-4x+16}\mathrm{d}x$$
$$=\ln|u|-10\int\frac{1}{(x-2)^2+12}\mathrm{d}(x-2)$$
$$=\ln\left|x^2-4x+16\right|-\frac{5}{\sqrt{3}}\arctan\frac{x-2}{2\sqrt{3}}+C.$$

例 8.1.3　求不定积分 $\int\frac{x}{\sqrt{1+x^2}}\mathrm{e}^{-\sqrt{1+x^2}}\mathrm{d}x$.

解:

$$\int\frac{x}{\sqrt{1+x^2}}\mathrm{e}^{-\sqrt{1+x^2}}\mathrm{d}x=\int\mathrm{e}^{-\sqrt{1+x^2}}\frac{1}{2\sqrt{1+x^2}}\mathrm{d}\left(1+x^2\right)$$
$$=\int\mathrm{e}^{-\sqrt{1+x^2}}\mathrm{d}\sqrt{1+x^2}$$
$$=-\mathrm{e}^{-\sqrt{1+x^2}}+C.$$

例 8.1.4 求不定积分 $\int \cos^2 x \sin x \mathrm{d}x$.

解：由于 $\int \cos^2 x \sin x \mathrm{d}x = -\int \cos^2 x \mathrm{d}\cos x$ ，那么可设 $u = \cos x$ ，因此有

$$\begin{aligned}\int \cos^2 x \sin x \mathrm{d}x &= -\int \cos^2 x (\cos x)' \mathrm{d}x \\ &= -\int u^2 \mathrm{d}u \\ &= -\frac{1}{3}u^3 + C = -\frac{1}{3}\cos^3 x + C.\end{aligned}$$

例 8.1.5 求不定积分 $\int \csc x \mathrm{d}x$.

解：

$$\int \csc x \mathrm{d}x = \int \frac{\mathrm{d}x}{\sin x} = \int \frac{\mathrm{d}x}{2\sin\frac{x}{2}\cos\frac{x}{2}} = \int \frac{\mathrm{d}\frac{x}{2}}{\tan\frac{x}{2}\cos^2\frac{x}{2}}$$

$$= \int \frac{\mathrm{d}\tan\frac{x}{2}}{\tan\frac{x}{2}} = \ln\left|\tan\frac{x}{2}\right| + C.$$

因为

$$\tan\frac{x}{2} = \frac{\sin\frac{x}{2}}{\cos\frac{x}{2}} = \frac{2\sin^2\frac{x}{2}}{\sin x} = \frac{1-\cos x}{\sin x} = \csc x - \cot x,$$

则有

$$\int \csc x \mathrm{d}x = \ln\left|\csc x - \cot x\right| + C \cdot$$

由于

$$\cos x = \sin\left(x + \frac{\pi}{2}\right),$$

可得

$$\int \csc x \mathrm{d}x = \int \frac{1}{\cos x}\mathrm{d}x = \ln\left|\sec x + \tan x\right| + C \cdot$$

8.1.1.2 第二类换元积分法

定理 8.1.2 设 $x = \varphi(t)$ 是单调、可导的函数，且 $\varphi'(t) \neq 0$. 又设

$f[\varphi(t)]\varphi'(t)$ 具有原函数，则

$$\int f(x)\mathrm{d}x=\left[f[\varphi(t)]\varphi'(t)\mathrm{d}u\right]_{t=\varphi^{-1}(x)}.$$

其中，$\varphi^{-1}(x)$ 是 $x=\varphi(t)$ 的反函数．

证明：设 $f[\varphi(t)]\varphi'(t)$ 的原函数为 $\omega(t)$．记 $\omega\left[\varphi^{-1}(x)\right]=F(x)$，利用复合函数及反函数求导则，得到

$$F'(x)=\frac{\mathrm{d}\omega}{\mathrm{d}t}\cdot\frac{\mathrm{d}t}{\mathrm{d}x}=f[\varphi(t)]\varphi'(t)\cdot\frac{1}{\varphi'(t)}=f[\varphi(t)]=f(x),$$

则 $F(x)$ 是 $f(x)$ 的原函数．所以有

$$\int f(x)\mathrm{d}x=F(x)+C=\omega\left[\varphi^{-1}(x)\right]+C=\left[f[\varphi(t)]\varphi'(t)\mathrm{d}u\right]_{t=\varphi^{-1}(x)}.$$

常见的换元法包括三角函数代换法、简单无理函数代换法和倒代换法．这些方法的使用取决于被积函数的形式和性质．

（1）三角函数代换法是第二类换元积分法中常用的一种方法．当被积函数中含有根号时，可以选择适当的三角函数进行代换，将根号消除或简化，从而简化积分计算．

（2）简单无理函数代换法也是一种常用的换元方法．当被积函数中含有简单的无理函数时，可以选择适当的无理函数进行代换，将无理函数转化为有理函数，从而简化积分计算．

（3）倒代换法是一种特殊的换元方法，适用于被积函数中含有分母的情况．通过选择适当的倒代换函数，可以将分母转化为容易处理的表达式，从而简化积分计算．

例 8.1.6　求不定积分 $\int\frac{1}{1+\sqrt[3]{x+2}}\mathrm{d}x$．

解：为了去根号，设 $t=\sqrt[3]{x+2}$，即 $x+2=t^3$，则 $\mathrm{d}x=3t^2\mathrm{d}t$，代入原式得

$$\begin{aligned}\int\frac{1}{1+\sqrt[3]{x+2}}\mathrm{d}x&=3\int\frac{t^2}{1+t}\mathrm{d}t=3\int\frac{t^2-1+1}{1+t}\mathrm{d}t\\&=3\int\left[(t-1)+\frac{1}{1+t}\right]\mathrm{d}t\\&=\frac{3}{2}(t-1)^2+3\ln|t+1|+C.\end{aligned}$$

将 $t=\sqrt[3]{x+2}$ 回代得

$$\int\frac{1}{1+\sqrt[3]{x+2}}\mathrm{d}x=\frac{3}{2}\left(\sqrt[3]{x+2}-1\right)^2+3\ln\left|\sqrt[3]{x+2}+1\right|+C.$$

(1)三角代换法．如果被积函数中含有根号，如 $\sqrt{a^2-x^2}\left(a>0\right)$、$\sqrt{a^2+x^2}\left(a>0\right)$、$\sqrt{x^2-a^2}\left(a>0\right)$，换元时通常会利用三角函数关系式．有一点需要说明的是：如果没有特殊说明，t 为锐角．若被积函数中含有 $\sqrt{a^2-x^2}\left(a>0\right)$，设 $x=a\sin t$，那么 $\sqrt{a^2-x^2}=a\cos t$；若被积函数中含有 $\sqrt{a^2+x^2}\left(a>0\right)$，设 $x=a\tan t$，那么 $\sqrt{a^2+x^2}=a\sec t$；若被积函数中含有 $\sqrt{x^2-a^2}\left(a>0\right)$，设 $x=a\sec t$，那么 $\sqrt{x^2-a^2}=a\tan t$．

例 8.1.7 求不定积分 $\int\frac{1}{\sqrt{a^2+x^2}}\mathrm{d}x,a>0$．

解：设 $x=a\tan t,t\in\left(-\frac{\pi}{2},\frac{\pi}{2}\right)$，如图 8-1 所示，此时 $\mathrm{d}x=a\sec^2 t\mathrm{d}t$，$\sqrt{x^2-a^2}=a\tan t$．则有

$$\begin{aligned}\int\frac{1}{\sqrt{a^2+x^2}}\mathrm{d}x&=\int\frac{a\sec^2 t\mathrm{d}t}{a\sec t}=\int\sec t\mathrm{d}t\\&=\ln\left|\sec t+\tan t\right|+C\\&=\ln\left|\frac{\sqrt{a^2+x^2}}{a}+\frac{x}{a}\right|+C\\&=\ln(x+\sqrt{a^2+x^2})-\ln a+C.\end{aligned}$$

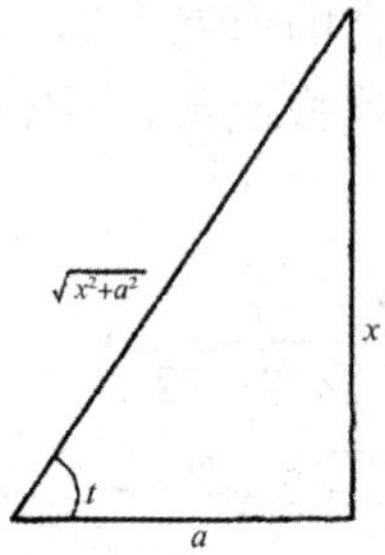

图 8–1

(2)倒代换法．该方法通常适用于被积函数是分式，分子、分母关于 x 的最高次幂分别是 m,n，且 $\left(n-m\right)>1$．解题时可设 $x=\frac{1}{t}$ 或 $t=\frac{1}{x}$．

例 8.1.8 求不定积分 $\int\frac{1}{x^2\sqrt{1+x^2}}\mathrm{d}x$．

解：设 $x=\frac{1}{t}$，那么 $dx=-\frac{1}{t^2}dt$，因此

$$\int\frac{1}{x^2\sqrt{1+x^2}}dx=\int t^2\frac{1}{\sqrt{1+\left(\frac{1}{t}\right)^2}}\left(-\frac{1}{t^2}\right)dt$$

$$=-\int\frac{t}{\sqrt{t^2+1}}dt=-\frac{1}{2}\int\frac{1}{\sqrt{t^2+1}}d\left(t^2+1\right)$$

$$=-\sqrt{t^2+1}+C$$

$$=-\frac{\sqrt{1+x^2}}{x}+C.$$

8.1.2 不定积分的分部积分法

设 $u=u(x)$ 和 $v=v(x)$ 有连续导数 $u'(x)$ 和 $v'(x)$，且有

$$(uv)'=u'v+uv' \tag{8.1.1}$$

或

$$d(uv)=vdu+udv\ . \tag{8.1.2}$$

将式（8.1.1）或式（8.1.2）改写成如下形式：

$$uv'=(uv)'-u'v \tag{8.1.3}$$

或

$$udv=d(uv)-vdu\ . \tag{8.1.4}$$

再对式（8.1.3）或式（8.1.4）两端进行积分，得

$$\int uv'dx=uv-\int vu'dx \tag{8.1.5}$$

或

$$\int udv=uv-\int vdu\ . \tag{8.1.6}$$

式（8.1.5）和式（8.1.6）称为分部积分公式 .

当 $\int uv'dx=\int udv$ 不易求出时，而将 u、v 对调位置后的积分 $\int uv'dx=\int vdu$ 却是容易求出的情况下，可使用该公式 . 至于如何选定 u 和 dv 也是有一定规律的 . 以下总假定 $\int udv$ 不易求出，而 $\int vdu$ 容易求

出．下面通过例题来总结规律．

例 8.1.9 求$\int x\cos x\mathrm{d}x$．

解：令$u=x,\mathrm{d}v=\mathrm{d}\sin x$，则$\mathrm{d}u=\mathrm{d}x,v=\sin x$，于是

$$\int x\cos x\mathrm{d}x=\int x\mathrm{d}(\sin x)=x\sin x-\int\sin x\mathrm{d}x=x\sin x+\cos x+C,$$

若选择$u=\cos x,v'=x$，则$\mathrm{d}u=-\sin x\mathrm{d}x,v=\frac{1}{2}x^2$，于是

$$\int x\cos x\mathrm{d}x=\int\cos\mathrm{d}(\frac{1}{2}x^2)=\frac{1}{2}x^2\cos x+\int\frac{1}{2}x^2\sin x\mathrm{d}x\cdot$$

在应用分部积分公式时，选择合适的u和v是至关重要的．因为分部积分公式是将一个积分转化为两个积分之和，而右端的积分往往比原积分更难求．因此，选择合适的u和v可以简化计算，使问题更容易解决．

例 8.1.10 求$\int x\mathrm{e}^x\mathrm{d}x$.

解：令$u=x,\mathrm{d}v=\mathrm{e}^x\mathrm{d}x$，则$\mathrm{d}u=\mathrm{d}x,v=\mathrm{e}^x$，于是

$$\int x\mathrm{e}^x\mathrm{d}x=\int x\mathrm{d}(\mathrm{e}^x)=x\mathrm{e}^x-\int\mathrm{e}^x\mathrm{d}x=x\mathrm{e}^x-\mathrm{e}^x+C.$$

熟练后可以省去分部积分的替换过程．

通过观察和分析上述两个例子，可以发现，当被积函数是幂函数和正弦函数或余弦函数的乘积，或者幂函数和指数函数的乘积时，分部积分法是一个有效的求解策略．这是因为分部积分法能够将这些复杂的函数形式转化为更容易处理的导数形式．

在这种情况下，一个常见的策略是选择幂函数作为u，因为幂函数的导数更容易计算．然后，我们选择适当的函数作为v，使得v的导数与u相关．通过这种方式，可以利用分部积分公式将原积分转化为更简单的形式，从而更容易地求解问题．

这种策略的应用不仅需要对幂函数、正弦函数、余弦函数和指数函数的导数有深入的理解，而且还需要掌握分部积分公式的应用技巧，能够根据具体情况选择合适的u和v.

通过不断的练习和积累经验，可以提高自己的积分计算能力，更好地应用分部积分法来解决这类积分问题．同时，也可以进一步拓展自己的积分计算技巧和方法，以应对更复杂的积分问题．

8.1.3 有理函数积分法

有理函数的形式通常为：

$$R(x)=\frac{P(x)}{Q(x)}=\frac{a_0x^n+a_1x^{n-1}+\cdots+a_{n-1}x+a_n}{b_0x^m+b_1x^{m-1}+\cdots+b_{m-1}x+b_m} \tag{8.1.7}$$

其中，m、n 都是非负整数，$a_0,a_1,a_2,\cdots,a_n$ 与 $b_0,b_1,b_2,\cdots,b_m$ 都是实数，且 $a_0\neq 0$，$b_0\neq 0$.

（1）需要进行因式分解．首先，需要找到分母的所有根，这可以通过求解方程来实现．然后，可以使用这些根将分母分解为一次因式的乘积．如果分母是一个二次多项式，可以使用二次公式来找到它的根，并进一步将其分解为两个一次因式的乘积．如果分母是一个更高次的多项式，可以使用类似的方法逐步将其分解为一次因式的乘积．通过这种分解方法，可以简化分式，并更容易地找到其积分：

$$Q(x)=b_0(x-a_1)^{\lambda_1}\cdots(x-a_s)^{\lambda_s}(x^2+p_1x+q_1)^{\mu_1}\cdots(x^2+p_tx+q_t)^{\mu_t},$$

其中，$\lambda_i,\mu_i(i=1,2,\cdots,s;j=1,2,\cdots,t)$ 均为自然数，而且 $\sum\limits_{i=1}^{s}\lambda_i+2\sum\limits_{j=1}^{t}\mu_j=m$，$p_j^2-4q_j<0,j=1,2,\cdots,t$.

（2）形如 $(x-a)^k$ 的因式对应的部分分式是

$$\frac{A_1}{x-a}+\frac{A_2}{(x-a)^2}+\cdots+\frac{A_k}{(x-a)^k},$$

形如 $(x+px+q)^k$ 的因式对应的部分分式是

$$\frac{B_1x+C_1}{x^2+px+q}+\frac{B_2x+C_2}{(x^2+px+q)^2}+\cdots+\frac{B_kx+C_k}{(x^2+px+q)^k}.$$

所有部分分式相加等于 $R(x)$，其中 A_i,B_i,C_i 均为待定常数系数．

（3）根据同幂项系数相等的原则，建立关于待定系数的线性方程组．通过解这个方程组，可以找到待定系数的值．具体来说，可以将所有部分分式相加，并使它们具有相同的分母．然后，将得到的分子展开为多项式，并比较各项的系数与原分式的分子系数．这样，可以得到一个关于待定系数的线性方程组．通过解这个方程组，可以找到待定系数的值，从而确定待定系数的取值．通过这种方法，可以确保得到的分式与原分式相等，从而为求解有理真分式的积分提供了一种有效的方法．

例 8.1.11 求$\int\frac{1}{(1+2x)(1+x^2)}\mathrm{d}x$.

解: 因为

$$\frac{1}{(1+2x)(1+x^2)}=\frac{A}{1+2x}+\frac{Bx+C}{1+x^2}$$

$$=\frac{A(1+x^2)+(Bx+C)(1+2x)}{(1+2x)(1+x^2)}$$

$$=\frac{(A+2B)x^2+(B+2C)x+(A+C)}{(1+2x)(1+x^2)},$$

则有

$$\begin{cases}A+2B=0\\B+2C=0\\A+C=1\end{cases},$$

从而解得

$$A=\frac{4}{5},B=-\frac{2}{5},C=\frac{1}{5}.$$

所以

$$\int\frac{1}{(1+2x)(1+x^2)}\mathrm{d}x=\int\left[\frac{\frac{4}{5}}{1+2x}+\frac{-\frac{2}{5}x+\frac{1}{5}}{1+x^2}\right]\mathrm{d}x$$

$$=\frac{4}{5}\int\frac{1}{1+2x}\mathrm{d}x-\frac{2}{5}\int\frac{x}{1+x^2}\mathrm{d}x+\frac{1}{5}\int\frac{1}{1+x^2}\mathrm{d}x$$

$$=\frac{2}{5}\ln|1+2x|-\frac{1}{5}\ln(1+x^2)+\frac{1}{5}\arctan x+C.$$

例 8.1.12 求$\int\frac{x+2}{(2x+1)(x^2+x+1)}\mathrm{d}x$.

解: 因为

$$\frac{x+2}{(2x+1)(x^2+x+1)}=\frac{A}{2x+1}+\frac{Bx+C}{x^2+x+1}$$
$$=\frac{A(x^2+x+1)+(Bx+C)(2x+1)}{(2x+1)(x^2+x+1)}$$
$$=\frac{(A+2B)x^2+(A+B+2C)x+A+C}{(2x+1)(x^2+x+1)}.$$

则有

$$\begin{cases}A+2B=0\\A+B+2C=1\\A+C=2\end{cases},$$

从而解得

$$A=2,B=-1,C=0.$$

所以

$$\int\frac{x+2}{(2x+1)(x^2+x+1)}\mathrm{d}x=\int\left(\frac{2}{2x+1}-\frac{x}{x^2+x+1}\right)\mathrm{d}x$$
$$=\ln|2x+1|-\frac{1}{2}\int\frac{(2x+1)-1}{x^2+x+1}\mathrm{d}x$$
$$=\ln|2x+1|-\frac{1}{2}\int\frac{\mathrm{d}(x^2+x+1)}{x^2+x+1}+\frac{1}{2}\int\frac{1}{\left(x+\frac{1}{2}\right)^2+\frac{3}{4}}\mathrm{d}x$$
$$=\ln|2x+1|-\frac{1}{2}\ln(x^2+x+1)+\frac{1}{\sqrt{3}}\arctan\frac{2x+1}{\sqrt{3}}+C.$$

8.1.4 三角函数有理式的积分

三角函数有理式可以表示为 $R(\sin x,\cos x)$. 对于如何计算不定积分 $\int R(\sin x,\cos x)\mathrm{d}x$. 为了简化计算,可以使用适当的变量替换,将三角函数有理式的积分转化为有理函数的积分 .

首先,观察到不定积分可以被视为一个关于 x 的函数 . 为了简化计算,可以尝试将 x 替换为其他变量,使得积分更容易处理 . 通过适当的变量替换,可以将复杂的三角函数有理式转化为更简单的形式,从而更容易地计算其不定积分 .

常用的变量替换包括正弦和余弦替换、双角替换等．这些替换可以将复杂的三角函数有理式转化为有理函数或有理函数与三角函数的乘积形式．通过这些替换，可以将不定积分转化为更简单的形式，从而更容易地计算其结果．

在计算三角函数有理式的积分时，还需要注意一些特殊情况的处理．例如，当被积函数中含有正弦或余弦函数的平方项时，需要使用二倍角公式进行化简；当被积函数中含有正弦或余弦函数的乘积项时，需要使用乘积化和差公式进行化简．

（1）形如$\int R(\sin x)\cos x\mathrm{d}x$、$\int R(\cos x)\sin x\mathrm{d}x$和$\int R(\tan x)\sec^2 x\mathrm{d}x$的积分．分别令$\sin x=t$、$\cos x=t$和$\tan x=t$，化成有理函数的积分$\int R(t)\mathrm{d}t$．

（2）形如$\int R(\sin^2 x,\cos^2 x)\mathrm{d}x$和$\int R(\tan x)\mathrm{d}x$的积分．

作变换$u=\tan x$，由于

$$\sin^2 x=\frac{\tan^2 x}{1+\tan^2 x}=\frac{u^2}{1+u^2},$$

$$\cos^2 x=\frac{1}{1+\tan^2 x}=\frac{1}{1+u^2},$$

$$\mathrm{d}x=\frac{1}{1+u^2}\mathrm{d}u,$$

因此

$$\int R(\sin^2 x,\cos^2 x)\mathrm{d}x=\int R\left(\frac{u^2}{1+u^2},\frac{1}{1+u^2}\right)\frac{1}{1+u^2}\mathrm{d}u$$

$$\int R(\tan x)\mathrm{d}x=\int R(u)\frac{1}{1+u^2}\mathrm{d}u,$$

这些均为有理数的积分．

（3）形如$\int R(\sin x,\cos x)\mathrm{d}x$的积分．

通过半角置换$u=\tan\frac{x}{2}$可把积分化为有理函数的积分，由于

$$\sin x=\frac{2\sin\frac{x}{2}\cos\frac{x}{2}}{\sin^2\frac{x}{2}+\cos^2\frac{x}{2}}=\frac{2\tan\frac{x}{2}}{1+\tan^2\frac{x}{2}}=\frac{2u}{1+u^2},$$

$$\cos x=\frac{\cos^2\frac{x}{2}-\sin^2\frac{x}{2}}{\sin^2\frac{x}{2}+\cos^2\frac{x}{2}}=\frac{1-\tan^2\frac{x}{2}}{1+\tan^2\frac{x}{2}}=\frac{1-u^2}{1+u^2}$$

$$\mathrm{d}x=\frac{2}{1+u^2}\mathrm{d}u,$$

因此

$$\int R(\sin x,\cos x)\mathrm{d}x=\int R\left(\frac{2u^2}{1+u^2},\frac{1-u^2}{1+u^2}\right)\frac{2}{1+u^2}\mathrm{d}u,$$

右端为有理数函数积分 .

例 8.1.13　求 $\int\frac{\tan x}{1+\cos x}\mathrm{d}x.$

解: 设 $t=\tan\frac{x}{2}$,则 $x=2\arctan t$, $\mathrm{d}x=\frac{2}{1+t^2}\mathrm{d}t$, $\cos x=\frac{1-t^2}{1+t^2}$, $\tan x=\frac{2t}{1-t^2}$.

$$\int\frac{\tan x}{1+\cos x}\mathrm{d}x=\int\frac{\frac{2t}{1-t^2}}{1+\frac{1-t^2}{1+t^2}}\cdot\frac{2}{1+t^2}\mathrm{d}t=\int\frac{2t}{1-t^2}\mathrm{d}t=-\int\frac{\mathrm{d}\left(1-t^2\right)}{1-t^2}$$

$$=-\ln\left|1-t^2\right|+C=-\ln\left|1-\tan^2\frac{x}{2}\right|+C.$$

例 8.1.14　求 $\int\frac{1}{5+4\cos x}\mathrm{d}x$.

解: 设 $t=\tan\frac{x}{2}$,则 $x=2\arctan t$, $\mathrm{d}x=\frac{2}{1+t^2}\mathrm{d}t$, $\cos x=\frac{1-t^2}{1+t^2}$.

$$\int\frac{1}{5+4\cos x}\mathrm{d}x=\int\frac{1}{5+4\frac{1-t^2}{1+t^2}}\cdot\frac{2}{1+t^2}\mathrm{d}x=2\int\frac{\mathrm{d}t}{9+t^2}$$

$$=\frac{2}{3}\arctan\frac{t}{3}+C=\frac{2}{3}\arctan\left(\frac{1}{3}\tan\frac{x}{2}\right)+C.$$

代换 $t=\tan\frac{x}{2}$ 对三角有理式的不定积分总是有效的,但并不一定是最好的代换 .

8.2 定积分的计算

8.2.1 定积分的换元积分法

牛顿 - 莱布尼茨公式是计算定积分的核心工具，它为定积分的计算提供了一种基础的方法．同时，在不定积分的领域中，换元积分法作为一种有效的方法，可以帮助我们找到一些函数的原函数．换元积分法是一种通过引入新的变量来简化复杂函数积分的技巧．其核心思想是通过变量替换将一个复杂的定积分问题转化为一个更易处理的形式．在应用换元积分法时，通常选择一个适当的新的变量，使得积分中的函数关系更为直观和简单．

定理 8.2.1 设函数 $f(x)$ 在 $[a,b]$ 上连续，作变量代换 $x=\varphi(t)$，它满足以下三个条件：

（1）$\varphi(\alpha)=a,\varphi(\beta)=b$；

（2）当 t 在 $[\alpha,\beta]$（或 $[\beta,\alpha]$）上变化时，$x=\varphi(t)$ 的值在 $[a,b]$ 上变化；

（3）$\varphi'(t)$ 在 $[\alpha,\beta]$（或 $[\beta,\alpha]$）上连续．

则下述定积分换元公式成立：

$$\int_a^b f(x)\mathrm{d}x=\int_\alpha^\beta f\left[\varphi(t)\right]\varphi'(t)\mathrm{d}t\cdot$$

证明：定积分换元公式两端的定积分都是存在的，同时，被积函数的原函数也是存在的. 这个条件确保了我们在应用定积分换元法时能够进行有效的计算和推理．

假设 $F(x)$ 是 $f(x)$ 在 $[a,b]$ 上的原函数，由牛顿 - 莱布尼茨公式得

$$\int_a^b f(x)\mathrm{d}x=F(b)-F(a),$$

利用复合函数求导法则得

$$\frac{\mathrm{d}F\left[\varphi(t)\right]}{\mathrm{d}t}=\frac{\mathrm{d}F(x)}{\mathrm{d}x}\cdot\frac{\mathrm{d}x}{\mathrm{d}t}=f(x)\cdot\varphi'(t)$$
$$=f\left[\varphi(t)\right]\varphi'(t)\ .$$

表明 $F\left[\varphi(t)\right]$ 是 $f\left[\varphi(t)\right]\varphi'(t)$ 在 $[\alpha,\beta]$ 上的原函数，即

$$\int_{\alpha}^{\beta}f\left[\varphi(t)\right]\varphi'(t)\mathrm{d}t=F\left[\varphi(\beta)\right]-F\left[\varphi(\alpha)\right]$$
$$=F(b)-F(a)\ .$$

从而

$$\int_{a}^{b}f(x)\mathrm{d}x=\int_{\alpha}^{\beta}f\left[\varphi(t)\right]\varphi'(t)\mathrm{d}t\cdot$$

例 8.2.1　已知 $f(x)$ 在 $[-a,a]$ 上连续 $(a>0)$，证明：

（1）若 $f(x)$ 是偶函数，则 $\int_{-a}^{a}f(x)\mathrm{d}x=2\int_{0}^{a}f(x)\mathrm{d}x$；

（2）若 $f(x)$ 是奇函数，则 $\int_{-a}^{a}f(x)\mathrm{d}x=0$.

证明：因为 $\int_{-a}^{a}f(x)\mathrm{d}x=\int_{-a}^{0}f(x)\mathrm{d}x+\int_{0}^{a}f(x)\mathrm{d}x$，对积分 $\int_{-a}^{0}f(x)\mathrm{d}x$ 作变换 $x=-t$，可得

$$\int_{-a}^{0}f(x)\mathrm{d}x=-\int_{a}^{0}f(-t)\mathrm{d}x=\int_{0}^{a}f(-t)\mathrm{d}x=\int_{0}^{a}f(-x)\mathrm{d}x\cdot$$

于是

$$\int_{-a}^{a}f(x)\mathrm{d}x=\int_{0}^{a}f(-x)\mathrm{d}x+\int_{0}^{a}f(x)\mathrm{d}x=\int_{0}^{a}\left[f(x)+f(-x)\right]\mathrm{d}x\cdot$$

（1）当 $f(x)$ 是偶函数时，有 $f(-x)=f(x)$，故

$$\int_{-a}^{a}f(x)\mathrm{d}x=\int_{0}^{a}2f(x)\mathrm{d}x=2\int_{0}^{a}f(x)\mathrm{d}x\cdot$$

（2）当 $f(x)$ 是奇函数时，有 $f(-x)=-f(x)$，故

$$\int_{-a}^{a}f(x)\mathrm{d}x=0.$$

例 8.2.2　计算定积分 $\int_{0}^{a}\sqrt{a^2-x^2}\mathrm{d}x$，其中 $a>0$.

解：令 $x=a\sin t$，则 $\mathrm{d}x=a\cos t\mathrm{d}t$，且当 $x=0$ 时，$t=0$；当 $x=a$ 时，$t=\frac{\pi}{2}$. 所以

$$\int_0^a \sqrt{a^2-x^2}\,\mathrm{d}x = a^2\int_0^{\frac{\pi}{2}}\cos^2 t\,\mathrm{d}t$$

$$=\frac{a^2}{2}\int_0^{\frac{\pi}{2}}(1+\cos 2t)\mathrm{d}t$$

$$=\frac{a^2}{2}\left(t+\frac{1}{2}\sin 2t\right)\Bigg|_0^{\frac{\pi}{2}}=\frac{\pi a^2}{4}.$$

例 8.2.3 计算定积分 $\int_0^4 \frac{x+2}{\sqrt{2x+1}}\mathrm{d}x$.

解：令 $\sqrt{2x+1}=t$，则 $x=\frac{t^2-1}{2}$，$\mathrm{d}x=t\mathrm{d}t$，且有当 $x=0$ 时，$t=1$；当 $x=4$ 时，$t=3$．所以

$$\int_0^4 \frac{x+2}{\sqrt{2x+1}}\mathrm{d}x=\int_1^3 \frac{\frac{t^2-1}{2}+2}{t}t\mathrm{d}t=\frac{1}{2}\int_1^3 (t^2+3)\,\mathrm{d}t=\frac{1}{2}\left(\frac{t^3}{3}+3t\right)\Bigg|_1^3$$

$$=\frac{1}{2}\left[\left(\frac{27}{3}+9\right)-\left(\frac{1}{3}+3\right)\right]=\frac{22}{3}.$$

例 8.2.4 求定积分 $\int_1^{\mathrm{e}^3}\frac{\mathrm{d}x}{x\sqrt{1+\ln x}}$.

解：令 $t=\ln x$，则 $x=\mathrm{e}^t,\mathrm{d}x=\mathrm{e}^t\,\mathrm{d}t$．当 $x=0$ 时 $t=0$；当 $x=\mathrm{e}^3$ 时，$t=3$．于是

$$\int_1^{\mathrm{e}^3}\frac{\mathrm{d}x}{x\sqrt{1+\ln x}}=\int_0^3\frac{\mathrm{e}^t\mathrm{d}t}{\mathrm{e}^t\sqrt{1+t}}=\int_0^3\frac{\mathrm{d}t}{\sqrt{1+t}}=2\sqrt{1+t}\Big|_0^3=2.$$

例 8.2.5 求定积分 $\int_0^{\pi}\frac{\sin x}{1+\cos^2 x}\mathrm{d}x$.

解：易知

$$\int_0^{\pi}\frac{\sin x}{1+\cos^2 x}\mathrm{d}x=\int_0^{\pi}\frac{-1}{1+\cos^2 x}\mathrm{d}\cos x=-\arctan(\cos x)\Big|_0^{\pi}$$

$$=-\arctan(\cos\pi)+-\arctan(\cos 0)$$

$$=-\left(-\frac{\pi}{4}\right)+\frac{\pi}{4}=\frac{\pi}{2}.$$

例 8.2.6 求定积分 $\int_0^{\pi}\sqrt{\sin^3 x-\sin^5 x}\mathrm{d}x$.

解：由于 $\sqrt{\sin^3 x-\sin^5 x}=\sin^{\frac{3}{2}}x\cdot|\cos x|$，所以该定积分要分区间进行

计算，即

$$\int_0^{\pi}\sqrt{\sin^3 x-\sin^5 x}\mathrm{d}x=\int_0^{\frac{\pi}{2}}\sin^{\frac{3}{2}}x\cos x\mathrm{d}x+\int_{\frac{\pi}{2}}^{\pi}\sin^{\frac{3}{2}}x(-\cos x)\mathrm{d}x$$

$$=\int_0^{\frac{\pi}{2}}\sin^{\frac{3}{2}}x\mathrm{d}(\sin x)-\int_{\frac{\pi}{2}}^{\pi}\sin^{\frac{3}{2}}x\mathrm{d}(\sin x)$$

$$=\left(\frac{2}{5}\sin^{\frac{5}{2}}x\right)\Bigg|_0^{\frac{\pi}{2}}-\left(\frac{2}{5}\sin^{\frac{5}{2}}x\right)\Bigg|_{\frac{\pi}{2}}^{\pi}$$

$$=\frac{2}{5}-\left(-\frac{2}{5}\right)=\frac{4}{5}.$$

例 8.2.7　如果函数 $f(x)$ 在区间 $[0,1]$ 上连续，试证明

$$\int_0^{\frac{\pi}{2}}f(\sin x)\,\mathrm{d}x=\int_0^{\frac{\pi}{2}}f(\cos x)\,\mathrm{d}x\ .$$

证明：令 $x=\frac{\pi}{2}-t$，则 $\mathrm{d}x=-\mathrm{d}t$. 当 $x=0$ 时，$t=\frac{\pi}{2}$；当 $x=\frac{\pi}{2}$ 时，$t=0$. 所以

$$\int_0^{\frac{\pi}{2}}f(\sin x)\,\mathrm{d}x=-\int_{\frac{\pi}{2}}^{0}f\left[\sin\left(\frac{\pi}{2}-t\right)\right]\mathrm{d}t=\int_0^{\frac{\pi}{2}}f(\cos t)\,\mathrm{d}t$$

$$=\int_0^{\frac{\pi}{2}}f(\cos x)\,\mathrm{d}x.$$

例 8.2.8　如果函数 $f(x)$ 在区间 $[0,1]$ 上连续，试证明

$$\int_0^{\pi}xf(\sin x)\,\mathrm{d}x=\frac{\pi}{2}\int_0^{\pi}f(\sin x)\,\mathrm{d}x\ ,$$

并计算定积分 $\int_0^{\pi}\frac{x\sin x}{1+\cos^2 x}\mathrm{d}x$ 的值 .

解：令 $x=\pi-t$，则 $\mathrm{d}x=-\mathrm{d}t$. 当 $x=0$ 时，$t=\pi$；当 $x=\pi$ 时，$t=0$. 所以

$$\int_0^{\pi}xf(\sin x)\,\mathrm{d}x=-\int_{\pi}^{0}(\pi-t)f\left[\sin(\pi-t)\right]\mathrm{d}t$$

$$=\int_0^{\pi}(\pi-t)f(\sin t)\,\mathrm{d}t$$

$$=\pi\int_0^{\pi}f(\sin t)\,\mathrm{d}t-\int_0^{\pi}tf(\sin t)\,\mathrm{d}t$$

$$=\pi\int_0^{\pi}f(\sin x)\,\mathrm{d}x-\int_0^{\pi}xf(\sin x)\,\mathrm{d}x,$$

因此有

$$\int_0^\pi xf(\sin x)\,\mathrm{d}x=\frac{\pi}{2}\int_0^\pi f(\sin x)\,\mathrm{d}x\ .$$

利用上述结果可得

$$\int_0^\pi \frac{x\sin x}{1+\cos^2 x}\,\mathrm{d}x=\frac{\pi}{2}\int_0^\pi \frac{\sin x}{1+\cos^2 x}\mathrm{d}x=-\frac{\pi}{2}\int_0^\pi \frac{\mathrm{d}(\cos x)}{1+\cos^2 x}$$

$$=\left[-\frac{\pi}{2}\arctan(\cos x)\right]_0^\pi=\frac{\pi^2}{4}.$$

例 8.2.9 设 $f(x)=\begin{cases}1+x^2, x\le 0\\ \mathrm{e}^{-x}, x>0\end{cases}$，求 $\int_1^3 f(x-2)\mathrm{d}x$.

解： 令 $x-2=t$ ，当 x 从 1 变到 3 时，相应地 t 从 -1 变到 1，于是

$$\int_1^3 f(x-2)\mathrm{d}x=\int_{-1}^1 f(t)\,\mathrm{d}t=\int_{-1}^0(1+t^2)\mathrm{d}t+\int_0^1 \mathrm{e}^{-t}\,\mathrm{d}t$$

$$=\left(t+\frac{1}{3}t^3\right)\Big|_{-1}^0-\mathrm{e}^{-t}\Big|_0^1=\frac{7}{3}-\frac{1}{\mathrm{e}}.$$

8.2.2 定积分的分部积分法

设函数 $u(x)$ 、$v(x)$ 在 $[a,b]$ 上具有连续的导数，则根据导数运算法有

$$(uv)'=u'v+uv',$$

两端同时在 $[a,b]$ 上积分，得

$$\int_a^b (uv)'\,\mathrm{d}x=\int_a^b u'v\mathrm{d}x+\int_a^b uv'\mathrm{d}x,$$

即

$$[uv]_a^b=\int_a^b u'v\mathrm{d}x+\int_a^b uv'\mathrm{d}x.$$

从而

$$\int_a^b uv'\mathrm{d}x=[uv]_a^b-\int_a^b u'v\mathrm{d}x$$

或

$$\int_a^b u\mathrm{d}v=[uv]_a^b-\int_a^b v\mathrm{d}u$$

是定积分的分部积分公式 .

通常选择一个更容易积分的函数作为 u ，然后选择一个与 u 有关的

函数作为 v. 通过这种方式,可以将定积分转化为更简单的形式 .

一旦确定了 u 和 v ,就可以使用分部积分公式进行计算 . 对于已经积出的部分,可以不需要等待整个积分 $\int u\mathrm{d}v$ 计算完成后再一起代入上下限,而是直接用上下限代入 . 这种处理方式可以简化计算过程,并提高计算的效率 .

例 8.2.10　计算 $J_n=\int_0^{\frac{\pi}{2}}\sin^n x\mathrm{d}x=\int_0^{\frac{\pi}{2}}\cos^n x\mathrm{d}x$.

解: $J_0=\int_0^{\frac{\pi}{2}}\mathrm{d}x=\frac{\pi}{2}, J_1=\int_0^{\frac{\pi}{2}}\sin x\mathrm{d}x=1$,

当 $n\geqslant 2$ 时,令 $u=\sin^{n-1}x$, $\mathrm{d}v=\sin x\mathrm{d}x$,则 $\mathrm{d}u=(n-1)\sin^{n-2}x\cos x\mathrm{d}x$, $v=-\cos x$. 于是

$$
\begin{aligned}
J_n&=\int_0^{\frac{\pi}{2}}\sin^n x\mathrm{d}x=\int_0^{\frac{\pi}{2}}\sin^{n-1}x\cdot\sin x\mathrm{d}x=-\int_0^{\frac{\pi}{2}}\sin^{n-1}x\mathrm{d}\cos x\\
&=\left[-(\sin x)^{n-1}\cos x\right]\Big|_0^{\frac{\pi}{2}}+(n-1)\int_0^{\frac{\pi}{2}}\sin^{n-2}x\cdot\cos^2 x\mathrm{d}x\\
&=(n-1)\int_0^{\frac{\pi}{2}}\sin^{n-2}x\mathrm{d}x-(n-1)\int_0^{\frac{\pi}{2}}\sin^n x\mathrm{d}x\\
&=(n-1)J_{n-2}-(n-1)J_n .
\end{aligned}
$$

移项后的递推公式

$$J_n=\frac{n-1}{n}J_{n-2}(n\geqslant 2) .$$

因此

$$J_{2m+1}=\frac{2m}{2m+1}\cdot\frac{2m-2}{2m-1}\cdot\cdots\cdot\frac{2}{3}\cdot 1,$$

$$J_{2m}=\frac{2m-1}{2m}\cdot\frac{2m-3}{2m-2}\cdot\cdots\cdot\frac{1}{2}\cdot\frac{\pi}{2}(m=1,2,\cdots)$$

令 $x=\frac{\pi}{2}-t$,有

$$\int_0^{\frac{\pi}{2}}\cos^n x\mathrm{d}x=-\int_{\frac{\pi}{2}}^0\cos^n\left(\frac{\pi}{2}-t\right)\mathrm{d}t=\int_0^{\frac{\pi}{2}}\sin^n t\mathrm{d}t .$$

因而这两个积分是相等的 .

例 8.2.11 求定积分 $\int_0^{\frac{1}{2}} \arcsin \mathrm{d}x$.

解： 令 $u = \arcsin x, v' = 1$ ，则 $u' = \dfrac{1}{\sqrt{1-x^2}}, v = x$ ，于是有

$$\int_0^{\frac{1}{2}} \arcsin x \mathrm{d}x = x \arcsin x \Big|_0^{\frac{1}{2}} - \int_0^{\frac{1}{2}} \frac{x}{\sqrt{1-x^2}} \mathrm{d}x$$

$$= \frac{\pi}{12} + \sqrt{1-x^2}\Big|_0^{\frac{1}{2}} = \frac{\pi}{12} + \frac{\sqrt{3}}{2} - 1.$$

例 8.2.12 求定积分 $\int_0^{\frac{\pi}{4}} x \sin 2x \mathrm{d}x$.

解： 根据定积分的分部积分公式可得

$$\int_0^{\frac{\pi}{4}} x \sin 2x \mathrm{d}x = \int_0^{\frac{\pi}{4}} x \mathrm{d}\left(-\frac{\cos 2x}{2}\right)$$

$$= \left(-\frac{x \cos 2x}{2}\right)\Bigg|_0^{\frac{\pi}{4}} + \frac{1}{2}\int_0^{\frac{\pi}{4}} \cos 2x \mathrm{d}x$$

$$= \frac{1}{4}(\sin 2x)\Big|_0^{\frac{\pi}{4}} = \frac{1}{4}.$$

例 8.2.13 计算定积分 $\int_1^{\mathrm{e}} \ln^2 x \mathrm{d}x$.

解： 根据定积分的分部积分公式可得

$$\int_1^{\mathrm{e}} \ln^2 x \mathrm{d}x = \left(x \ln^2 x\right)\Big|_1^{\mathrm{e}} - \int_1^{\mathrm{e}} x \mathrm{d}\left(\ln^2 x\right)$$

$$= \mathrm{e} - 2\int_1^{\mathrm{e}} \ln x \mathrm{d}x = \mathrm{e} - 2\left[\left(x \ln x\right)\Big|_1^{\mathrm{e}} - \int_1^{\mathrm{e}} x \mathrm{d}\ln x\right]$$

$$= \mathrm{e} - 2\left(\mathrm{e} - \int_1^{\mathrm{e}} \mathrm{d}x\right) = \mathrm{e} - 2(\mathrm{e} - \mathrm{e} + 1)$$

$$= \mathrm{e} - 2.$$

第 9 章　多元函数微分学

多元函数微分学是微积分学的一个重要分支，它研究的是多元函数的导数和微分．导数在多元函数中表示函数在某一点的变化率，而微分则用线性函数来近似描述函数值的变化．多元函数微分学的一个重要应用是求解极值问题．通过求解函数的导数或偏导数为零的点，可以得到函数的极值点．对于二元函数，可以通过求解两个偏导数同时为零的点来得到函数的极值点．在求解极值问题时，需要注意函数的临界点和驻点的区别．临界点是指导数或偏导数为零的点，而驻点是指导数或偏导数不存在的点．此外，多元函数微分学还涉及到二阶偏导数、高阶导数、隐函数定理、泰勒展开等概念和方法．多元函数微分学除了在解决极值问题中的应用外，还广泛应用于解决实际问题中，例如，物理学、工程学、经济学等领域中的问题．通过求解曲线的切线方程和曲面的切平面方程，可以得到曲线和曲面的切线、法线、曲率等性质，这些性质对于理解曲线和曲面的形状和变化非常重要．

9.1　多元函数的极限和连续性

9.1.1 多元函数的极限

为了更好地理解二元函数的极限，可以将其定义与一元函数的极限进行对比．通过对比一元函数和二元函数的极限概念，可以发现它们有许多相似之处．然而，二元函数的情况更为复杂，因为有两个自变量同时变化，这可能会导致一些特殊情况的出现，例如，沿着不同路径趋于极限点时函数值的变化趋势可能不同.

定义 9.1.1 设函数 $z=f(x,y)$ 在点 $P_0(x_0,y_0)$ 的某邻域内有定义（点 P_0 可除外），A 为常数，若点 $P(x,y)$ 以任何方式趋近于 $P_0(x_0,y_0)$ 时，$f(x,y)$ 总趋向于 A，则称 A 是二元函数 $f(x,y)$ 当 (x,y) 趋近于 (x_0,y_0) 时的极限，记为

$$\lim_{\substack{x\to x_0\\ y\to y_0}} f(x,y)=A$$

或

$$\lim_{(x,y)\to(x_0,y_0)} f(x,y)=A,$$

极限 $\lim\limits_{(x,y)\to(0,0)} f(x,y)=A$ 的成立取决于当 $(x,y)\to(x_0,y_0)$ 时，$f(x,y)-A$ 是否为无穷小，与函数 $f(x,y)$ 在点 (x_0,y_0) 是否有定义无关，讨论极限可只要求 $P_0(x_0,y_0)$ 是 $f(x,y)$ 的定义域的聚点.

二元函数 $f(x,y)$ 的极限是 A，即无论 (x,y) 以何种方式趋于 (x_0,y_0)，函数都无限趋近于常数 A. 当 (x,y) 沿某一路径趋于 (x_0,y_0) 时，$f(x,y)$ 无极限，或 (x,y) 以不同方式趋于 (x_0,y_0) 时，$f(x,y)$ 趋于不同的值，则可断定函数的极限不存在.

将一元函数的极限运算法则和一些方法应用到多元函数中. 这种推广的思路是基于极限的相容性，即在一元函数中成立的极限运算法则和性质在多元函数中同样适用. 例如，在二元函数中，可以使用极限的四则运算法则、夹逼准则、单侧极限等概念来研究多元函数的极限行为. 此外，通过对比一元函数和多元函数的极限概念，可以更好地理解多元函数的极限定义及其性质. 这种理解有助于我们解决多元函数中的极限问题，并进一步探索多元函数的性质和应用.

例 9.1.1 求下列极限：

（1）$\lim\limits_{(x,y)\to(0,0)}\dfrac{x^2y}{x^2+y^2}$；（2）$\lim\limits_{(x,y)\to(+\infty,+\infty)}\dfrac{x^2+y^2}{x^4+y^4}$；

（3）$\lim\limits_{(x,y)\to(0,1)}\dfrac{\sin xy}{x}$.

证明：（1）方法一：

$\forall\varepsilon>0$，取 $\delta=\varepsilon$，当 $0<|x|<\delta, 0<|y|<\delta$ 时，

$$\left|\frac{x^2y}{x^2+y^2}\right| \le \left|\frac{x^2y}{x^2}\right| = |y| < \varepsilon \ .$$

方法二：令 $\begin{cases} x = r\cos\theta \\ y = r\sin\theta \end{cases}$，则

$$\lim_{(x,y)\to(0,0)} \frac{x^2y}{x^2+y^2} = \lim_{r\to 0} \frac{r^3\cos^2\theta\sin\theta}{r^2} = 0 \ .$$

（2）$\forall \varepsilon > 0$，取 $M = \sqrt{\dfrac{2}{\varepsilon}} > 0$，当 $x > M, y > M$ 时，

$$\left|\frac{x^2+y^2}{x^4+y^4}\right| \le \frac{1}{x^2} + \frac{1}{y^2} < \varepsilon \ .$$

（3）$\lim\limits_{(x,y)\to(0,1)} \dfrac{\sin xy}{x} = \lim\limits_{(x,y)\to(0,1)} \left(\dfrac{\sin xy}{xy} \cdot y\right) = 1$.

当涉及二重极限的求法时，可以采取以下两种策略：

（1）使用定义法．对于二重极限，可以分别考虑 x 和 y 的极限，并使用极限的定义来求解．

（2）使用一元函数的方法．由于一元函数的极限理论已经相当完善，可以借鉴这些方法来处理二重极限的问题．例如，对于某些特殊的二重极限问题，可以利用特殊极限法（例如，夹逼准则、等价无穷小等）来找到答案．此外，还可以利用一元函数的极限性质，如单侧极限、闭区间上连续函数的性质等来简化二重极限的计算．

（3）对 $(x,y)\to(0,0)$ 类型的极限，可使用极坐标变换 $\begin{cases} x = r\cos\theta \\ y = r\sin\theta \end{cases}$ 将其化为求 $r\to 0$ 的一元函数极限，但这种方法只能用在说明极限存在．

除了以上基本方法外，还可以根据具体情况采用其他技巧来处理二重极限的问题．例如，有时可以将二重极限转化为累次极限（即一元函数的极限），从而利用一元函数的极限性质来求解．此外，在处理二重极限时，还应注意函数的连续性和可导性，以便在必要时使用这些性质来简化计算．

例 9.1.2　当 $(x,y)\to(0,0)$ 时，证明下列函数的极限不存在．

（1）$\frac{xy}{x^2+y^2}$；（2）$f(x,y)=\begin{cases}1, & 0<y<x^2\\ 0, & 其他\end{cases}$.

证明：（1）当沿着 x 轴让动点 $(x,y)\to(0,0)$ 时，

$\lim\limits_{(x,y)\to(0,0)}\frac{xy}{x^2+y^2}=0$，当沿着直线 $y=x$ 让动点 $(x,y)\to(0,0)$ 时，

$\lim\limits_{(x,y)\to(0,0)}\frac{xy}{x^2+y^2}=\frac{1}{2}$，所以 $\lim\limits_{(x,y)\to(0,0)}\frac{xy}{x^2+y^2}$ 不存在．

（2）当沿着 x 轴让动点 $(x,y)\to(0,0)$ 时，$\lim\limits_{(x,y)\to(0,0)}f(x,y)=0$，

当沿着直线 $y=\frac{1}{2}x^2$ 让动点 $(x,y)\to(0,0)$ 时，

$\lim\limits_{(x,y)\to(0,0)}f(x,y)=0$，所以 $\lim\limits_{(x,y)\to(0,0)}f(x,y)=0$ 不存在．

在二重极限的讨论中，需要关注一个重要的性质：如果一个二元函数在某点的二重极限存在，那么这个极限值应该是唯一的．这个性质为我们在证明二重极限不存在时提供了方向．从例 9.1.2 中可以观察到，要证明二重极限不存在，一个有效的方法是寻找两条路径（即曲线），使得函数在这两条路径上的极限值不同．这是因为，如果存在两条路径使得函数值收敛到不同的极限值，这就意味着这个二重极限是不确定的，从而证明了二重极限不存在．另外，还可以通过证明某条路径上的极限不存在来证明二重极限的不存在性．这是因为，如果某条路径上的极限不存在，那么这个二重极限自然也不存在．

例 9.1.3　求下列极限：

（1）$\lim\limits_{(x,y)\to(0,0)}\frac{x^2}{x^2+y^2}$；（2）$\lim\limits_{(x,y)\to(0,0)}\frac{x^3+y}{x^2+y^2}$；（3）$\lim\limits_{(x,y)\to(0,0)}\frac{x^2y^2}{x^3+y^3}$．

解：（1）当沿着直线 $y=kx$ 让动点 $(x,y)\to(0,0)$ 时，

$\lim\limits_{(x,y)\to(0,0)}\frac{x^2}{x^2+y^2}=\frac{1}{1+k^2}$，所以 $\lim\limits_{(x,y)\to(0,0)}\frac{x^2}{x^2+y^2}$ 不存在．

（2）$\frac{x^3+y}{x^2+y^2}=\frac{x^3}{x^2+y^2}+\frac{y}{x^2+y^2}$，$\lim\limits_{(x,y)\to(0,0)}\frac{x^3}{x^2+y^2}=0$，

$\lim\limits_{(x,y)\to(0,0)}\frac{y}{x^2+y^2}$ 不存在．由极限的四则运算法则知 $\lim\limits_{(x,y)\to(0,0)}\frac{x^3+y}{x^2+y^2}$ 不存在．

（3）当沿着 x 轴让动点 $(x,y)\to(0,0)$ 时，$\lim\limits_{(x,y)\to(0,0)}\dfrac{x^2y^2}{x^3+y^3}=0$，当沿着 $x=y^2-y$ 让动点 $(x,y)\to(0,0)$ 时，$\lim\limits_{(x,y)\to(0,0)}\dfrac{x^2y^2}{x^3+y^3}=\dfrac{1}{3}$，所以 $\lim\limits_{(x,y)\to(0,0)}\dfrac{x^2y^2}{x^3+y^3}=0$ 不存在．

总结：对于原点处的 $\dfrac{0}{0}$ 型函数极限，有下面的判别法则：

（1）在讨论分式的极限时，特别是当分母非负时，可以观察到一个有趣的规律．当分子的次数大于分母的次数时，这个分式的极限往往存在且为 0. 而当分子的次数小于或等于分母的次数时，这个分式的极限往往不存在．这个规律背后的原因是分母对整体的影响更大．当分子的次数大于分母时，随着 x 趋向于某个值，分子增长的速度更快，所以整体的值趋向于 0. 而当分子的次数小于或等于分母时，分子的增长速度可能跟不上分母的增长速度，导致极限值的不确定性或不存在．

（2）当分母变号时，有一点需要注意：无论分子和分母的次数是高还是低，这个分式的极限往往是不存在的．具体来说，当分母在某个点变号时，分式的值会在该点附近发生剧烈的波动或震荡．这种波动或震荡意味着极限值是不确定的，因为分式的值在趋近于极限点的过程中会反复穿越不同的数值．

注意：在判断二重极限是否存在时，不能仅仅依赖分母非负或分母变号的判别法则．虽然这些法则为我们提供了一些思考的角度和方向，但它们并不是绝对的准则．实际上，要证明二重极限是否存在，仍然需要采用例 9.1.1 和例 9.1.2 中提到的方法．这些方法包括利用极限的定义、一元函数的极限性质以及适当的反例构建等．例如，可以考虑沿着不同的路径趋近极限点，并观察函数在这些路径上的极限行为．如果存在不同的路径导致不同的极限值，或者在某条路径上函数的极限不存在，那么可以断定这个二重极限是不存在的．另外，还可以利用连续性和可导性等性质来辅助判断．如果函数在某区域上连续，并且在某点处可导，那么该点的二重极限可能存在．

例 9.1.3 求下列函数的全面极限和两个累次极限：

（1）$\dfrac{xy}{x^2+y^2}$；（2）$x\sin\dfrac{1}{y}+y\sin\dfrac{1}{x}$；（3）$\dfrac{x-y+x^2+y^2}{x+y}$.

解：（1）由例 9.1.2 知全面极限不存在，

$$\lim_{x\to0}\lim_{y\to0}\frac{xy}{x^2+y^2}=0,\ \lim_{y\to0}\lim_{x\to0}\frac{xy}{x^2+y^2}=0.$$

（2）$\lim\limits_{(x,y)\to(0,0)}\left(x\sin\dfrac{1}{y}+y\sin\dfrac{1}{x}\right)=0$.

$\lim\limits_{x\to0}\lim\limits_{y\to0}\left(x\sin\dfrac{1}{y}+y\sin\dfrac{1}{x}\right)$和$\lim\limits_{y\to0}\lim\limits_{x\to0}\left(x\sin\dfrac{1}{y}+y\sin\dfrac{1}{x}\right)$不存在.

（3）当沿着直线 $y=kx$ 让动点 $(x,y)\to(0,0)$ 时，

$\lim\limits_{(x,y)\to(0,0)}\dfrac{x-y+x^2+y^2}{x+y}=\dfrac{1-k}{1+k}$，所以$\lim\limits_{(x,y)\to(0,0)}\dfrac{x-y+x^2+y^2}{x+y}$不存在.

$$\lim_{x\to0}\lim_{y\to0}\frac{x-y+x^2+y^2}{x+y}=1,\ \lim_{y\to0}\lim_{x\to0}\frac{x-y+x^2+y^2}{x+y}=-1.$$

当讨论全面极限和累次极限的关系时，需要明确以下几点.

（1）全面极限和累次极限的存在性是两个独立的概念，它们之间没有必然的联系. 也就是说，一个函数的全面极限存在并不意味着它的累次极限一定存在，反之亦然. 这是因为全面极限考虑的是所有可能的路径趋近于极限点的情况，而累次极限则是沿着某一特定路径（即 x 或 y 轴）趋近于极限点的情况.

（2）如果一个函数的两个累次极限存在且不相等，那么可以利用这一点来证明这个函数的全面极限不存在. 这是因为，如果两个累次极限存在且相等，那么它们的平均值将是该函数的全面极限. 但是，如果两个累次极限存在且不相等，那么它们的平均值将是一个不确定的值，这意味着该函数的全面极限不存在.

9.1.2 多元连续函数

与一元函数类似，二元函数的连续性也是研究其可导性、可微性等性质的基础. 因此，理解并掌握二元函数的连续性定义对于深入探讨二元函数的性质和应用具有重要意义.

定义 9.1.2　设二元函数 $z=f(x,y)$ 在点 (x_0,y_0) 的某一邻域内有定义,若

$$\lim_{\substack{x\to x_0\\ y\to y_0}} f(x,y)=f(x_0,y_0),$$

则函数 $z=f(x,y)$ 在点 (x_0,y_0) 处连续,否则函数 $z=f(x,y)$ 在点 (x_0,y_0) 处间断 .

设二元函数 $z=f(x,y)$ 在点 (x_0,y_0) 的某一邻域内有定义,如果

$$\lim_{\substack{\Delta x\to 0\\ \Delta y\to 0}}\Delta z=\lim_{\substack{\Delta x\to 0\\ \Delta y\to 0}}[f(x_0+\Delta x,y_0+\Delta y)-f(x_0,y_0)]=0,$$

则称函数 $z=f(x,y)$ 在点 (x_0,y_0) 处连续 .

若 $f(x,y)$ 在区域 D 内处处连续,则称函数 $f(x,y)$ 在区域 D 内连续,也称 $f(x,y)$ 为区域 D 内的连续函数 . 若 $f(x,y)$ 在区域 D 内连续,则 $f(x,y)$ 在区域 D 内的图形是连续曲面 .

性质 9.1.1　在数学分析中,连续函数的和、差、积、商(分母不为零)仍为连续函数,这是连续函数的一个重要性质 . 对于二元函数,这个性质同样适用 .

性质 9.1.2　在数学分析中,连续函数的复合函数仍为连续函数,这是连续函数的一个重要性质 . 对于二元函数,这个性质同样适用 .

性质 9.1.3　二元初等函数是在其定义区域内连续定义的,这意味着这些函数在其定义区域内是平滑且无间断的 . 这种连续性使得二元初等函数在解决各种数学问题时具有广泛的应用价值 .

例 9.1.4　讨论函数 $f(x,y)=\dfrac{\sqrt{|xy|}\sin\left(x^2+y^2\right)}{x^2+y^2}$ 的连续性 .

解:由于函数 $f(x,y)$ 在点 $(0,0)$ 处无定义,故 $f(x,y)$ 在点 $(0,0)$ 处间断,但是由于极限

$$\lim_{(x,y)\to(0,0)}\frac{\sqrt{|xy|}\sin\left(x^2+y^2\right)}{x^2+y^2}=\lim_{(x,y)\to(0,0)}\frac{\sqrt{|xy|}}{x^2+y^2}\lim_{(x,y)\to(0,0)}\frac{\sin\left(x^2+y^2\right)}{x^2+y^2}=0\times 1=0,$$

若补充定义

$$f(x,y)=\begin{cases}\dfrac{\sqrt{|xy|}\sin\left(x^2+y^2\right)}{x^2+y^2},x^2+y^2\neq 0\\ 0,x^2+y^2=0\end{cases},$$

则 $f(x,y)$ 在点 $(0,0)$ 处连续.

例 9.1.5 求 $\lim\limits_{(x,y)\to(0,1)}\dfrac{e^x+y}{x+y}$.

解: $\lim\limits_{(x,y)\to(0,1)}\dfrac{e^x+y}{x+y}=\dfrac{e^0+1}{0+1}=2$.

例 9.1.6 求 $\lim\limits_{(x,y)\to(0,0)}\dfrac{\sqrt{xy+1}-1}{xy}$.

解:

$$\lim_{(x,y)\to(0,0)}\frac{\sqrt{xy+1}-1}{xy}=\lim_{(x,y)\to(0,0)}\frac{xy}{xy(\sqrt{xy+1}+1)}=\lim_{(x,y)\to(0,0)}\frac{1}{\sqrt{xy+1}+1}=\frac{1}{2}.$$

9.2 偏导数与全微分

9.2.1 偏导数

在一元函数的微积分中,我们深入探讨了函数值如何随自变量变化的速度和方向而改变.这引领我们引入了导数的概念用以描述函数在这方面的变化特性.然而,当自变量的数量增加,函数的性质和变化规律变得更为复杂.对于多元函数,需要更高级的工具和技术来研究函数值随多个自变量变化的规律和特性.本节将以二元函数 $z=f(x,y)$ 为例,当面对多元函数时,会固定其中一个自变量,并观察另一个自变量变化时函数值的变化率.这种变化率被称为对变化自变量的偏导数.换句话说,偏导数能够描述在某一特定自变量发生变化时,函数值如何响应这种变化.这为我们提供了函数在特定条件下的局部行为信息,有助于我们深入理解多元函数的性质和变化规律.

9.2.1.1 偏导数的定义及计算法

(1)偏导数的定义.

定义 9.2.1 设函数 $z=f(x,y)$ 在点 (x_0,y_0) 的某一邻域内有定义,

若固定 $y=y_0$，而 x 在 x_0 处有增量 Δx，则函数有增量 $f(x_0+\Delta x,y_0)-f(x_0,y_0)$，若

$$\lim_{\Delta x\to 0}\frac{f(x_0+\Delta x,y_0)-f(x_0,y_0)}{\Delta x}$$

存在，则此极限为函数 $z=f(x,y)$ 在点 (x_0,y_0) 处对 x 的偏导数，记作

$$\left.\frac{\partial z}{\partial x}\right|_{(x_0,y_0)},\ \left.\frac{\partial f}{\partial x}\right|_{(x_0,y_0)},\ f_x(x_0,y_0)\ .$$

同样，函数 $z=f(x,y)$ 在点 (x_0,y_0) 处对 y 的偏导数定义为

$$\lim_{\Delta y\to 0}\frac{f(x_0,y_0+\Delta y)-f(x_0,y_0)}{\Delta y}$$

记作

$$\left.\frac{\partial z}{\partial y}\right|_{(x_0,y_0)},\ \left.\frac{\partial f}{\partial y}\right|_{(x_0,y_0)},\ f_y(x_0,y_0)\ .$$

若函数 $z=f(x,y)$ 在区域 D 内的点 (x,y) 处都存在偏导数，则这两个偏导数可视为关于自变量 x,y 的二元函数 . 因此，这两个偏导数 $z=f(x,y)$ 被称为关于 x,y 的偏导函数，简称为偏导数，记为

$$\frac{\partial z}{\partial x},\ \frac{\partial f}{\partial x},\ f_x(x,y)\ ;\ \frac{\partial z}{\partial y},\ \frac{\partial f}{\partial y},\ f_y(x,y)\ .$$

不难看出，$f(x,y)$ 在 (x_0,y_0) 处关于 x 的偏导数 $f_x(x_0,y_0)$ 是偏导函数 $f_x(x,y)$ 在 (x_0,y_0) 处的函数值，而 $f_y(x_0,y_0)$ 就是偏导函数 $f_y(x,y)$ 在 (x_0,y_0) 处的函数值 .

实际上，计算多元函数 $z=f(x,y)$ 的偏导数并不需要新的方法 . 根据偏导数的定义，当求某一自变量 $f_x(x,y)$ 的偏导数时，自变量 y 被视为常数，只对所求自变量 x 进行求导；求偏导数 $f_y(x,y)$ 时视 x 为常量，只对 y 求导，因此，在求导法上仍然是一元函数的求导问题 .

推广到二元以上的函数 . 对于三元函数 $u=f(x,y,z)$，可以对其中的任意一个自变量 x 求偏导数：

$$f_x(x,y,z)=\lim_{\Delta x\to 0}\frac{f(x+\Delta x,y,z)-f(x,y,z)}{\Delta x}\ .$$

例 9.2.1　求 $z=x^3+2xy+y^2$ 在点 $(1,2)$ 处的偏导数 .

解： $\frac{\partial z}{\partial x}=3x^2+2y$，$\frac{\partial z}{\partial y}=2x+2y$，将 $x=1,\ y=2$ 代入，得

$$\left.\frac{\partial z}{\partial x}\right|_{(1,2)}=7\text{ , }\left.\frac{\partial z}{\partial y}\right|_{(1,2)}=6\text{ .}$$

例 9.2.2 求 $z=x^y\ \ (x>0,x\neq 1)$ 的偏导数 .

解： $\frac{\partial z}{\partial x}=yx^{y-1}$, $\frac{\partial z}{\partial y}=x^y\ln x$.

例 9.2.3 求 $u=\sqrt{x^2+y^2+z^2}+\frac{x}{y}$ 的偏导数 .

解： $\frac{\partial u}{\partial x}=\frac{x}{\sqrt{x^2+y^2+z^2}}+\frac{1}{y}$, $\frac{\partial u}{\partial y}=\frac{y}{\sqrt{x^2+y^2+z^2}}-\frac{x}{y^2}$,

$$\frac{\partial u}{\partial z}=\frac{z}{\sqrt{x^2+y^2+z^2}}\text{ .}$$

（2）偏导数的几何意义

二元函数 $z=f(x,y)$ 在点 (x_0,y_0) 处的偏导数为

$$f_x(x_0,y_0)=\left.\frac{\mathrm{d}f(x,y_0)}{\mathrm{d}x}\right|_{x=x_0}\text{ , }f_y(x_0,y_0)=\left.\frac{\mathrm{d}f(x_0,y)}{\mathrm{d}y}\right|_{y=y_0}\text{ .}$$

从几何直观上，$f_x(x_0,y_0)$ 相当于曲面 $z=f(x,y)$ 被平面 $y=y_0$ 所截得的空间曲线 $\begin{cases}z=f(x,y)\\ y=y_0\end{cases}$ 在空间中的点 $M_0(x_0,y_0,f(x_0,y_0))$ 处切线 M_0T_x 对 x 轴的斜率；$f_y(x_0,y_0)$ 相当于曲面 $z=f(x,y)$ 被平面 $x=x_0$ 所截得的空间曲线 $\begin{cases}z=f(x,y)\\ x=x_0\end{cases}$ 在空间中的点 $M_0(x_0,y_0,f(x_0,y_0))$ 处切线 M_0T_y 对 y 轴的斜率（图 9-1）.

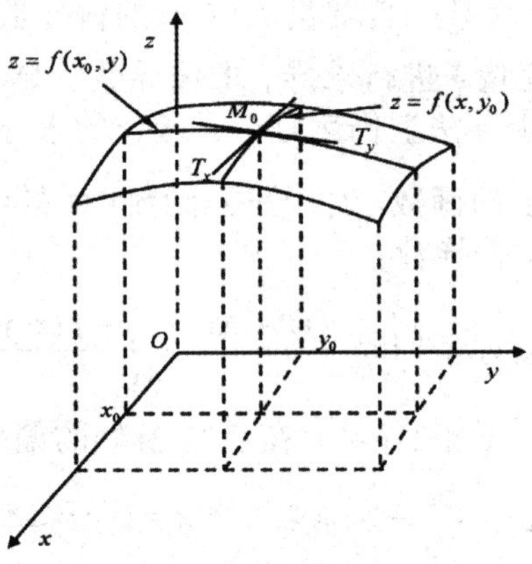

图 9–1

（3）偏导数存在与连续性．

已知在多元函数的各偏导数在某一点都存在，也不能保证该函数在该点是连续的．因此，不能仅仅依据偏导数的存在来判断多元函数的连续性．为了更好地理解多元函数的连续性和可微性，需要进行更深入的研究．以二元函数为例，$f_x(x_0,y_0)$ 存在，只能保证空间曲线 $\begin{cases} z=f(x,y) \\ y=y_0 \end{cases}$ 在沿 x 轴方向上的 $x=x_0$ 处连续；$f_y(x_0,y_0)$ 存在，也只能保证空间曲线 $\begin{cases} z=f(x,y) \\ x=x_0 \end{cases}$ 在沿 y 轴方向上的 $y=y_0$ 处连续．从而不能推出 $z=f(x,y)$ 在 (x_0,y_0) 处连续．当然，函数 $f(x,y)$ 在 (x_0,y_0) 处连续也不能推出 $f_x(x_0,y_0)$ 及 $f_y(x_0,y_0)$ 存在．例如，函数

$$z=f(x,y)=\begin{cases} \dfrac{xy}{x^2+y^2}, x^2+y^2\neq 0 \\ 0, x^2+y^2=0 \end{cases}$$

在点 $(0,0)$ 处对 x 的偏导数为

$$f_x(0,0)=\lim_{\Delta x\to 0}\frac{f(0+\Delta x,0)-f(0,0)}{\Delta x}=\lim_{\Delta x\to 0}0=0；$$

对 y 的偏导数为

$$f_y(0,0)=\lim_{\Delta y\to 0}\frac{f(0,0+\Delta y)-f(0,0)}{\Delta y}=\lim_{\Delta y\to 0}0=0.$$

即 $f(x,y)$ 在点 $(0,0)$ 处的两个偏导数均存在，但由前面的内容已经知道此函数在点 $(0,0)$ 处并不连续．

9.2.1.2 高阶偏导数

设函数 $z=f(x,y)$ 在区域 D 内具有偏导数

$$\frac{\partial z}{\partial x}=f_x(x,y)，\frac{\partial z}{\partial y}=f_y(x,y)\ .$$

在 D 内仍然是 x,y 的函数，若函数的偏导数也存在，则称其为函数 $z=f(x,y)$ 的二阶偏导数．按照对变量求导次序的不同有四个二阶偏导数：

$$\frac{\partial}{\partial x}\left(\frac{\partial z}{\partial x}\right)=\frac{\partial^2 z}{\partial x^2}=f_{xx}(x,y)\ ,\ \frac{\partial}{\partial y}\left(\frac{\partial z}{\partial x}\right)=\frac{\partial^2 z}{\partial x\partial y}=f_{xy}(x,y)\ ,$$

$$\frac{\partial}{\partial x}\left(\frac{\partial z}{\partial y}\right)=\frac{\partial^2 z}{\partial y\partial x}=f_{yx}(x,y)\ ,\ \frac{\partial}{\partial y}\left(\frac{\partial z}{\partial y}\right)=\frac{\partial^2 z}{\partial y^2}=f_{yy}(x,y)\ .$$

其中，$f_{xx}(x,y)$ 是对 x 求二阶偏导数；$f_{yy}(x,y)$ 是对 y 求二阶偏导数；$f_{xy}(x,y)$ 和 $f_{yx}(x,y)$ 称为混合偏导数 . 这种表达方式为我们提供了更清晰的概念，帮助我们更好地理解偏导数的阶数以及它们之间的相互关系 .

例 9.2.4 设 $z=x^3y^2-4x^2y^3+\sin x+1$，求 $\frac{\partial^2 z}{\partial x^2}$，$\frac{\partial^2 z}{\partial x\partial y}$，$\frac{\partial^2 z}{\partial y\partial x}$，$\frac{\partial^2 z}{\partial y^2}$.

解： $\frac{\partial z}{\partial x}=3x^2y^2-8xy^3+\cos x$，$\frac{\partial z}{\partial y}=2x^3y-12x^2y^2$，

$\frac{\partial^2 z}{\partial x^2}=6xy^2-8y^3-\sin x$，$\frac{\partial^2 z}{\partial x\partial y}=6x^2y-24xy^2$，

$\frac{\partial^2 z}{\partial y\partial x}=6x^2y-24xy^2$，$\frac{\partial^2 z}{\partial y^2}=2x^3-24x^2y$.

在例 9.2.4 中，可以观察到两个二阶混合偏导数相等，即 $\frac{\partial^2 z}{\partial x\partial y}=\frac{\partial^2 z}{\partial y\partial x}$. 这并非偶然现象，而是遵循了下述定理的规律性 . 对于多元函数中的任意两个二阶混合偏导数，例如，二阶 x 方向偏导数和二阶 y 方向偏导数，它们在函数定义域内的每一点上都是相等的 . 这一规律性被称为二阶混合偏导数的连续性或恒等性 .

这一规律性的证明需要利用到多元函数的导数定义和性质，以及微积分中的一些基本定理 . 具体来说，可以选择适当的路径和方向来证明任意两个二阶混合偏导数在函数定义域内的每一点上都相等 .

这一规律性在多元函数微积分中具有重要的意义和应用 . 首先，它简化了多元函数的计算过程，因为我们可以直接使用一个二阶混合偏导数来表示另一个二阶混合偏导数，从而避免了重复的计算 . 其次，这一规律性有助于我们理解和分析多元函数的性质，例如，函数的极值和拐点等 . 最后，这一规律性也是进一步研究多元函数的可微性和可导性的基础，为我们提供了重要的理论依据 .

因此，掌握这一规律性对于学习多元函数微积分的学生来说是至关重要的．通过深入学习和理解这一规律性，可以更好地掌握多元函数的性质和变化规律，为解决实际问题提供更有力的工具和手段．

定理 9.2.1　如果函数 $z=f(x,y)$ 的二阶混合偏导数 $f_{xy}(x,y)$ 和 $f_{yx}(x,y)$ 在区域 D 内连续，那么在区域 D 内必有 $f_{xy}(x,y)=f_{yx}(x,y)$ ．

（1）这一性质简化了多元函数的计算过程．在实际应用中，计算多元函数的偏导数，就可以选择一个方便的次序来计算它们，从而避免了复杂的计算过程和潜在的错误．

（2）这一性质有助于我们理解和分析多元函数的性质．例如，在寻找函数的极值点时，需要计算二阶混合偏导数并判断它们的符号．如果两个二阶混合偏导数总是相等，那么只需要计算其中一个，然后利用它们的相等性来推断另一个的符号，从而简化了分析的过程．

（3）这一性质也是进一步研究多元函数的可微性和可导性的基础．在多元函数的微积分中，可微性和可导性是非常重要的概念，它们涉及到函数在某一点附近的行为．如果二阶混合偏导数总是相等，那么可以更加确信函数在这些点上是可微的或可导的，从而为进一步的研究提供了重要的依据．

因此，掌握这一性质对于学习多元函数微积分的学生来说是至关重要的．通过深入学习和理解这一性质，可以更好地掌握多元函数的性质和变化规律，为解决实际问题提供更有力的工具和手段．

例 9.2.5　验证函数 $u=\dfrac{1}{r}$ 满足方程

$$\frac{\partial^2 u}{\partial x^2}+\frac{\partial^2 u}{\partial y^2}+\frac{\partial^2 u}{\partial z^2}=0 ,$$

其中，$r=\sqrt{x^2+y^2+z^2}$ ．

证明： $\dfrac{\partial u}{\partial x}=-\dfrac{1}{r^2}\dfrac{\partial r}{\partial x}=-\dfrac{1}{r^2}\dfrac{x}{r}=-\dfrac{x}{r^3}$ ，

$$\frac{\partial^2 u}{\partial x^2}=-\frac{1}{r^3}+\frac{3x}{r^4}\frac{\partial r}{\partial x}=-\frac{1}{r^3}+\frac{3x^2}{r^5} .$$

因为函数的对称性是关于自变量的，所以

$$\frac{\partial^2 u}{\partial y^2}=-\frac{1}{r^3}+\frac{3y^2}{r^5} , \quad \frac{\partial^2 u}{\partial z^2}=-\frac{1}{r^3}+\frac{3z^2}{r^5} .$$

因此

$$\frac{\partial^2 u}{\partial x^2}+\frac{\partial^2 u}{\partial y^2}+\frac{\partial^2 u}{\partial z^2}=-\frac{3}{r^3}+\frac{3(x^2+y^2+z^2)}{r^5}=-\frac{3}{r^3}+\frac{3r^2}{r^5}=0\ .$$

9.2.2 全微分

9.2.2.1 全微分的定义

由一元函数微分学中的增量与微分的关系,可以得到以下两个表达式:

$$f(x+\Delta x,y)-f(x,y)\approx f_x(x,y)\Delta x\ ,$$

$$f(x,y+\Delta y)-f(x,y)\approx f_y(x,y)\Delta y\ .$$

其中,左侧的表达式分别表示当 x 和 y 分别产生增量时,二元函数的增量变化,即偏增量. 而右侧的表达式则表示当 x 和 y 分别产生微小变化时,函数的微小变化,即偏微分. 若遇到需要考察当两个自变量都产生增量的情况,函数值的整体变化就是全增量. 全增量可以通过将对应的两个偏增量相加来得到.

设二元函数 $z=f(x,y)$ 在点 $P_0(x_0,y_0)$ 的某邻域 $U(P_0)$ 内有定义,若自变量 x,y 分别取得增量 $\Delta x,\Delta y$,且 $(x_0+\Delta x,y_0+\Delta y)\in U(P_0)$,则相应的函数的增量

$$\Delta z=f(x_0+\Delta x,y_0+\Delta y)-f(x_0,y_0)\ ,$$

称为函数 $z=f(x,y)$ 在 $P_0(x_0,y_0)$ 处的全增量.

为了简化计算引入了以下定义.

定义 9.2.2 设函数 $z=f(x,y)$ 在点 $P_0(x_0,y_0)$ 的某邻域 $U(P_0)$ 内有定义,若函数 $f(x,y)$ 在点 $P_0(x_0,y_0)$ 处的全增量

$$\Delta z=f(x_0+\Delta x,y_0+\Delta y)-f(x_0,y_0)\ ,$$

表示为

$$\Delta z=A\Delta x+B\Delta y+o(\rho)\ , \qquad (9.2.1)$$

其中, A、B 与 $P_0(x_0,y_0)$ 有关,与 $\Delta x,\Delta y$ 无关, $\rho=\sqrt{(\Delta x)^2+(\Delta y)^2}$,则称 $f(x,y)$ 在点 P_0 处可微分,并称 $A\Delta x+B\Delta y$ 为函数 $f(x,y)$ 在点 P_0 处的全

微分，记作 $\mathrm{d}z\big|_{(x_0,y_0)}$，即

$$\mathrm{d}z\big|_{(x_0,y_0)} = A\Delta x + B\Delta y .$$

若函数 $z=f(x,y)$ 在区域 D 内各点处都可微分，则称函数 $f(x,y)$ 在 D 内可微分，函数 $f(x,y)$ 在 D 内任意点 (x,y) 处的全微分记作 $\mathrm{d}z$ 或 $\mathrm{d}f(x,y)$.

下面讨论函数 $z=f(x,y)$ 可微分的条件.

定理 9.2.2（必要条件） 若函数 $z=f(x,y)$ 在点 (x_0,y_0) 处可微分，则

（1）$f(x,y)$ 在点 (x_0,y_0) 处连续；

（2）$f(x,y)$ 在点 (x_0,y_0) 处偏导数存在，且有

$$A=f_x(x_0,y_0)\ ,\ B=f_y(x_0,y_0)\ .$$

证明：由条件 $z=f(x,y)$ 在 (x_0,y_0) 处可微分，则

$$\begin{aligned}\Delta z &= f(x_0+\Delta x, y_0+\Delta y)-f(x_0,y_0)\\ &= A\Delta x+B\Delta y+o(\rho)\ .\end{aligned}$$

（1）当 $(\Delta x,\Delta y)\to(0,0)$ 时，由上式有

$$\lim_{(\Delta x,\Delta y)\to(0,0)}\Delta z=\lim_{(\Delta x,\Delta y)\to(0,0)}\left[A\Delta x+B\Delta y+o(\rho)\right]=0\ ,$$

即

$$\lim_{(\Delta x,\Delta y)\to(0,0)} f(x_0+\Delta x, y_0+\Delta y)=f(x_0,y_0)\ ,$$

所以 $f(x,y)$ 在点 (x_0,y_0) 处连续.

（2）令 $y=y_0$，即 $\Delta y=0$，那么 $\rho=|\Delta x|$，所以式（9.2.1）成为

$$f(x_0+\Delta x, y_0)-f(x_0,y_0)=A\Delta x+o(|\Delta x|)\ .$$

于是

$$f_x(x_0,y_0)=\lim_{\Delta x\to 0}\frac{f(x_0+\Delta x,y_0)-f(x_0,y_0)}{\Delta x}=\lim_{\Delta x\to 0}\left[A+\frac{o(|\Delta x|)}{\Delta x}\right]=A\ .$$

同样可证 $f_y(x_0,y_0)=B$.

由定理 9.2.2，若函数 $z=f(x,y)$ 在点 (x_0,y_0) 处可微分，则有

$$\mathrm{d}z\big|_{(x_0,y_0)}=f_x(x_0,y_0)\Delta x+f_y(x_0,y_0)\Delta y\ .$$

一般地，$z=f(x,y)$ 在点 (x,y) 处可微分，则全微分为

$$dz = \frac{\partial z}{\partial x}\Delta x + \frac{\partial z}{\partial y}\Delta y,$$

或

$$df(x,y) = f_x(x,y)\Delta x + f_y(x,y)\Delta y.$$

由于当 x,y 为自变量时，$dx = \Delta x$，$dy = \Delta y$，因此

$$dz = \frac{\partial z}{\partial x}dx + \frac{\partial z}{\partial y}dy \text{ 或 } df(x,y) = f_x(x,y)dx + f_y(x,y)dy$$

上式即为全微分计算公式.

注意：各偏导数存在并不能保证多元函数在某点的全微分存在.因此，需要更深入地研究多元函数的性质，以确定全微分存在的条件.例如，函数

$$f(x,y) = \begin{cases} \dfrac{xy}{x^2+y^2}, (x,y) \neq (0,0) \\ 0, (x,y) = (0,0) \end{cases}$$

在 $(0,0)$ 处偏导数存在，且 $f_x(0,0) = 0$，$f_y(0,0) = 0$，但它在 $(0,0)$ 处不连续，从而它在 $(0,0)$ 处不可微分.

定理 9.2.3（充分条件） 若函数 $z = f(x,y)$ 的偏导数 $f_x(x,y)$ 与 $f_y(x,y)$ 在点 (x,y) 处连续，则 $z = f(x,y)$ 在点 (x,y) 处可微分.

对于更高维度的函数，同样需要研究其在各个自变量方向上的偏导数以及全微分，以深入理解函数的局部行为和变化规律.通过类似的方法，可以分析多元函数的可微分性，为解决复杂的问题提供重要的数学工具.例如，若三元函数 $u = f(x,y,z)$ 的全微分存在，则有

$$du = \frac{\partial u}{\partial x}dx + \frac{\partial u}{\partial y}dy + \frac{\partial u}{\partial z}dz$$

或 $df(x,y,z) = f_x(x,y,z)dx + f_y(x,y,z)dy + f_z(x,y,z)dz$.

例 9.2.6 计算 $(1.04)^{2.02}$ 的近似值.

解：设 $f(x,y) = x^y$.取 $x_0 = 1, y_0 = 2, \Delta x = 0.04, \Delta y = 0.02$，由计算公式有

$$\begin{aligned}(1.04)^{2.02} &= f(x_0 + \Delta x, y_0 + \Delta y) \\ &\approx f(x_0,y_0) + f_x(x_0,y_0)\Delta x + f_y(x_0,y_0)\Delta y \\ &= x_0^{y_0} + y_0 x_0^{y_0 - 1}\Delta x + x_0^{y_0}\ln x_0 \Delta y \\ &= 1^2 + 2\times 1^{2-1}\times 0.04 + 1^2 \times \ln 1 \times 0.02 = 1.08.\end{aligned}$$

9.2.2.2 全微分在近似计算中的应用

现实中经常需要计算多元函数的全增量或在某点的函数值．由于全增量计算可能比较复杂，因此希望使用简化的近似计算公式来代替．全微分为我们提供了这样的工具，通过它可以得到相应的近似计算公式，从而简化了计算过程．利用全微分的近似计算公式，可以快速地估算多元函数的全增量或某点的函数值，这对于解决实际问题非常有用．

若函数 $z=f(x,y)$ 在点 (x_0,y_0) 处可微分，则当 $\rho=\sqrt{(\Delta x)^2+(\Delta y)^2}$ 很小时（$|\Delta x|,|\Delta y|$ 也很小），有 $\Delta z\approx \mathrm{d}z$，即有 $\Delta z\approx f_x(x_0,y_0)\Delta x+f_y(x_0,y_0)\Delta y$ 及

$$f(x_0+\Delta x,y_0+\Delta y)\approx f(x_0,y_0)+f_x(x_0,y_0)\Delta x+f_y(x_0,y_0)\Delta y\ .$$

例 9.2.7 设无盖圆柱形容器的壁厚 0.02m、底厚 0.04m，内半径 1m，内高 4m，求容器外壳体积的近似值．

解：设圆柱体的半径、高和体积依次为 r、h 和 V，则有

$$V=\pi r^2 h\ .$$

因此

$$\begin{aligned}\Delta V\approx \mathrm{d}V&=\frac{\partial V}{\partial r}\Delta r+\frac{\partial V}{\partial h}\Delta h\\&=2\pi rh\Delta r+\pi r^2\Delta h\ .\end{aligned}$$

将 $r=1\mathrm{m},h=4\mathrm{m},\Delta r=0.02\mathrm{m},\Delta h=0.04\mathrm{m}$ 代入上式，得容器外壳体积的近似值

$$\Delta V\approx 2\pi\times1\times4\times0.02+\pi\times1^2\times0.04=0.2\pi(\mathrm{m}^3)\ .$$

9.3 泰勒公式与极值问题

9.3.1 泰勒公式

定理 9.3.1 若 $f(x,y)$ 在点 $P(x_0,y_0)$ 的邻域 $U(P_0)$ 内存在 $n+1$ 阶连

续的偏导数，则对 $\forall(x_0+h,y_0+h)\in U(P_0)$ 有

$$f(x_0+h,y_0+k)=f(x_0,y_0)+\left(h\frac{\partial}{\partial x}+k\frac{\partial}{\partial y}\right)f(x_0,y_0)$$

$$+\frac{1}{2!}\left(h\frac{\partial}{\partial x}+k\frac{\partial}{\partial y}\right)^2 f(x_0,y_0)+\cdots+\frac{1}{n!}\left(h\frac{\partial}{\partial x}+k\frac{\partial}{\partial y}\right)^n f(x_0,y_0)$$

$$+\frac{1}{(n+1)!}\left(h\frac{\partial}{\partial x}+k\frac{\partial}{\partial y}\right)^{n+1} f(x_0+\theta h,y_0+\theta k),0<\theta<1,$$

（9.3.1）

其中

$$\left(h\frac{\partial}{\partial x}+k\frac{\partial}{\partial y}\right)f(x_0,y_0)=h\frac{\partial}{\partial x}\bigg|_{P_0}+k\frac{\partial}{\partial y}\bigg|_{P_0},$$

$$\left(h\frac{\partial}{\partial x}+k\frac{\partial}{\partial y}\right)^2 f(x_0,y_0)=h^2\frac{\partial^2}{\partial x^2}\bigg|_{P_0}+2hk\frac{\partial^2 f}{\partial x\partial y}\bigg|_{P_0}+k^2\frac{\partial^2}{\partial y^2}\bigg|_{P_0},$$

$$\cdots$$

$$\left(h\frac{\partial}{\partial x}+k\frac{\partial}{\partial y}\right)^n f(x_0,y_0)=\sum_{i=0}^{n}C_n^i h^{n-i}k^i\frac{\partial^n f}{\partial x^{n-1}\partial y^i}\bigg|_{P_0}.$$

证明：令

$$x=x_0+th,y=y_0+tk,0\le t\le 1,$$

作辅助函数

$$\varphi(t)=f(x_0+th,y_0+tk),$$

已知 $\varphi(t)$ 在 $[0,1]$ 上的 $n+1$ 阶导数连续，则

$$\varphi(1)=\varphi(0)+\frac{\varphi'(0)}{1!}+\frac{\varphi''(0)}{2!}+\cdots+\frac{\varphi^{(n)}(0)}{n!}+\frac{\varphi^{(n+1)}(\theta)}{(n+1)!},0<\theta<1.$$

（9.3.2）

由复合函数的求导法则和混合偏导数的连续性可知

$$\varphi(0)=\left(h\frac{\partial}{\partial x}+k\frac{\partial}{\partial y}\right)f(x_0,y_0),$$

$$\varphi''(0)=\left(h\frac{\partial}{\partial x}+k\frac{\partial}{\partial y}\right)^2 f(x_0,y_0),$$

$$\cdots$$

$$\varphi^{(n+1)}(\theta)=\left(h\frac{\partial}{\partial x}+k\frac{\partial}{\partial y}\right)^{n+1}f(x_0+\theta h,y_0+\theta h),0<\theta<1 .$$

将上式代入式(9.3.2),且

$$\varphi(1)=f(x_0+h,y_0+k),\varphi(0)=f(x_0,y_0) ,$$

即得结论.

$f(x,y)$ 也有佩亚诺余项的泰勒公式.

定理 9.3.2　若 $f(x,y)$ 在点 $P(x_0,y_0)$ 的邻域 $U(P_0)$ 内存在 n 阶连续的偏导数,则对 $\forall(x_0+h,y_0+h)\in U(P_0)$ 有

$$f(x_0+h,y_0+k)=f(x_0,y_0)+\left(h\frac{\partial}{\partial x}+k\frac{\partial}{\partial y}\right)f(x_0,y_0)+\frac{1}{2!}\left(h\frac{\partial}{\partial x}+k\frac{\partial}{\partial y}\right)^2 f(x_0,y_0)$$

$$+\cdots+\frac{1}{n!}\left(h\frac{\partial}{\partial x}+k\frac{\partial}{\partial y}\right)^n f(x_0,y_0)+o(\rho^n),$$

其中,$\rho=\sqrt{h^2+k^2}$.

当 $x_0=0,y_0=0$ 时,得到二元函数 $f(x,y)$ 麦克劳林公式的两种形式:

(1) $f(x,y)=f(0,0)+\left(x\frac{\partial}{\partial x}+y\frac{\partial}{\partial y}\right)f(0,0)+\cdots$

$$+\frac{1}{n!}\left(x\frac{\partial}{\partial x}+y\frac{\partial}{\partial y}\right)^n f(0,0)+\frac{1}{(n+1)!}\left(x\frac{\partial}{\partial x}+y\frac{\partial}{\partial y}\right)^{n+1} f(\theta x,\theta y);$$

(2) $f(x,y)=f(0,0)+\left(x\frac{\partial}{\partial x}+y\frac{\partial}{\partial y}\right)f(0,0)+\cdots$

$$+\frac{1}{n!}\left(x\frac{\partial}{\partial x}+y\frac{\partial}{\partial y}\right)^n f(0,0)+o(\rho^n) ,$$

其中,$0<\theta<1,\rho=\sqrt{x^2+y^2}$.

当 $n=0$ 时,式(9.3.1)变为

$$f(x_0+h,y_0+k)=f(x_0,y_0)+hf_x(x_0+\theta h,y_0+\theta k)+kf_y(x_0+\theta h,y_0+\theta k),0<\theta<1.$$

定理 9.3.3　若 $f(x,y)$ 在区域 D 可微,且

$$\frac{\partial f}{\partial x}=\frac{\partial f}{\partial y}=0 ,$$

则

$$f(x,y)\equiv c\text{（}c\text{ 为常数）}.$$

证明：给定 $M_0(x_0,y_0)\in D$，对任意 $M(x,y)\in D$，作连接 M_0 和 M 的折线，设其顶点顺次为 $M_0,M_1,\cdots,M_n,M$，根据微分中值公式可得

$$f(M_0)=f(M_1)=\cdots=f(M_n)=f(M),$$

由 M 的任意，在 D 中

$$f(x,y)\equiv f(x_0,y_0)\equiv c.$$

例 9.3.1 求函数 $f(x,y)=\mathrm{e}^{x+y}$ 在点 $(0,0)$ 的 n 阶泰勒公式．

解：$f(0,0)=1$，$f_x(0,0)=e^{x+y}\big|_{(0,0)}=1$，$f_y(0,0)=e^{x+y}\big|_{(0,0)}=1$，$\dfrac{\partial^n f}{\partial x^p\partial y^{n-p}}\Big|_{(0,0)}=\mathrm{e}^{x+y}\big|_{(0,0)}=1$．

所以

$$\mathrm{e}^{x+y}=1+(x+y)+\frac{1}{2!}(x^2+2xy+y^2)+\cdots+\frac{1}{n!}(x^n+nx^{n-1}y+\cdots+y^n)+R_n,$$

其中，$R_n=\dfrac{e^{\theta(x+y)}}{(n+1)!}(x^{n+1}+(n+1)x^n y+\cdots+y^{n+1})\ (0<\theta<1)$．

9.3.2 极值问题

在解决实际问题时，经常需要求多元函数的最大值和最小值．与一元函数类似，多元函数的极值与其最值之间存在着密切的联系．为了更好地理解多元函数的极值问题，可以二元函数的极值问题为例进行讨论．这种做法有助于进一步理解和解决更复杂的多元函数最值问题．

定义 9.3.1 设函数 $z=f(x,y)$ 的定义域为 D，$P_0(x_0,y_0)$ 为 D 的内点，若存在点 P_0 的某个邻域 $U(P_0)\subset D$，使得对于 $\forall P(x,y)\in\mathring{U}(P_0)$，都有

$$f(x,y)<f(x_0,y_0)\text{（或 }f(P)<f(P_0)\text{）},$$

则称函数 $f(x,y)$ 在点 $P_0(x_0,y_0)$ 处取得极大值 $f(x_0,y_0)$；点 $P_0(x_0,y_0)$ 称为函数 $f(x,y)$ 的极大值点；若对 $\forall P(x,y)\in\mathring{U}(P_0)$，都有 $f(x,y)>f(x_0,y_0)$（或 $f(P)>f(P_0)$），则称函数 $f(x,y)$ 在点 $P_0(x_0,y_0)$ 处取得极小值 $f(x_0,y_0)$；点 $P_0(x_0,y_0)$ 称为函数 $f(x,y)$ 的极小值点．极大值和极小值

被统称为极值,而那些使得函数取得极值的点被称为极值点.这个定义明确了极值和极值点的概念,为进一步研究多元函数的性质和变化规律提供了基础.

例 9.3.2　函数 $z=x^2+y^2$ 在点 $(0,0)$ 处取得极小值,因为对于任意的 $(x,y)\neq(0,0)$ 都有

$$f(x,y)=x^2+y^2>0=f(0,0) .$$

显然,点 $(0,0,0)$ 是开口向上的旋转抛物面 $z=x^2+y^2$ 的顶点.

例 9.3.3　函数 $z=-\sqrt{x^2+y^2}$ 在点 $(0,0)$ 处取得极大值,对于任意的 $(x,y)\neq(0,0)$ 都有

$$f(x,y)=-\sqrt{x^2+y^2}<0=f(0,0) .$$

从几何上看,点 $(0,0,0)$ 是开口向下的下半圆锥面 $z=-\sqrt{x^2+y^2}$ 的顶点.

设 n 元函数 $u=f(P)$ 的定义域为 D, P_0 为 D 的内点,若存在点 P_0 的某个邻域 $U(P_0)\subset D$,使得对 $\forall P\in\mathring{U}(P_0)$,都有 $f(P)<f(P_0)$ (或 $f(P)>f(P_0)$),则称函数 $f(P)$ 在点 P_0 处取得极大值(或极小值) $f(P_0)$.

定理 9.3.3(必要条件)　设函数 $z=f(x,y)$ 在点 (x_0,y_0) 处具有偏导数,且在点 (x_0,y_0) 处取得极值,则有

$$f_x(x_0,y_0)=0, f_y(x_0,y_0)=0 .$$

证明: 仅对 $z=f(x,y)$ 在点 (x_0,y_0) 处取得极大值的情形加以证明.依照极大值的定义,在点 (x_0,y_0) 的某邻域内异于 (x_0,y_0) 的点 (x,y) 都满足不等式

$$f(x,y)<f(x_0,y_0) .$$

在该邻域内取 $y=y_0$,而 $x\neq x_0$ 的点,也必满足不等式

$$f(x,y_0)<f(x_0,y_0) .$$

一元函数 $f(x,y_0)$ 在点 $x=x_0$ 处取得极大值,必有

$$\frac{\mathrm{d}}{\mathrm{d}x}f(x,y_0)\Big|_{x=x_0}=f_x(x_0,y_0)=0 .$$

同理,有

$$\frac{\mathrm{d}}{\mathrm{d}y}f(x_0,y)\Big|_{y=y_0}=f_y(x_0,y_0)=0 .$$

若三元函数 $u=f(x,y,z)$ 在点 (x_0,y_0,z_0) 具有偏导数，则在点 (x_0,y_0,z_0) 具有极值的必要条件为

$$f_x(x_0,y_0,z_0)=0\ ,\ f_y(x_0,y_0,z_0)=0\ ,\ f_z(x_0,y_0,z_0)=0\ .$$

虽然偏导数的存在为函数的极值点提供了必要条件，但并不是充分条件．例如，点 $(0,0)$ 是函数 $z=xy$ 的驻点，值得注意的是，即使函数在某点没有偏导数，该函数仍然有可能在该点取得极值．因此，偏导数的存在并不是函数取得极值的必要条件．这意味着，在研究函数的极值问题时，不能仅仅依赖偏导数的存在来判断极值点的位置．例如，函数 $z=-\sqrt{x^2+y^2}$ 在 $(0,0)$ 处偏导数不存在，但取得极大值．

要判定一个驻点是否为极值点，可以使用下面的定理作为判断依据．这个定理为我们提供了一种方法，通过检查驻点处的二阶偏导数及其符号，可以确定该驻点是否为极值点．因此，这个定理为解决函数的极值问题提供了重要的理论依据．

定理 9.3.4（充分条件） 设函数 $z=f(x,y)$ 在点 (x_0,y_0) 的某邻域内连续且有一阶及二阶连续偏导数，又 $f_x(x_0,y_0)=0, f_y(x_0,y_0)=0$，令

$$f_{xx}(x_0,y_0)=A, f_{xy}(x_0,y_0)=B, f_{yy}(x_0,y_0)=C\ ,$$

则 $f(x,y)$ 在 (x_0,y_0) 处是否取得极值的条件如下：

（1）$B^2-AC<0$ 时取得极值，且当 $A<0$ 时取极大值，当 $A>0$ 时取极小值；

（2）$B^2-AC>0$ 时不取极值；

（3）$B^2-AC=0$ 时，可能取得极值，也可能不取极值，还需另作讨论．

例 9.3.4 求函数 $f\left(x,y\right)=x^3+8y^3-6xy+5$ 的极值．

解：解方程组

$$\begin{cases}f_x\left(x,y\right)=3x^2-6y=0\\ f_y\left(x,y\right)=24y^2-6x=0\end{cases},$$

得所有驻点（0,0）及 $\left(1,\dfrac{1}{2}\right)$．

求函数 $f\left(x,y\right)$ 的二阶偏导数，即

$$f_{xx}\left(x,y\right)=6x, f_{xy}\left(x,y\right)=-6, f_{yy}\left(x,y\right)48y\ .$$

在点 $(0,0)$ 处，有 $A=0,B=-6,C=0,AC-B^2=-36<0$，知 $f(0,0)=5$ 不是极值．

在点 $\left(1,\dfrac{1}{2}\right)$ 处，有 $A=6,B=-6,C=24,AC-B^2=108>0$，而 $A=6>0$，知 $f\left(1,\dfrac{1}{2}\right)=4$ 是函数的极小值．

例 9.3.5　某工厂生产甲、乙两种产品，销售单价分别为 10 百元和 9 百元，生产甲产品 x 个，生产乙产品 y 个，总费用为

$$F(x,y)=400+2x+3y+0.01\left(3x^2+xy+3y^2\right)\text{（百元）}$$

问两种产品的产量各是多少时利润最大？

解：由题意可写出利润函数

$$L(x,y)=10x+9y-F(x,y)\ .$$

解方程组

$$\begin{cases}L_x=10-F_x(x,y)=8-0.06x-0.01y=0\\ L_y=9-F_9(x,y)=6-0.01x-0.06y=0\end{cases},$$

得唯一驻点 $(120,80)$，因为

$$A=L_{xx}(120,80)=-0.06\ ,$$

$$B=L_{xy}(120,80)=-0.01\ ,$$

$$C=L_{yy}(120,80)=-0.06\ ,$$

$$AC-B^2=0.0035>0\ .$$

由 $A=-0.06<0$，所以函数 $L(x,y)$ 在点 $(120,80)$ 取极大值，即当甲产品生产 120 个、乙产品生产 80 个时利润最大．

例 9.3.6　设 q_1 为商品 A 的需求量，q_2 为商品 B 的需求量，其需求函数分别是

$$q_1=16-2q_1+4p_2,q_2=20+4p_1-10p_2\ ,$$

总成本函数为

$$C=3q_1+2q_2\ ,$$

p_1,p_2 为商品 A 和 B 的价格，试问价格 p_1,p_2 取何值时可使利润最大？

解：根据题意可知总收益函数为

$$R = p_1q_1 + p_2q_2 = p_1\left(16-2q_1+4p_2\right)+p_2\left(20+4p_1-10p_2\right),$$

所以总利润函数为

$$\begin{aligned}L = R - C &= \left(p_1-3\right)q_1+\left(p_2-2\right)q_2\\ &=\left(p_1-3\right)\left(16-2q_1+4p_2\right)+\left(p_2-2\right)\left(20+4p_1-10p_2\right),\end{aligned}$$

所以问题变为求总利润函数的最大值点．解方程组

$$\begin{cases}\dfrac{\partial L}{\partial p_1}=14-4p_1+8p_2=0\\ \dfrac{\partial L}{\partial p_2}=28+8p_1-20p_2=0\end{cases},$$

可得唯一的驻点 $p_1=\dfrac{63}{2},p_2=14$ ．

根据题意可知所求利润的最大值一定在区域 $D=\left\{\left(p_1,p_2\right)\middle| p_1>0,p_2>0\right\}$ 内取得，又因为函数在 D 内只有唯一的驻点，所以该驻点即为所求的最大值点．所以当价格为 $p_1=\dfrac{63}{2},p_2=14$ 时，利润可达最大值，此时的产量为 $q_1=9,q_2=6$．

第 10 章　多元函数积分学

多元函数积分学是研究多元函数及其应用的数学分支．该学科主要涉及多变量函数的积分、定积分、无穷积分等问题，并研究多元函数的空间性质，如曲面的概念、法线，以及曲线的曲率等．在多元函数积分学中，多元函数的定义及其性质是基础．这些函数可以在任何给定的多元函数空间中定义，是多元函数积分学的基本概念．主要研究任务是针对多变量函数的积分问题．

多元函数积分学的研究有助于理解多变量函数的性质和特征，并使用多元函数更好地描述现实生活中的现象和事物．它为研究多变量函数的更复杂应用（如无限维空间函数）提供了基础，这些应用可能包括使用多元函数积分来研究抽象代数结构或计算机图形学相关的概念．

多元函数积分学是一门重要的学科，它为理解多元函数的性质和特征提供了基础，并为许多应用提供了理论依据．

10.1　含参变量积分

引理 10.1.1　设 $f(x,y)$ 在矩形闭区域

$$D=[a,b]\times[c,d]$$

上连续，则

$$H(u,y)=\int_a^u f(x,y)\mathrm{d}x,$$

也在矩形闭区域 D 上连续．

证明：任取 $(u_0,y_0)\in D$. 因为 $f(x,y)$ 在 D 上连续，所以 $f(x,y)$ 在 D 上有界，且一致连续．即存在 $M>0$，对任意 $(x,y)\in D$，有

$$f(x,y)\leqslant M,$$

且任给 $\varepsilon>0$，存在 $\delta_1>0$，对任何 $(x,y)\in D$，只要

$$|y-y_0|<\delta_1,$$

就有

$$|f(x,y)-f(x,y_0)|<\frac{\varepsilon}{2(b-a)}.$$

不妨令

$$\delta=\min\left(\delta_1,\frac{\varepsilon}{2M}\right).$$

如果 $(u,y)\in D$，且

$$|u-u_0|<\delta,|y-y_0|<\delta,$$

则

$$\begin{aligned}
&|H(u,y)-H(u_0,y_0)|=\\
&\left|\int_a^u f(x,y)\mathrm{d}x-\int_a^{u_0} f(x,y_0)\mathrm{d}x\right|=\\
&\left|\int_a^{u_0} f(x,y)\mathrm{d}x+\int_{u_0}^u f(x,y)\mathrm{d}x-\int_a^{u_0} f(x,y_0)\mathrm{d}x\right|\le\\
&\left|\int_a^{u_0}(f(x,y)-f(x,y_0))\mathrm{d}x\right|+\left|\int_{u_0}^u f(x,y)\mathrm{d}x\right|\le\\
&\int_a^{u_0}|f(x,y)-f(x,y_0)|\mathrm{d}x\left|\int_{u_0}^u f(x,y)\mathrm{d}x\right|<\\
&\frac{\varepsilon}{2(b-a)}\cdot(b-a)+M\cdot\frac{\varepsilon}{2M}=\varepsilon,
\end{aligned}$$

即 $H(u,y)$ 在点 (u_0,y_0) 连续，由点 (u_0,y_0) 的任意性知，$H(u,y)$ 在 D 上连续．

定理 10.1.1（可微性） 设 $f(x,y)$，$f_x(x,y)$ 在 $R=[a,b]\times[p,q]$ 上连续，$c(x)$，$d(x)$ 为定义在 $[a,b]$ 上其值含于 $[p,q]$ 内的可微函数，则函数 $F(x)=\int_{c(x)}^{d(x)} f(x,y)\mathrm{d}y$ 在 $[a,b]$ 上可微，且

$$F'(x)=\int_{c(x)}^{d(x)} f_x(x,y)\mathrm{d}y+f(x,d(x))d'(x)-f(x,c(x))c'(x).$$

证明：若 $F(x)$ 为复合函数，即

$$F(x)=H(x,c,d)=\int_c^d f(x,y)\mathrm{d}y,$$
$$c=c(x),d=d(x).$$

由复合函数求导法则及变上限积分的求导法则，有

$$\frac{\mathrm{d}}{\mathrm{d}x}F(x)=\frac{\partial H}{\partial x}+\frac{\partial H}{\partial c}\frac{\mathrm{d}c}{\mathrm{d}x}+\frac{\partial H}{\partial d}\frac{\mathrm{d}d}{\mathrm{d}x}=\int_{c(x)}^{d(x)} f_x(x,y)\mathrm{d}y+$$
$$f(x,d(x))d'(x)-f(x,c(x))c'(x).$$

要验证复合函数的链式法则成立，确实需要确保外函数的可微性．验证外函数的可微性的方法如下：

（1）了解可微性的定义．在数学分析中，一个函数在某一点的可微性是指该函数在该点有定义，并且在该点的导数存在．对于复合函数，外函数的可微性意味着函数在其定义域内的每一点都满足可微性条件．

（2）按照以下步骤来验证外函数的可微性：①检查外函数的定义域，确保函数的定义域是开集，以便能够应用可微性的定义．②计算外函数的导数，使用导数的定义或求导法则来计算函数的导数．确保在函数的定义域内的每一点上都能求得导数值．③验证导数的存在性，根据可微性的定义，需要证明函数的导数在定义域内的每一点都存在．这可以通过检查函数的导数在定义域内的连续性和满足一定的可微性条件来实现．④检查函数的导数的连续性，如果函数的导数在定义域内的每一点都存在，还需要检查这些导数是否连续．如果函数的导数不连续，那么函数可能不可微．⑤验证函数在定义域内的可微性，如果函数的导数存在且连续，那么根据可微性的定义，函数在其定义域内是可微的．

通过以上步骤，可以验证复合函数的链式法则成立所需的外函数的可微性条件是否满足．如果函数满足可微性条件，则复合函数的链式法则成立；否则，需要进一步研究函数的性质以确定正确的计算方法．

由三元函数

$$H(x,c,d)=\int_c^d f(x,y)\mathrm{d}y$$

有连续的偏导数

$$\begin{cases} \dfrac{\partial H}{\partial x} = \displaystyle\int_c^d \frac{\partial f(x,y)}{\partial x} \mathrm{d}y \\ \dfrac{\partial H}{\partial d} = f\left(x, d(x)\right) \\ \dfrac{\partial H}{\partial c} = -f\left(x, c(x)\right) \end{cases}, \tag{10.1.1}$$

则函数可微 .

对第一个，由于

$$\frac{\partial H}{\partial x} = \int_c^d \frac{\partial f(x,y)}{\partial x} \mathrm{d}y = \int_p^d \frac{\partial f(x,y)}{\partial x} \mathrm{d}y - \int_p^c \frac{\partial f(x,y)}{\partial x} \mathrm{d}y.$$

根据引理 10.1.1 知，$\dfrac{\partial H}{\partial x}$ 的连续性也是成立的 .

需要注意的是：对于三元函数 $H(x,c,d)$ 的偏导数连续，式（10.1.1）可写成：

$$\begin{cases} \dfrac{\partial H}{\partial x} = \displaystyle\int_c^d \frac{\partial f(x,y)}{\partial x} \mathrm{d}y, \\ \dfrac{\partial H}{\partial d} = f(x, d), \\ \dfrac{\partial H}{\partial c} = -f(x, c). \end{cases}$$

例 10.1.1 设 $f(x,y)$ 是定义在

$$D = \{(x,y) \mid 0 \le x \le 1, 0 \le y \le 1\}$$

区域的二元连续函数

$$f(0,0) = 0,$$

且在 $(0,0)$ 处，$f(x,y)$ 可微，求极限

$$J = \lim_{x \to 0^+} \frac{\int_0^{x^2} \mathrm{d}t \int_x^{\sqrt{t}} f(t,u) \mathrm{d}u}{1 - \mathrm{e}^{-\frac{1}{4}x^4}}. \tag{10.1.3}$$

解：不妨设

$$F(x,t) = \int_x^{\sqrt{t}} f(t,u) \mathrm{d}u = \int_0^{\sqrt{t}} f(t,u) \mathrm{d}u - \int_0^x f(t,u) \mathrm{d}u.$$

由于 $f(x,y)$ 是区域 D 上的二元连续函数，根据引理 10.1.1 可知，

$\int_0^x f(t,u)\,\mathrm{d}u$ 是关于 x,t 的二元连续函数．因此，$F(x,t)$ 是关于 x,t 的二元连续函数，于是

$$\int_0^{x^2}\mathrm{d}t\int_x^{\sqrt{t}} f(t,u)\mathrm{d}u=\int_0^{x^2}F(x,t)\mathrm{d}t=I(x)$$

是定义在 $[0,1]$ 上含参量 x 的正常积分，且在 $[0,1]$ 上连续，

$$I(0)=0\ .$$

由于

$$F_x(x,t)=-f(t,x)$$

也是关于 x,t 的二元连续函数，此时 $I(x)$ 还在 $[0,1]$ 上可导，且

$$I'(x)=\int_0^{x^2} f(t,x)\,\mathrm{d}t+F(x,x^2)\cdot 2x,$$

注意到

$$F(x,x^2)=\int_x^{\sqrt{x^2}} f(x^2,u)\,\mathrm{d}u=\int_x^x f(x^2,u)\,\mathrm{d}u=0,$$

于是有

$$I'(x)=-\int_0^{x^2} f(t,x)\,\mathrm{d}t.$$

对式（10.1.3）的分母实施等价无穷小代换

$$1-\mathrm{e}^{-\frac{1}{4}x^4}\sim\frac{1}{4}x^4\left(x\to 0^+\right),$$

并由 L’Hospital 法则，有

$$J=-\lim_{x\to 0^+}\frac{\int_0^{x^2} f(t,x)\mathrm{d}t}{x^3}.$$

因为 $f(x,y)$ 在点 0,0 处可微，所以

$$f(t,x)-f(0,0)=f_x(0,0)t+f_y(0,0)x+o\left(\sqrt{t^2+x^2}\right).$$

若记

$$\alpha(t,x)=f(t,x)-f(0,0)-f_x(0,0)t-f_y(0,0)x,$$

则 $\alpha(t,x)$ 是关于 x,t 的二元连续函数，自然关于每个单变量也连续，故可对 $\alpha(t,x)$ 应用积分中值定理：

$$\int_0^{x^2} \alpha(t,x)\,\mathrm{d}t = \alpha(\xi,x)(x^2-0) = \alpha(\xi,x)\cdot x^2\ (0<\xi<x^2).$$

于是

$$\lim_{x\to 0^+}\frac{\int_0^{x^2}\alpha(t,x)\,\mathrm{d}t}{x^3} = \lim_{x\to 0^+}\frac{\alpha(\xi,x)}{x},$$

又因为

$$\frac{\alpha(\xi,x)}{x} = \frac{\alpha(\xi,x)}{\sqrt{\xi^2+x^2}}\cdot\frac{\sqrt{\xi^2+x^2}}{x},$$

$$0<\frac{\sqrt{\xi^2+x^2}}{x} = \sqrt{1+\frac{\xi^2}{x^2}} < \sqrt{1+\frac{x^4}{x^2}} \le \sqrt{2},$$

所以

$$\lim_{x\to 0^+}\frac{\int_0^{x^2}\alpha(t,x)\,\mathrm{d}t}{x^3} = \lim_{x\to 0^+}\frac{\alpha(\xi,x)}{x} = 0,$$

从而,由

$$\frac{\int_0^{x^2} f(t,x)\,\mathrm{d}t}{x^3} = \frac{\int_0^{x^2} f_x(0,0)t\,\mathrm{d}t}{x^3} + \frac{\int_0^{x^2} f_y(0,0)x\,\mathrm{d}t}{x^3} + \frac{\int_0^{x^2}\alpha(t,x)\,\mathrm{d}t}{x^3},$$

可得

$$\lim_{x\to 0^+}\frac{\int_0^{x^2} f(t,x)\,\mathrm{d}t}{x^3} = f_y(0,0),$$

最终得到

$$J = -f_y(0,0) = -\left.\frac{\partial f}{\partial y}\right|_{(0,0)}.$$

例 10.1.2 设 $f(x,y)$ 有处处连续的二阶偏导数，$f_x(0,0)=f_y(0,0)=f(0,0)=0$. 证明

$$f(x,y) = \int_0^1 (1-t)\left[x^2 f_{11}(tx,ty) + 2xyf_{12}(tx,ty) + y^2 f_{22}(tx,ty)\right]\mathrm{d}t.$$

证明：不妨记

$$F(s) = f(sx,sy),$$

则由 $f(0,0)=0$ 知 $F(0)=0$，且有

$$F(x,y)=F(1)=\int_0^1\frac{\mathrm{d}F(s)}{\mathrm{d}s}\mathrm{d}s=\int_0^1\left[xf_x(sx,sy)+yf_y(sx,sy)\right]\mathrm{d}s.$$

同理，由 $f_x(0,0)=f_y(0,0)=0$ 知

$$f_x(sx,sy)=\int_0^s\frac{\mathrm{d}}{\mathrm{d}t}f_x(tx,ty)\mathrm{d}t=\int_0^s\left[xf_{11}(tx,ty)+yf_{12}(tx,ty)\right]\mathrm{d}t,$$

$$f_y(sx,sy)=\int_0^s\frac{\mathrm{d}}{\mathrm{d}t}f_y(tx,ty)\mathrm{d}t=\int_0^s\left[xf_{11}(tx,ty)+yf_{12}(tx,ty)\right]\mathrm{d}t,$$

所以，通过改变积分顺序可得

$$f(x,y)=\int_0^1\left[xf_x(sx,sy)+yf_y(sx,sy)\right]\mathrm{d}s=$$

$$\int_0^1\mathrm{d}s\int_0^s\left[x^2f_{11}(tx,ty)+y^2f_{22}(tx,ty)+2xyf_{12}(tx,ty)\right]\mathrm{d}t=$$

$$\int_0^1(1-t)\left[x^2f_{11}(tx,ty)+2xyf_{12}(tx,ty)+y^2f_{22}(tx,ty)\right]\mathrm{d}t.$$

例 10.1.3　设函数 $\varphi(x,y)$ 有连续的一阶偏导数 $\varphi_1(x,y)$ 与 $\varphi_2(x,y)$，而

$$f(x,y)=\int_0^x\mathrm{d}u\int_0^y\varphi(u,v)\,\mathrm{d}v,$$

证明：

$$f(x,y)=\int_0^1(1-t)\left[\int_0^{ty}x^2\varphi_1(tx,v)\mathrm{d}v+\int_0^{tx}y^2\varphi_2(u,ty)\mathrm{d}u+2xy\varphi(tx,ty)\right]\mathrm{d}t$$

证明：显然有 $f(0,0)=0$．由于

$$f_x(x,y)=\int_0^y\varphi(x,v)\mathrm{d}v,$$

$$f_y(x,y)=\int_0^x\varphi(u,y)\mathrm{d}u,$$

所以有

$$f_x(0,0)=f_y(0,0)=0,$$

$$f_{11}(x,y)=\int_0^y\varphi_1(x,v)\mathrm{d}v,$$

$$f_{22}(x,y)=\int_0^x\varphi_2(u,y)\mathrm{d}u,$$

$$f_{12}(x,y)=\varphi_2(x,y).$$

从而由例 10.1.2 可知

$$f\left(x,y\right)=\int_0^1\left(1-t\right)\left[x^2 f_{11}\left(tx,ty\right)+y^2 f_{22}\left(tx,ty\right)+2xyf_{12}\left(tx,ty\right)\right]\mathrm{d}t$$

$$=\int_0^1\left(1-t\right)\left[\int_0^{ty}x^2\varphi_1\left(tx,ty\right)\mathrm{d}v+\int_0^{ty}y^2\left(tx,ty\right)\mathrm{d}u+2xy\varphi\left(tx,ty\right)\right]\mathrm{d}t.$$

可以发现,例 10.1.3 及其解答中多处出现了形如引理 10.1.1 所述的积分

$$H\left(u,y\right)=\int_\alpha^u f\left(x,y\right)\mathrm{d}x\ \cdot$$

10.2 重积分

10.2.1 重积分概述

10.2.1.1 二重积分的概念

定义 10.2.1 设二元函数 $f(x,y)$ 在有界闭区域 D 有定义,把闭区域 D 任意分成 n 个小闭区域 $\Delta\sigma_1,\Delta\sigma_2,\cdots,\Delta\sigma_n$, $\Delta\sigma_i$ 既可表示第 i 个小闭区域,也可表示第 i 个小闭区域的面积,在每个 $\Delta\sigma_i$ 上任取一点 (ξ_i,η_i) ,作乘积

$$f(\xi_i,\eta_i)\Delta\sigma_i, i=1,2,\cdots,n ,$$

并作和式

$$\sum_{i=1}^n f(\xi_i,\eta_i)\Delta\sigma_i ,$$

当各小闭区域的直径中的最大值 λ 趋近于 0 时,极限存在,则称此极限为函数 $f(x,y)$ 在闭区域 D 上的二重积分,记为

$$\iint_D f(x,y)\mathrm{d}\sigma$$

或

$$\iint_D f(x,y)\mathrm{d}x\mathrm{d}y ,$$

即

$$\iint_D f(x,y)\mathrm{d}\sigma = \iint_D f(x,y)\mathrm{d}x\mathrm{d}y = \lim_{\lambda\to 0}\sum_{i=1}^{n} f(\xi_i,\eta_i)\Delta\sigma_i ,$$

其中，$f(x,y)$ 称为被积函数，$\mathrm{d}\sigma$ 称为面积微元，$f(x,y)\mathrm{d}\sigma$ 称为被积表达式，x 和 y 称为积分变量，D 称为积分区域，并称 $\sum_{i=1}^{n} f(\xi_i,\eta_i)\Delta\sigma_i$ 为积分和 .

如果上述极限不存在，说明函数 $f(x,y)$ 在闭区域 D 上是不可积的 .

例 10.2.1　利用二重积分的性质比较 $\iint_D (x+y)^2\mathrm{d}\sigma$ 和 $\iint_D (x+y)^3\mathrm{d}\sigma$，$D$ 由 x 轴、y 轴及直线 $x+y=1$ 围成的区域 .

解：区域 D 满足 $0 \leqslant x+y \leqslant 1$，所以

$$(x+y)^2 \geqslant (x+y)^3 ,$$

易知

$$\iint_D (x+y)^2\mathrm{d}\sigma \geqslant \iint_D (x+y)^3\mathrm{d}\sigma .$$

例 10.2.2　设 D 是圆环 $1 \leqslant x^2+y^2 < 4$，证明：

$$\frac{3\pi}{\mathrm{e}^4} \leqslant \iint_D \mathrm{e}^{-(x^2+y^2)}\mathrm{d}\sigma \leqslant \frac{3\pi}{\mathrm{e}} .$$

证明：由题意可得区域 D 的面积为

$$\sigma = \pi\cdot 2^2 - \pi\cdot 1^2 = 3\pi ,$$

因为

$$1 \leqslant x^2+y^2 < 4 ,$$

所以

$$\frac{3\pi}{\mathrm{e}^4} = \frac{1}{\mathrm{e}^4}\iint_D \mathrm{d}\sigma \leqslant \iint_D \mathrm{e}^{-(x^2+y^2)}\mathrm{d}\sigma \leqslant \frac{1}{\mathrm{e}}\iint_D \mathrm{d}\sigma = \frac{3\pi}{\mathrm{e}} ,$$

即

$$\frac{3\pi}{\mathrm{e}^4} \leqslant \iint_D \mathrm{e}^{-(x^2+y^2)}\mathrm{d}\sigma \leqslant \frac{3\pi}{\mathrm{e}} ,$$

得证 .

10.2.1.2 三重积分的概念与性质

三重积分是多元积分中的一个重要概念，它表示的是三维空间中体积的积分．三重积分具有可加性，这意味着我们可以将一个复杂的区域划分成多个简单的子区域进行计算，再将结果进行相加，从而简化计算过程．反序性也是三重积分的一个性质，即三重积分的计算顺序可以灵活选择，可以根据问题的要求来确定最佳求解顺序，从而简化计算过程．坐标变换在三重积分中也有应用，通过适当的坐标变换可以将原来的坐标系转化为更便于计算的形式．

定义 10.2.2 设 $z=f(x,y,z)$ 在有界闭区域 Ω 上有定义，用分法 T 把 Ω 分为 n 个小闭区域 $\Delta v_1,\Delta v_2,\cdots,\Delta v_n$，$\|T\|$ 表示所有小空间立体 Δv_i 的直径的最大值，在 Δv_i 上任取一点 (ξ_i,η_i,ζ_i)，如果

$$\lim_{\|T\|\to 0}\sum_{i=1}^{n} f(\xi_i,\eta_i,\zeta_i)\Delta v_i = I$$

存在，且数 I 与分法 T 及点 (ξ_i,η_i,ζ_i) 无关，则称 $f(x,y,z)$ 在 Ω 上可积，并称 I 是 $\lim\limits_{\|T\|\to 0}\sum\limits_{i=1}^{n} f(\xi_i,\eta_i,\zeta_i)\Delta v_i = I$ 的三重积分，记为 $\iiint\limits_{\Omega} f(x,y,z)\mathrm{d}v$，即

$$\iiint_{\Omega} f(x,y,z)\mathrm{d}v = \lim_{\|T\|\to 0}\sum_{i=1}^{n} f(\xi_i,\eta_i,\zeta_i)\Delta v_i .$$

其中，Ω 为积分区域，$f(x,y,z)\mathrm{d}v$ 称为被积表达式，$f(x,y,z)$ 称为被积函数，$\mathrm{d}v$ 或 $\mathrm{d}x\mathrm{d}y\mathrm{d}z$ 称为体积元素．

10.2.2 重积分计算的典型问题

本节将介绍关于重积分计算的一些典型问题，包括积分次序的选择、变量代换的使用方法、分区域函数求重积分的方法，以及重积分在几何中的应用．首先，要理解重积分的积分次序．在计算重积分时，可以选择不同的积分次序，这取决于问题的特性和求解的简便性．不同的积分次序可能会影响积分的难度和计算量，因此选择合适的积分次序是解决重积分问题的关键之一．接下来，将讨论变量代换在重积分中的应用．变量代换是解决重积分问题的一种常用技巧，通过适当的变量代换，可以将复杂的问题简化．常见的变量代换包括极坐标代换和球坐标

代换等．这些代换可以将三维空间中的点映射到二维平面或更简单的几何形状上，从而简化积分的计算过程．

分区域函数求重积分的方法也是解决重积分问题的一个重要技巧．对于复杂的积分区域，可以将其分解为若干个简单的子区域，分别对每个子区域进行积分，最后再将结果相加．这种方法可以大大简化积分的计算过程，特别是对于不规则的积分区域，分区域函数求重积分的方法更为有效．

最后，我们将介绍重积分在几何中的应用．重积分在几何中有着广泛的应用，它可以表示三维空间中体积的积分，如物体的质量分布、引力场和流体动力学等问题．此外，重积分还可以用于计算几何形状的体积、表面积等几何量，如旋转体的体积、曲面面积等．这些应用都是通过将实际问题转化为数学模型，再利用重积分的性质和计算方法进行求解的．

10.2.2.1 重积分的基本计算方法

在数学中，重积分是积分的一种类型，它表示的是多元函数在多个维度上的积分．重积分的基本计算方法包括：

（1）定义域的分割．将积分区域分成若干个子区域，每个子区域可以是矩形、平行四边形、多边形等简单的几何形状．

（2）变量代换．通过适当的变量代换，将积分区域中的点映射到二维平面或更简单的几何形状上，以便于计算．常见的变量代换包括极坐标代换和球坐标代换等．

（3）分区域函数求重积分．将复杂的积分区域分解成若干个简单的子区域，分别对每个子区域进行积分，最后再将结果相加．这种方法可以大大简化积分的计算过程．

（4）利用微元法．通过微元法，将积分区域分成若干个微小的单元，每个微元上的函数值可以近似为常数，从而将重积分转化为多重积分，简化计算过程．

（5）利用积分的可加性和可减性．根据积分的可加性和可减性，可以将复杂的积分分解成若干个简单的积分之和或差，从而简化计算过程．

10.2.2.2 积分次序的选择对重积分计算的影响

（1）二重积分的计算．

二重积分是多元函数微积分学中的重要概念，它表示的是二元函数在空间上的积分．二重积分的计算方法主要包括化为累次积分进行计算，即先对一个变量进行积分，再对另一个变量进行积分．在计算过程中，需要注意积分的上下限以及积分的次序．

此外，对于二重积分的计算，还可以采用极坐标系进行计算．在极坐标系下，二重积分可以转化为对面积的积分，计算起来更加简便．在进行极坐标变换时，需要将直角坐标系下的函数表达式转化为极坐标系下的函数表达式，并根据需要进行适当的变量代换．

另外，对于二重积分的计算，也可以采用数值计算的方法进行近似计算．常用的数值计算方法包括矩形法、辛普森法、高斯 - 勒让德法等．这些方法可以将二重积分近似为一系列离散点的积分，从而得到近似的积分结果．

设 D 为 X 型区域，即 $D=\{(x,y)\mid a\leqslant x\leqslant b, y_1(x)\leqslant y\leqslant y_2(x)\}$，则

$$\iint_D f(x,y)\mathrm{d}x\mathrm{d}y=\int_a^b \mathrm{d}x\int_{y_1(x)}^{y_2(x)} f(x,y)\mathrm{d}y.$$

设 D 为 Y 型区域，即 $D=\{(x,y)\mid c\leqslant y\leqslant d, x_1(y)\leqslant x\leqslant x_2(y)\}$，则

$$\iint_D f(x,y)\mathrm{d}x\mathrm{d}y=\int_c^d \mathrm{d}y\int_{x_1(y)}^{x_2(y)} f(x,y)\mathrm{d}x\cdot$$

（2）三重积分的计算．

三重积分是多元函数微积分学中的重要概念，它表示的是三元函数在三维空间上的积分．三重积分的计算方法主要包括先一后二和先二后一两种方法．

先一后二的方法是将积分区域划分为一系列的矩形区域，然后在每个矩形区域内进行积分．具体来说，先对一个变量进行积分，再将剩下的两个变量作为二重积分进行计算．这种方法需要将三维空间转化为一系列的二维平面进行计算，计算过程较为复杂．

另一种方法是先二后一，即先对两个变量进行二重积分，再将剩下的一个变量作为一重积分进行计算．这种方法需要在三维空间中先确定一个平面，然后将积分区域划分为一系列的柱体区域，再在每个柱体

区域内进行积分 .

除了这两种方法外,三重积分的计算还可以采用数值计算的方法进行近似计算 . 常用的数值计算方法包括矩形法、辛普森法、高斯 - 勒让德法等 . 这些方法可以将三重积分近似为一系列离散点的积分,从而得到近似的积分结果 .

(i)设 V 介于平面 $z=e$ 和 $z=f$ 之间,对每一个 $z\in[e,f]$,用平行于 Oxy 的平面 $Z=z$ 去截立体 V 的截面 D_z,则有

$$\iiint\limits_V f(x,y,z)\mathrm{d}V=\int_e^f \mathrm{d}z\iint\limits_{D_z} f(x,y,z)\mathrm{d}x\mathrm{d}y\ .$$

(ii)设 V 在 Oxy 平面的投影为 D_{xy},且平行于 z 轴且通过 D_{xy} 上的点 (x,y) 的直线与 V 的边界相交至多两点,记为 $z_1(x,y)$ 和 $z_2(x,y)$,则

$$\iiint\limits_V f(x,y,z)\mathrm{d}V=\iint\limits_{D_{xy}} f(x,y)\mathrm{d}x\mathrm{d}y\int_{z_1(x,y)}^{z_2(x,y)} f(x,y,z)\mathrm{d}z\cdot$$

例 10.2.3　将二重积分 $\iint\limits_D f(x,y)\mathrm{d}x\mathrm{d}y$ 化为不同顺序累次积分 .

(1)D 由 x 轴与 $x^2+y^2=r^2(y>0)$ 所围成;

(2)D 由 $y=x,x=2$ 及 $y=\dfrac{1}{x}(x>0)$ 所围成 .

解:(1)$\iint\limits_D f(x,y)\mathrm{d}x\mathrm{d}y=\int_{-r}^r \mathrm{d}x\int_0^{\sqrt{r^2-x^2}} f(x,y)\mathrm{d}y=\int_0^r \mathrm{d}y\int_{-\sqrt{r^2-y^2}}^{\sqrt{r^2-y^2}} f(x,y)\mathrm{d}x\cdot$

(2)$\iint\limits_D f(x,y)\mathrm{d}x\mathrm{d}y=\int_1^2 \mathrm{d}x\int_{\frac{1}{x}}^x f(x,y)\mathrm{d}y=\int_{\frac{1}{2}}^1 \mathrm{d}y\int_{\frac{1}{y}}^2 f(x,y)\mathrm{d}x+\int_1^2 \mathrm{d}y\int_y^2 f(x,y)\mathrm{d}x\cdot$

例 10.2.4　求下列重积分:

(1)$I=\int_0^1 \mathrm{d}x\int_x^1 \mathrm{e}^{-y^2}\mathrm{d}y$;

(2)$I=\int_0^1 \mathrm{d}x\int_x^1 x^2\mathrm{e}^{-y^2}\mathrm{d}y$;

(3)$I=\int_0^{\sqrt{\frac{\pi}{2}}} \mathrm{d}y\int_y^{\sqrt{\frac{\pi}{2}}} y^2\sin x^2\mathrm{d}x$;

(4)$\iiint\limits_V z\mathrm{d}x\mathrm{d}y\mathrm{d}z$,$V$ 由曲面 $z=x^2+y^2,z=1,z=2$ 所围成;

(5)$\iiint\limits_V xy^2z^3\mathrm{d}x\mathrm{d}y\mathrm{d}z$,$V$ 由曲面 $z=xy,y=x,z=0,x=1$ 所围成 .

解:(1)$I=\int_0^1 \mathrm{e}^{-y^2}\mathrm{d}y\int_0^y \mathrm{d}x=\int_0^1 y\mathrm{e}^{-y^2}\mathrm{d}y=-\dfrac{1}{2}\mathrm{e}^{-y^2}\Big|_0^1=\dfrac{1}{2}(1-\mathrm{e}^{-1})$;

（2）$I=\int_0^1 e^{-y^2}dy\int_0^y x^2dx=\frac{1}{3}\int_0^1 y^3e^{-y^2}dy\overset{y^2=t}{=}\frac{1}{6}\int_0^1 te^{-t}dt=\frac{1}{6}(1-\frac{2}{e})$；

（3）$I=\int_0^{\sqrt{\frac{\pi}{2}}}\sin x^2dx\int_0^x y^2dy=\frac{1}{3}\int_0^{\sqrt{\frac{\pi}{2}}}x^3\sin x^2dx\overset{x^2=t}{=}\frac{1}{6}\int_0^{\frac{\pi}{2}}t\sin tdt=\frac{1}{6}$；

（4）$\forall z\in[1,2]$，用平行于 Oxy 平面的平面 $Z=z$ 去截 V，得一圆面 $D_z:x^2+y^2\le z^2$，而它的面积为 πz，因此有

$$\iiint\limits_V z\mathrm{d}x\mathrm{d}y\mathrm{d}z=\int_1^2 z\mathrm{d}z\iint\limits_{D_z}\mathrm{d}x\mathrm{d}y=\int_1^2\pi z^2\mathrm{d}z=\frac{7}{3}.$$

（5）V 在 Oxy 平面的投影由 $y=x,y=0,x=1$ 围成，V 的底为 $z=0$，顶为 $z=xy$，因此有

$$\iiint\limits_V xy^2z^3\mathrm{d}x\mathrm{d}y\mathrm{d}z=\int_0^1 x\mathrm{d}x\int_0^x y^2\mathrm{d}y\int_0^{xy}z^3\mathrm{d}z=\frac{1}{4}\int_0^1 x^5\mathrm{d}x\int_0^x y^6\mathrm{d}y=\frac{1}{364}.$$

注：（1）将二重积分化为累次积分的过程是计算二重积分的关键步骤之一．其中最基本的步骤是根据积分域确定累次积分的积分限．这个步骤是必要的，因为二重积分实际上是计算区域上被积函数的值与该区域面积的乘积之和，而这个面积是通过累次积分来计算的．

为了更直观地理解这个过程，作图是一个非常有用的工具．通过作图，可以更清楚地看到积分域的形状，从而更容易地确定累次积分的积分限．例如，有一个在 xOy 平面上的区域 D，可以将其投影到 x 轴上，得到一个区间 $[a,b]$，这就是在 x 方向上的积分限．然后，可以再次投影到 y 轴上，得到另一个区间 $[c,d]$，这就是在 y 方向上的积分限．通过这种方式，可以直观地得出累次积分的积分限，从而更容易地计算二重积分．

（2）积分次序对累次积分的结果有着显著的影响．在二重积分的计算中，如果选错了积分次序，可能会导致积分无法进行或者得到错误的结果．这是因为二重积分涉及到两个变量的积分，不同的积分次序可能会对积分的操作顺序产生影响，进而影响最终的计算结果．

同样地，对于三重积分，选择正确的积分次序也至关重要．三重积分涉及到三个变量的积分，其计算复杂度更高，需要更加谨慎地选择积分次序．有时候，选择不同的积分次序可能会使得计算过程更加简便或者能够更容易地得出结果．因此，在计算三重积分时，需要根据具体的问题和积分域的形状来选择合适的积分次序，以达到事半功倍的效果．

例 10.2.5　改变累次积分 $\int_0^1 dx\int_0^{1-x} dy\int_0^{x+y} f(x,y,z)\,dz$ 的次序.

解: 原式 $= \int_0^1 dy\int_0^{1-y} dx\int_0^{x+y} f(x,y,z)dz$

$$= \int_0^1 dx\int_0^x dz\int_0^{1-x} f(x,y,z)dy + \int_0^1 dx\int_x^1 dz\int_{z-x}^{1-x} f(x,y,z)dy$$

$$= \int_0^1 dy\int_0^y dz\int_0^{1-y} f(x,y,z)dx + \int_0^1 dy\int_y^1 dz\int_{z-y}^{1-y} f(x,y,z)dx$$

$$= \int_0^1 dz\int_0^z dx\int_{z-x}^{1-x} f(x,y,z)dy + \int_0^1 dz\int_z^1 dx\int_0^{1-x} f(x,y,z)dy$$

$$= \int_0^1 dz\int_0^z dy\int_{z-y}^{1-y} f(x,y,z)dx + \int_0^1 dz\int_z^1 dy\int_0^{1-y} f(x,y,z)dx\ .$$

注: 三重积分的累次积分共有六种类型,这六种类型分别是: 先一后二、先二后一、先一后二再三、先一后三再二、先二后一再三和先二后三再一. 在交换积分次序的时候,如果从空间上难以确定积分限时,可以考虑固定其中的一个变量,把剩下两个变量间的积分看成是二重积分的累次积分.

通过固定一个变量,可以将三重积分转化为一系列的二重积分,从而更容易地确定积分限和计算积分. 这种方法可以用于各种不同的三重积分问题,使得原本复杂的三重积分计算变得相对简单.

具体来说,当遇到难以确定积分限的三重积分问题时,可以先固定一个变量,将问题转化为二重积分的累次积分形式. 然后,可以通过交换积分次序,逐个计算每个二重积分,最终得出三重积分的值. 这种方法的关键在于正确地固定一个变量并选择合适的积分次序,以简化计算过程.

10.2.2.3 变量代换在重积分计算中的应用

(1)二重积分的变量代换.

在二重积分的计算中,变量代换主要应用于两种情况. 一种是当被积函数或积分域比较复杂时,通过变量代换将其转化为更简单的形式. 另一种情况是当被积函数或积分域的变量之间存在一定的关系时,通过变量代换将它们相互关联起来,从而简化计算.

设变换 $\begin{cases} x=\varphi(u,v) \\ y=\psi(u,v) \end{cases}$ 把 Ouv 平面上由逐段光滑的闭曲线围成的区域

Δ 一一映射为 Oxy 平面的区域 D，且 φ,ψ 在 Δ 有二阶连续偏导数，当 $(u,v)\in\Delta$ 时，$J(u,v)=\dfrac{\partial(x,y)}{\partial(u,v)}\neq 0$，$f(x,y)$ 是定义在 D 上的连续函数，则

$$\iint_D f(x,y)\,\mathrm{d}x\mathrm{d}y=\iint_\Delta f(\varphi(u,v),\phi(u,v))|J(u,v)|\,\mathrm{d}u\mathrm{d}v .$$

特别，极坐标变换 $\begin{cases}x=r\cos\theta\\ y=r\sin\theta\end{cases}$，

$$\iint_D f(x,y)\,\mathrm{d}x\mathrm{d}y=\iint_D f(r\cos\theta,r\sin\theta)\,r\mathrm{d}r\mathrm{d}\theta .$$

（2）三重积分的变量代换．

在三重积分的变量代换中，常见的代换方法包括柱面坐标代换和球面坐标代换等．柱面坐标代换可以将三维空间中的点转化为柱面坐标系中的点，从而将三重积分转化为对面积和体积的积分．球面坐标代换则可以将三维空间中的点转化为球面坐标系中的点，从而将三重积分转化为对面积、体积和角度的积分．

这些代换方法都可以将三重积分转化为更易于计算的形式，从而简化计算过程．选择适当的变量代换方法，可以更快地得出三重积分的计算结果，从而更好地解决实际问题．

设变换 $\begin{cases}x=x(u,v,w)\\ y=y(u,v,w)\\ z=z(u,v,w)\end{cases}$ 把 $Ouvw$ 上的闭区域 Ω 一一映射为 $Oxyz$ 平面的区域 V，且 x,y,z 在 V 有二阶连续偏导数，且当 $(u,v,w)\in\Omega$ 时，$J=\dfrac{\partial(x,y,z)}{\partial(u,v,w)}\neq 0$，$f(x,y,z)$ 是定义在 V 上的连续函数，则

$$\iiint_V f(x,y,z)\mathrm{d}V=\iiint_\Omega f(x(u,v,w),y(u,v,w),z(u,v,w))\mathrm{d}\Omega .$$

特别，柱坐标变换 $\begin{cases}x=r\cos\theta\\ y=r\sin\theta\\ z=z\end{cases}$，

$$\iiint_V f(x,y,z)\mathrm{d}V=\iiint_V f(r\cos\theta,r\sin\theta,z)r\mathrm{d}r\mathrm{d}\theta\mathrm{d}z .$$

球坐标变换 $\begin{cases}x=r\cos\theta\sin\varphi\\ y=r\sin\theta\sin\varphi\\ z=r\cos\varphi\end{cases}$，

$$\iiint\limits_V f(x,y,z)\mathrm{d}V=\iiint\limits_V f\left(r\cos\theta\sin\varphi,r\sin\theta\sin\varphi,r\cos\varphi\right)r^2\sin\varphi\mathrm{d}r\mathrm{d}\theta\mathrm{d}z\cdot$$

例 10.2.6

（1）计算二重积分 $\iint\limits_D(x^2+y^2)\mathrm{d}x\mathrm{d}y$，$D$ 由双曲线 $(x^2+y^2)^2=a^2(x^2-y^2)\,(x\geqslant 0)$ 围成．

（2）计算二重积分 $\iint\limits_D(x+y)\mathrm{d}x\mathrm{d}y$，其中 D 是 $x^2+y^2\leqslant x+y$ 的内部．

（3）$\iiint\limits_V(\sqrt{x^2+y^2})^3\mathrm{d}x\mathrm{d}y\mathrm{d}z$，$V$ 由曲面 $x^2+y^2=9$，$x^2+y^2=16$，$z^2=x^2+y^2$，$z\geqslant 0$ 围成．

（4）$\iiint\limits_V(\sqrt{x^2+y^2+z^2})^5\mathrm{d}x\mathrm{d}y\mathrm{d}z$，$V$ 由 $x^2+y^2+z^2=2z$ 围成．

解：（1）由极坐标变换 $\begin{cases}x=r\cos\theta\\y=r\sin\theta\end{cases}$，代入双曲线得 $r^4=a^2r^2(\cos^2\theta-\sin^2\theta)$，$r^2=a^2\cos2\theta$，则 $r\leqslant a\sqrt{\cos2\theta}$ 由 $x\geqslant 0$ 及 $r^2\geqslant 0$ 知 $-\dfrac{\pi}{4}\leqslant\theta\leqslant\dfrac{\pi}{4}$，因此有

$$\begin{aligned}\iint\limits_D(x^2+y^2)\mathrm{d}x\mathrm{d}y&=\int_{-\frac{\pi}{4}}^{\frac{\pi}{4}}\mathrm{d}\theta\int_0^{a\sqrt{\cos2\theta}}r^3\mathrm{d}r=\frac{a^4}{4}\int_{-\frac{\pi}{4}}^{\frac{\pi}{4}}\cos^2 2\theta\mathrm{d}\theta\\&=\frac{a^4}{8}\int_{-\frac{\pi}{4}}^{\frac{\pi}{4}}(1+\cos4\theta)\mathrm{d}\theta=\frac{\pi}{16}a^4.\end{aligned}$$

（2）由极坐标变换 $\begin{cases}x=r\cos\theta\\y=r\sin\theta\end{cases}$，代入 $x^2+y^2=x+y$，得 $r^2=r(\cos\theta+\sin\theta)$，则 $r\leqslant\cos\theta+\sin\theta$，由 $r\geqslant 0$ 知 $-\dfrac{\pi}{4}\leqslant\theta\leqslant\dfrac{3\pi}{4}$，因此有

$$\begin{aligned}\iint\limits_D(x+y)\mathrm{d}x\mathrm{d}y&=\int_{-\frac{\pi}{4}}^{\frac{3\pi}{4}}\mathrm{d}\theta\int_0^{\sin\theta+\cos\theta}r(\sin\theta+\cos\theta)r\mathrm{d}r=\frac{1}{3}\int_{-\frac{\pi}{4}}^{\frac{3\pi}{4}}(\sin\theta+\cos\theta)^4\mathrm{d}\theta\\&=\frac{1}{3}\int_{-\frac{\pi}{4}}^{\frac{3\pi}{4}}(1+\sin2\theta)^2\mathrm{d}\theta=\frac{1}{3}\int_{-\frac{\pi}{4}}^{\frac{3\pi}{4}}(1+2\sin2\theta+\sin^2 2\theta)\mathrm{d}\theta=\frac{\pi}{2}.\end{aligned}$$

（3）由柱坐标变换 $\begin{cases}x=r\cos\theta\\y=r\sin\theta\\z=z\end{cases}$，代入 V 的边界曲面，得 $r^2=9,r^2=16,z^2=r^2$，由 $r\geqslant 0$ 及 $z\geqslant 0$ 知 $0\leqslant\theta\leqslant 2\pi$，$3\leqslant r\leqslant 4$，$0\leqslant z\leqslant r$，因此

有

$$\iiint_V (\sqrt{x^2+y^2})^3 dxdydz = \int_0^{2\pi} d\theta \int_3^4 dr \int_0^r r^4 dz = \int_0^{2\pi} d\theta \int_3^4 r^5 dr = \frac{3367}{3}\pi .$$

（4）由球坐标变换 $\begin{cases} x = r\cos\theta\sin\varphi \\ y = r\sin\theta\sin\varphi \\ z = r\cos\varphi \end{cases}$，代入 V 的边界曲面，得 $r^2 = 2r\cos\varphi$，由 $r \geqslant 0$ 知 $0 \leqslant \theta \leqslant 2\pi$，$0 \leqslant \varphi \leqslant \frac{\pi}{2}$，$0 \leqslant r \leqslant 2\cos\varphi$，因此有

$$\iiint_V (\sqrt{x^2+y^2+z^2})^5 dxdydz = \int_0^{2\pi} d\theta \int_0^{\frac{\pi}{2}} d\varphi \int_0^{2\cos\varphi} r^5 r^2 \sin\varphi dr = 2^6\pi \int_0^{\frac{\pi}{2}} \sin\varphi \cos^8\varphi d\varphi = \frac{64}{9}\pi .$$

注：极坐标变换适用的类型：积分域为圆形，扇形或圆环形；被积函数呈 $f\left(x^2+y^2\right)$ 或 $f\left(\frac{y}{x}\right)$ 等形式．

例 10.2.7

（1）求 $\iint_D xy dxdy$，其中 D 由 $xy=2, xy=4, y=x, y=2x$ 围成；

（2）求 $\iint_D e^{\frac{x-y}{x+y}} dxdy$，其中 D 由 $x=0, y=0, x+y=1$ 围成．

解：（1）作变换：$u = xy, v = \frac{y}{x}$，则在变换下，D 变为 $[2,4]\times[1,2]$，

由 $\frac{\partial(u,v)}{\partial(x,y)} = \begin{vmatrix} y & x \\ -\frac{y}{x^2} & \frac{1}{x} \end{vmatrix} = 2\frac{y}{x} = 2v$，所以 $J(u,v) = \frac{\partial(x,y)}{\partial(u,v)} = \frac{1}{2v}$．

$$\iint_D xy dxdy = \int_2^4 du \int_1^2 \frac{u}{2v} dv = \int_2^4 u du \int_1^2 \frac{1}{2v} dv = 3\ln 2.$$

（2）作变换：$u = x-y, v = x+y$，则在变换下，D 变为 $u+v=0$，$v-u=0, v=1$ 围成的区域．

由 $\frac{\partial(u,v)}{\partial(x,y)} = \begin{vmatrix} 1 & 1 \\ -1 & 1 \end{vmatrix} = 2$，所以 $J(u,v) = \frac{\partial(x,y)}{\partial(u,v)} = \frac{1}{2}$．

$$\iint_D e^{\frac{x-y}{x+y}} dxdy = \int_0^1 dv \int_{-v}^{v} \frac{1}{2} e^{\frac{u}{v}} du = \frac{1}{4}\left(e - e^{-1}\right).$$

重积分中的变量代换是为了将复杂的问题简化，从而更容易地计算出积分的结果．通过代换，可以将原始的积分问题转化为更易于处理的形式，使得积分的过程更加简便．在进行变量代换时，我们的主要目标

是简化被积函数或积分区域．通过选择适当的代换，可以将复杂的函数或不规则的区域转化为简单的形式，从而更容易地确定积分的限值，并进一步计算出积分的结果．

10.2.2.4 非光滑函数的重积分的计算

类似于一元函数的分段定义，多元函数在定义时也可能有多个表达式．当这些函数在定义域内不连续或者不光滑时，直接求积分可能会变得复杂．因此，类似于定积分的区间可加性拆分，可以将积分区域进行拆分，使得在每个小区域内，函数都可以用一个统一的表达式来表示．这样，就可以将原来的积分问题转化为一系列简单的小积分问题，从而更容易地计算出积分的结果．

例 10.2.8

（1）求 $\iint\limits_D \sqrt{|y-x^2|}\mathrm{d}x\mathrm{d}y$，其中 D：$|x|\leqslant 1$，$0\leqslant y\leqslant 2$；

（2）求 $\iint\limits_D (x+y)\operatorname{sgn}(x-y)\mathrm{d}x\mathrm{d}y$，其中 D：$[0,1]\times[0,1]$；

（3）求 $\iint\limits_D \min\left\{\sqrt{\frac{3}{16}-x^2-y^2},2(x^2+y^2)\right\}\mathrm{d}x\mathrm{d}y$，其中 D：$x^2+y^2\leqslant\frac{3}{16}$．

证明：（1）将 D 分成两部分，D_1：$|x|\leqslant 1$，$0\leqslant y\leqslant x^2$，$D_2$：$|x|\leqslant 1$，$x^2\leqslant y\leqslant 2$，则

$$\iint\limits_D \sqrt{|y-x^2|}\mathrm{d}x\mathrm{d}y=\iint\limits_{D_1}\sqrt{x^2-y}\mathrm{d}x\mathrm{d}y+\iint\limits_{D_2}\sqrt{y-x^2}\mathrm{d}x\mathrm{d}y$$

$$=\int_{-1}^{1}\mathrm{d}x\int_0^{x^2}\sqrt{x^2-y}\mathrm{d}y+\int_{-1}^{1}\mathrm{d}x\int_{x^2}^{2}\sqrt{y-x^2}\mathrm{d}y=\frac{\pi}{2}+\frac{4}{3}\cdot$$

（2）将 D 分成两部分，D_1：$0\leqslant x\leqslant 1$，$0\leqslant y\leqslant x$，D_2：$0\leqslant x\leqslant 1$，$x\leqslant y\leqslant 1$，则

$$\iint\limits_D (x+y)\operatorname{sgn}(x-y)\mathrm{d}x\mathrm{d}y=\iint\limits_{D_1}(x+y)\mathrm{d}x\mathrm{d}y+\iint\limits_{D_2}-(x+y)\mathrm{d}x\mathrm{d}y$$

$$=\int_0^1\mathrm{d}x\int_0^x(x+y)\mathrm{d}y+\int_0^1\mathrm{d}x\int_x^1-(x+y)\mathrm{d}y=0\cdot$$

（3）由 $\sqrt{\frac{3}{16}-x^2-y^2}=2(x^2+y^2)$ 知，$x^2+y^2=\frac{1}{8}$．将 D 分成两部分，

$D_1: x^2+y^2\leqslant\frac{1}{8}$，$D_2: \frac{1}{8}\leqslant x^2+y^2\leqslant\frac{3}{16}$，则

$$\iint_D \min\left\{\sqrt{\frac{3}{16}-x^2-y^2},2\left(x^2+y^2\right)\right\}\mathrm{d}x\mathrm{d}y=\iint_{D_1}2\left(x^2+y^2\right)\mathrm{d}x\mathrm{d}y+\iint_{D_2}\sqrt{\frac{3}{16}-x^2-y^2}\mathrm{d}x\mathrm{d}y$$

$$=\int_0^{2\pi}\mathrm{d}\theta\int_0^{\frac{\sqrt{2}}{4}}r^3\mathrm{d}r+\int_0^{2\pi}\mathrm{d}\theta\int_{\frac{\sqrt{2}}{4}}^{\frac{\sqrt{3}}{4}}\sqrt{\frac{3}{16}-r^2}\,r\mathrm{d}r=\frac{3\pi}{128}.$$

10.2.2.5 重积分在几何中的应用

重积分在几何中有着广泛的应用．它主要用于描述空间中的曲面、体积和质量等问题，是积分学在三维空间中的推广与应用．

（1）重积分可以用于计算不规则实体的体积．在科学研究及在水利、交通等现代工程应用中，物体的体积是许多设计、实施等环节不可或缺的因素．然而，由于几何体的复杂性及测量仪器的局限性，对一些不规则实体体积的测量存在一定的困难及误差．而重积分的应用，为解决这些问题在数学模型上提供了理论方法途径．

（2）重积分还可以用于描述曲面面积．对于一些复杂的曲面，可以使用重积分来描述其面积．通过重积分，可以将复杂的曲面面积问题转化为更易于处理的数学问题，从而更容易地计算出面积．

（3）重积分还可以用于解决质量分布问题．在物理学和工程学中，经常需要计算物体的质量．通过重积分，可以将物体的质量分布问题转化为数学问题，从而更容易地计算出质量．

例 10.2.9

（1）求曲线$\left(\frac{x^2}{a^2}+\frac{y^2}{b^2}\right)^2=\frac{xy}{c^2}$所围的面积；

（2）$z=axy$包含在圆柱$x^2+y^2=a^2$内的部分曲面的面积．

解：（1）设曲线$\left(\frac{x^2}{a^2}+\frac{y^2}{b^2}\right)^2=\frac{xy}{c^2}$所围的区域为$D$，则面积$|D|=\iint_D\mathrm{d}\sigma=2\iint_{D_1}\mathrm{d}x\mathrm{d}y$，其中，$D_1:\left(\frac{x^2}{a^2}+\frac{y^2}{b^2}\right)^2=\frac{xy}{c^2}$在第一象限部分．

作变换$x=ar\cos\theta, y=br\sin\theta$，则

$$J(r,\theta)=\frac{\partial(x,y)}{\partial(r,\theta)}=\begin{vmatrix}a\cos\theta & -ar\cos\theta\\ b\sin\theta & br\sin\theta\end{vmatrix}=abr,$$

区域 D 变为 $0\leqslant r\leqslant\frac{\sqrt{ab}}{c}\sqrt{\sin\theta\cos\theta},0\leqslant\theta\leqslant\frac{\pi}{2}$.

$$|D|=2\int_0^{\frac{\pi}{2}}\mathrm{d}\theta\int_0^{\frac{\sqrt{ab}}{c}\sqrt{\sin\theta\cos\theta}}abr\mathrm{d}r$$

$$=ab\int_0^{\frac{\pi}{2}}\frac{ab}{c^2}\sin\theta\cos\theta\mathrm{d}\theta=\frac{a^2b^2}{2c^2}\int_0^{\frac{\pi}{2}}\sin2\theta\mathrm{d}\theta=\frac{a^2b^2}{2c^2}.$$

（2）$S=\iint\limits_D\sqrt{1+z_x^2+z_y^2}\mathrm{d}x\mathrm{d}y=\iint\limits_D\sqrt{1+a^2(x^2+y^2)}\mathrm{d}x\mathrm{d}y$ ，$D:x^2+y^2\le a^2$ ，

$$=\int_0^{2\pi}\mathrm{d}\theta\int_0^a\sqrt{1+a^2r^2}\cdot r\mathrm{d}r=\frac{2\pi}{3a^2}\left[\left(1+a^4\right)^{\frac{3}{2}}-1\right].$$

例 10.2.10

求下列曲面所围立体的体积：

（1）$z=x^2+y^2,z=x+y$ ；

（2）$\left(x^2+y^2+z^2\right)^3=a^3xyz$.

解：（1）$|V|=\iint\limits_D[(x+y)-(x^2+y^2)]\mathrm{d}x\mathrm{d}y$ ，其中 $D:x^2+y^2\leqslant x+y$ ，即

$$(x-\frac{1}{2})^2+(y-\frac{1}{2})^2\leqslant\frac{1}{2}.$$

作广义极坐标变换 $\begin{cases}x-\frac{1}{2}=r\cos\theta\\ y-\frac{1}{2}=r\sin\theta\end{cases}$，则 D 变为 $0\leqslant r\leqslant\frac{\sqrt{2}}{2},0\leqslant\theta\leqslant2\pi$.

变换的 Jacobi 行列式为：$J(r,\theta)=\frac{\partial(x,y)}{\partial(r,\theta)}=r$，因此有

$$V=\int_0^{2\pi}\mathrm{d}\theta\int_0^{\frac{\sqrt{2}}{2}}(\frac{1}{2}-r^2)r\mathrm{d}r=\frac{\pi}{8}.$$

（2）设 V 是曲面所围立体，则 $|V|=\iiint\limits_V 1\mathrm{d}x\mathrm{d}y\mathrm{d}z$ ，利用球坐标变换

$$\begin{cases}x=r\cos\theta\sin\varphi\\ y=r\sin\theta\sin\varphi\\ z=r\cos\varphi\end{cases},$$

代入V的边界曲面，得$r^3=a^3\sin^2\varphi\cos\varphi\sin\theta\cos\theta$，由对称性知体积为第一卦限$V_1$体积的4倍，其中

$$V_1:\ 0\leqslant\theta\leqslant\frac{\pi}{2},\ 0\leqslant\varphi\leqslant\frac{\pi}{2},\ 0\leqslant r\leqslant a\left(\sin^2\varphi\cos\varphi\sin\theta\cos\theta\right)^{\frac{1}{3}},$$

因此有

$$|V|=4\iiint_{V_1}1\mathrm{d}x\mathrm{d}y\mathrm{d}z=4\int_0^{\frac{\pi}{2}}\mathrm{d}\theta\int_0^{\frac{\pi}{2}}\mathrm{d}\varphi\int_0^{a\left(\sin^2\varphi\cos\varphi\sin\theta\cos\theta\right)^{\frac{1}{3}}}r^2\sin\varphi\mathrm{d}r=\frac{a^3}{6}.$$

10.2.2.6 关于重积分的等式和不等式的证明

重积分的等式和不等式的证明是数学分析中的重要内容，主要涉及到重积分的计算和性质 .

（1）对于重积分的等式证明，通常采用的方法是利用微元法或积分法 . 微元法是通过选取微元（即小区域）上的等式关系，然后对整个区域进行积分来证明等式 . 而积分法则是利用积分的线性性质和积分中值定理等性质，将复杂的积分等式转化为简单的积分等式进行证明 .

（2）对于重积分的不等式证明，可以采用一些常用的不等式技巧，如 Cauchy-Schwarz 不等式、Hölder 不等式、Young 不等式等 . 这些不等式可以用来推导重积分的不等式关系，从而得到一些重要的不等式结论 .

此外，在证明重积分的等式和不等式时，需要注意积分的定义和性质，以及被积函数的性质和符号 . 同时，还需要根据具体的问题和情况选择合适的方法和技巧进行证明 .

例 10.2.11

（1）设$f(x)$在$[a,b]$上连续，则$\left(\int_a^b f(x)\mathrm{d}x\right)^2\leq(b-a)\int_a^b f^2(x)\mathrm{d}x$，其中仅当$f(x)$为常量函数时等号成立；

（2）设$p(x)$是$[a,b]$上的正值可积函数，$f(x)$和$g(x)$是$[a,b]$上正值单调递增的可积函数，则

$$\frac{\int_a^b p(x)f(x)\mathrm{d}x}{\int_a^b p(x)\mathrm{d}x}\leq\frac{\int_a^b p(x)f(x)g(x)\mathrm{d}x}{\int_a^b p(x)g(x)\mathrm{d}x}.$$

证明：(1) 因为 $f(x)$ 在 $[a,b]$ 上连续，所以 $f(x)f(y)$ 在 $[a,b]\times[a,b]$ 上连续且可积，于是

$$\left(\int_a^b f(x)\mathrm{d}x\right)^2=\int_a^b f(x)\mathrm{d}x\int_a^b f(y)\mathrm{d}x=\iint_D f(x)f(y)\mathrm{d}x\mathrm{d}y$$

$$\leqslant\frac{1}{2}\iint_D\left(f^2(x)+f^2(y)\right)\mathrm{d}x\mathrm{d}y=\frac{1}{2}\iint_D f^2(x)\mathrm{d}x\mathrm{d}y+\frac{1}{2}\iint_D f^2(y)\mathrm{d}x\mathrm{d}y$$

$$=\frac{1}{2}\int_a^b\mathrm{d}y\int_a^b f^2(x)\mathrm{d}x+\frac{1}{2}\int_a^b\mathrm{d}y\int_a^b f^2(y)\mathrm{d}x=(b-a)\int_a^b f^2(x)\mathrm{d}x\ .$$

(2) 设 $I=\int_a^b p(x)f(x)\mathrm{d}x\int_a^b p(x)g(x)\mathrm{d}x-\int_a^b p(x)\mathrm{d}x\int_a^b p(x)f(x)g(x)\mathrm{d}x$，则

$$I=\int_a^b p(x)f(x)\mathrm{d}x\int_a^b p(y)g(y)\mathrm{d}y-\int_a^b p(y)\mathrm{d}y\int_a^b p(x)f(x)g(x)\mathrm{d}x$$

$$=\iint_D p(x)f(x)p(y)g(y)\mathrm{d}x\mathrm{d}y-\iint_D p(y)p(x)f(x)g(x)\mathrm{d}x\mathrm{d}y$$

$$=\iint_D p(x)f(x)p(y)\left(g(y)-g(x)\right)\mathrm{d}x\mathrm{d}y\text{，其中 }D:[a,b]\times[a,b].$$

变换 x 和 y 的位置，又得 $I=\iint_D p(y)f(y)p(x)\left(g(x)-g(y)\right)\mathrm{d}x\mathrm{d}y$，两式相加得

$$2I=\iint_D p(y)p(x)\left(f(x)-f(y)\right)\left(g(y)-g(x)\right)\mathrm{d}x\mathrm{d}y.$$

因为 $f(x)$ 和 $g(x)$ 是 $[a,b]$ 上的单调递增的可积函数，则

$$\left(f(x)-f(y)\right)\left(g(y)-g(x)\right)\leqslant 0.$$

又因为 $p(x)$ 是 $[a,b]$ 上的正值可积函数，故 $I\leqslant 0$，由 $g(x)$ 是 $[a,b]$ 上的正值可积函数，得

$$\frac{\int_a^b p(x)f(x)\mathrm{d}x}{\int_a^b p(x)\mathrm{d}x}\leqslant\frac{\int_a^b p(x)f(x)g(x)\mathrm{d}x}{\int_a^b p(x)g(x)\mathrm{d}x}\ .$$

例 10.2.12 设 $f(x)$ 在 $[0,a]$ 上连续，证明

$$2\int_0^a f(x)\mathrm{d}x\int_x^a f(y)\mathrm{d}y=\left(\int_0^a f(x)\mathrm{d}x\right)^2\ .$$

证明：(1) 因为 $f(x)$ 在 $[0,a]$ 上连续，所以 $f(x)f(y)$ 连续且可积，于是

$$2\int_0^a f(x)\mathrm{d}x\int_x^a f(y)\mathrm{d}y=\int_0^a f(x)\mathrm{d}x\int_x^a f(y)\mathrm{d}y+\int_0^a f(x)\mathrm{d}x\int_x^a f(y)\mathrm{d}y .$$

交换累次积分的次序,得

$$\int_0^a f(x)\mathrm{d}x\int_x^a f(y)\mathrm{d}y=\int_0^a f(y)\mathrm{d}y\int_0^y f(x)\mathrm{d}x ,$$

而积分值与积分变量所用字母无关,故

$$\int_0^a f(y)\mathrm{d}y\int_0^y f(x)\mathrm{d}x=\int_0^a f(x)\mathrm{d}x\int_0^x f(y)\mathrm{d}y ,$$

所以有

$$\begin{aligned}2\int_0^a f(x)\mathrm{d}x\int_x^a f(y)\mathrm{d}y&=\int_0^a f(x)\mathrm{d}x\int_x^a f(y)\mathrm{d}y+\int_0^a f(x)\mathrm{d}x\int_x^a f(y)\mathrm{d}y\\&=\int_0^a f(x)\mathrm{d}x\int_x^a f(y)\mathrm{d}y+\int_0^a f(x)\mathrm{d}x\int_0^x f(y)\mathrm{d}y\\&=\int_0^a f(x)\mathrm{d}x\left[\int_x^a f(y)\mathrm{d}y+\int_0^x f(y)\mathrm{d}y\right]=\left(\int_0^a f(x)\mathrm{d}x\right)^2 .\end{aligned}$$

例 10.2.13 设 $f(x,y,z)$ 在全空间中具有连续偏导数,且关于 x , y , z 都是以 1 为周期的,即对任意 (x,y,z) 有下式成立

$$f(x+1,y,z)=f(x,y+1,z)=f(x,y,z+1)=f(x,y,z) ,$$

则对任意实数 α , β , γ 有

$$\iiint_V\left(\alpha f_x+\beta f_y+\gamma f_z\right)\mathrm{d}x\mathrm{d}y\mathrm{d}z=0 .$$

其中 $V:[0,1]\times[0,1]\times[0,1]$.

证明:

$$\begin{aligned}\iiint_V\left(\alpha f_x+\beta f_y+\gamma f_z\right)\mathrm{d}x\mathrm{d}y\mathrm{d}z&=\alpha\iiint_V f_x\mathrm{d}x\mathrm{d}y\mathrm{d}z+\beta\iiint_V f_y\mathrm{d}x\mathrm{d}y\mathrm{d}z+\gamma\iiint_V f_z\mathrm{d}x\mathrm{d}y\mathrm{d}z\\&=\alpha\int_0^1\mathrm{d}y\int_0^1\mathrm{d}z\int_0^1 f_x\mathrm{d}x+\beta\int_0^1\mathrm{d}x\int_0^1\mathrm{d}z\int_0^1 f_y\mathrm{d}y+\\&\quad\gamma\int_0^1\mathrm{d}x\int_0^1\mathrm{d}y\int_0^1 f_z\mathrm{d}z\\&=\alpha\int_0^1\mathrm{d}y\int_0^1\left(f(1,y,z)-f(0,y,z)\right)\mathrm{d}z+\\&\quad\beta\int_0^1\mathrm{d}x\int_0^1\left(f(x,1,z)-f(x,0,z)\right)\mathrm{d}z+\\&\quad\gamma\int_0^1\mathrm{d}x\int_0^1\left(f(x,y,1)-f(x,y,0)\right)\mathrm{d}y=0 .\end{aligned}$$

例 10.2.14

(1)求极限 $\lim\limits_{t\to0^+}\dfrac{1}{\pi t^2}\iint\limits_D f(x,y)\,\mathrm{d}x\mathrm{d}y$. 其中 $D:x^2+y^2\le t^2$,f 为连续

函数.

（2）求极限 $\lim\limits_{t\to0^+}\frac{1}{t^4}\iiint\limits_V f(\sqrt{x^2+y^2+z^2})\mathrm{d}x\mathrm{d}y\mathrm{d}z$. 其中：

$V:x^2+y^2+z^2\le t^2$, f 在 $[0,1]$ 连续，$f(0)=0$, $f'(0)=1$.

解：（1）由于 f 连续，应用积分中值定理，存在 $(\xi,\eta)\in D$ ，使得

$$\iint\limits_D f(x,y)\mathrm{d}x\mathrm{d}y=f(\xi,\eta)\pi t^2 .$$

$$\lim_{t\to0^+}\frac{1}{\pi t^2}\iint\limits_D f(x,y)\mathrm{d}x\mathrm{d}y=\lim_{t\to0^+}f(\xi,\eta)=f(0,0) .$$

（2）利用球坐标变换，

$$\iiint\limits_V f(\sqrt{x^2+y^2+z^2})\mathrm{d}x\mathrm{d}y\mathrm{d}z=\int_0^{2\pi}\mathrm{d}\theta\int_0^{\pi}\mathrm{d}\varphi\int_0^t f(r)r^2\sin\varphi\mathrm{d}r$$

$$=4\pi\int_0^t f(r)r^2\mathrm{d}r ,$$

则

$$\lim_{t\to0^+}\frac{1}{t^4}\iiint\limits_V f(\sqrt{x^2+y^2+z^2})\ \mathrm{d}x\mathrm{d}y\mathrm{d}z=\lim_{t\to0^+}\frac{4\pi\int_0^t f(r)r^2\mathrm{d}r}{t^4}=\lim_{t\to0^+}\frac{4\pi f(t)t^2}{4t^3}$$

$$=\lim_{t\to0^+}\frac{\pi f(t)}{t}=\lim_{t\to0^+}\pi\frac{f(t)-f(0)}{t}=\pi f'(0)=\pi .$$

例 10.2.15　设 f 为连续函数，证明：

（1）$\iint\limits_D f(ax+by)\mathrm{d}x\mathrm{d}y=2\int_{-1}^1\sqrt{1-x^2}f(\sqrt{a^2+b^2}x)\mathrm{d}x$ ，其中 $D:x^2+y^2\leqslant1$ ，$a^2+b^2\ne0$.

（2）$\iiint\limits_V f(z)\mathrm{d}x\mathrm{d}y\mathrm{d}z=\pi\int_{-1}^1(1-z^2)f(z)\mathrm{d}z$. 其中 $V:x^2+y^2+z^2\leqslant1$.

证明：

（1）作正交变换 $\begin{cases}u=\dfrac{ax+by}{\sqrt{a^2+b^2}}\\ v=\dfrac{bx-ay}{\sqrt{a^2+b^2}}\end{cases}$ ，则 $x^2+y^2=u^2+v^2$ ，

将 D 映射到

$$\Omega:u^2+v^2\leqslant1 ,$$

且

$$\frac{\partial(u,v)}{\partial(x,y)}=\frac{1}{\sqrt{a^2+b^2}}\begin{vmatrix}a & b\\ b & -a\end{vmatrix}=-1,\ \frac{\partial(x,y)}{\partial(u,v)}=\left|1/\frac{\partial(u,v)}{\partial(x,y)}\right|=1,$$

因此有

$$\iint_D f(ax+by)\mathrm{d}x\mathrm{d}y=\iint_\Omega f(\sqrt{a^2+b^2}u)\mathrm{d}u\mathrm{d}v=\int_{-1}^{1}\mathrm{d}u\int_{-\sqrt{1-u^2}}^{\sqrt{1-u^2}}f(\sqrt{a^2+b^2}u)\mathrm{d}v$$

$$=2\int_{-1}^{1}\sqrt{1-u^2}f(\sqrt{a^2+b^2}u)\mathrm{d}u=2\int_{-1}^{1}\sqrt{1-x^2}f(\sqrt{a^2+b^2}x)\mathrm{d}x.$$

（2）先用投影法，再利用柱坐标变换，得

$$\iiint_V f(z)\mathrm{d}x\mathrm{d}y\mathrm{d}z=\int_{-1}^{1}f(z)\mathrm{d}z\iint_{x^2+y^2\leqslant 1-z^2}1\mathrm{d}x\mathrm{d}y$$

$$=\int_{-1}^{1}f(z)\mathrm{d}z\int_0^{2\pi}\mathrm{d}\theta\int_0^{\sqrt{1-z^2}}r\mathrm{d}r=\pi\int_{-1}^{1}\left(1-z^2\right)f(z)\mathrm{d}z.$$

10.3 曲线积分

10.3.1 第一类曲线积分

在第一类曲线积分中，被积函数取的是弧长元素 ds，而在第二类曲线积分中，被积函数取的是坐标元素 dx 或 dy.

10.3.1.1 第一类曲线积分的定义

定义 10.3.1 空间曲线 L 上的有界函数 $f\left(x,y,z\right)$ 沿曲线 L 的第一类曲线积分系指

$$\int_L f\left(x,y,z\right)\mathrm{d}s=\lim_{\lambda\to 0}\sum_{i=1}^{n}f\left(\xi_i,\eta_i,\zeta_i\right)\Delta s_i,$$

其中，Δs_i 表示曲线段 L 任意分成 n 个子弧段中的第 i 个子弧段，点 $\left(\xi_i,\eta_i,\zeta_i\right)$ 是 Δs_i 上任取的点，$\lambda=\max\limits_{1\leq i\leq n}\left\{\Delta s_i\right\}$.

若 $f\left(x,y,z\right)$ 在 L 上连续，则沿曲线 L 的第一类曲线积分存在．第一类曲线积分与曲线 L 的方向无关．

10.3.1.2 第一类曲线积分的计算公式

若 L 的参量方程为 $x=x(t)$，$y=y(t)$，$z=z(t)(\alpha\leqslant t\leqslant\beta)$，且在 $x(t)$，$y(t)$，$z(t)$ 具有连续的一阶导数，则

$$\int_L f(x,y,z)\mathrm{d}s$$
$$=\int_\alpha^\beta f\left[x(t),y(t),z(t)\right]\sqrt{x'^2(t)+y'^2(t)+z'^2(t)}\mathrm{d}t.$$

若曲线 L 为平面曲线 $y=y(x)(a\leqslant x\leqslant b)$，$y'(x)$ 连续，则

$$\int_L f(x,y,z)\mathrm{d}s=\int_a^b f\left[x,y(x)\right]\sqrt{1+y'^2(x)}\mathrm{d}x\ .$$

若积分曲线 L 的极坐标方程为 $\rho=\rho(\theta)(\theta_1\leqslant\theta\leqslant\theta_2)$，$\rho'(\theta)$ 连续，则

$$\int_L f(x,y)\mathrm{d}s=\int_{\theta_1}^{\theta_2} f(\rho\cos\theta,\rho\sin\theta)\sqrt{\rho^2(\theta)+\rho'^2(\theta)}\mathrm{d}\theta\ .$$

10.3.1.3 第一类曲线积分的应用

第一类曲线积分在实际问题中有很多应用．例如，在物理学中，第一类曲线积分可以用来计算电荷在电线上的分布情况；在工程学中，第一类曲线积分可以用来计算物体在运动过程中的能量变化情况；在经济领域，第一类曲线积分可以用来分析股票价格的波动情况．

例 10.3.1 计算 $\int_L \mathrm{e}^{\sqrt{x^2+y^2}}\mathrm{d}s$，$L: r=a,\theta=0,\theta=\dfrac{\pi}{4}$ 所围成的边界(图 10-1)．

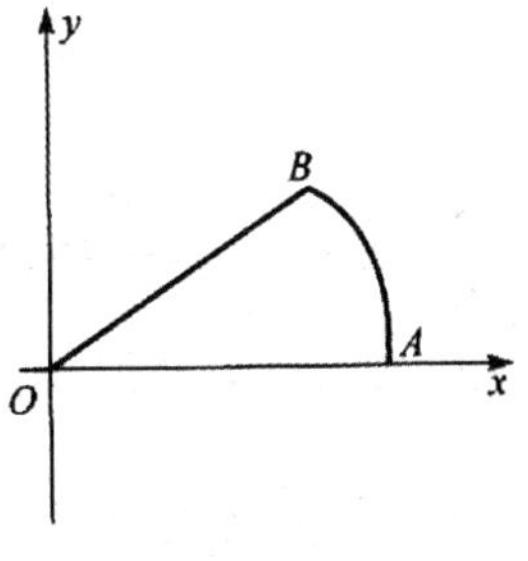

图 10–1

解：$L=OA+\overset{\frown}{AB}+BO$，在 OA 上 $y=0$，$0\leqslant x\leqslant a$，$\mathrm{d}s=\mathrm{d}x$，所以

$$\int_{OA}\mathrm{e}^{\sqrt{x^2+y^2}}\mathrm{d}s=\int_0^a \mathrm{e}^x\mathrm{d}x=\mathrm{e}^a-1\ .$$

在 $\overset{\frown}{AB}$ 上，$r=a$，$0\leqslant\theta\leqslant\frac{\pi}{4}$，$\mathrm{d}s=a\mathrm{d}x$，所以

$$\int_{\overset{\frown}{AB}}\mathrm{e}^{\sqrt{x^2+y^2}}\mathrm{d}s=\int_0^{\frac{\pi}{4}}\mathrm{e}^a a\mathrm{d}\theta=\frac{\pi a}{4}\mathrm{e}^a .$$

在 OB 上，$y=x$，$\mathrm{d}s=\sqrt{2}\mathrm{d}x$，$\sqrt{x^2+y^2}=\sqrt{2}x$，

$$\int_{OB}\mathrm{e}^{\sqrt{x^2+y^2}}\mathrm{d}s=\int_0^{\frac{\sqrt{2}a}{2}}\mathrm{e}^{\sqrt{2}x}\sqrt{2}x\mathrm{d}x=\mathrm{e}^a-1 .$$

所以

$$\int_L\mathrm{e}^{\sqrt{x^2+y^2}}\mathrm{d}s=2\left(\mathrm{e}^a-1\right)+\frac{\pi a}{4}\mathrm{e}^a .$$

例 10.3.2 计算 $\int_L x\mathrm{d}s$，其中 L 为

（1）$y=x^2$ 上由原点 O 到 $B(1,1)$ 的一段弧；

（2）折线 OAB，A 为 $(1,0)$，B 为 $(1,1)$，如图 10-2 所示．

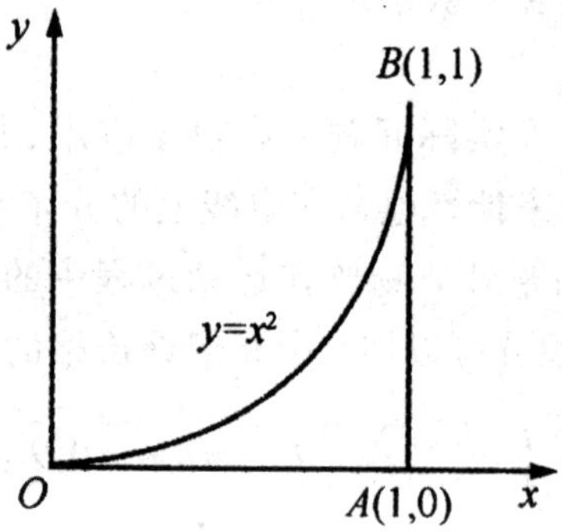

图 10-2

解：（1）$\mathrm{d}s=\sqrt{1+4x^2}\mathrm{d}x$，

$$\int_L x\mathrm{d}s=\int_0^1 x\sqrt{1+4x^2}=\frac{1}{12}(5\sqrt{5}-1) .$$

（2）在 AB 上，$x=1$，$\mathrm{d}s=\mathrm{d}y$，在 OA 上 $y=0$，$\mathrm{d}s=\mathrm{d}x$，那么有

$$\int_L x\mathrm{d}s=\int_{OA}x\mathrm{d}s+\int_{OA}x\mathrm{d}s=\int_0^1 x\mathrm{d}x+\int_0^1\mathrm{d}y=\frac{3}{2} .$$

如果空间曲线 L 的参数方程为

$$x=x(t),y=y(t),z=z(t).$$

其中

$$\alpha\leqslant t\leqslant\beta ,$$

从而有

$$\int_L f(x,y,z)\,\mathrm{d}s=\int_\alpha^\beta f[x(t),y(t),z(t)]\sqrt{(x'(t))^2+(y'(t))^2+(z'(t))^2}\,\mathrm{d}t\ .$$

例 10.3.3　计算曲线积分 $\int_L(x^2+y^2+z^2)\mathrm{d}l$，其中 L 是螺旋线 $x=R\cos t$，$y=R\sin t$，$z=kt$ 在 $0\leqslant t\leqslant 2\pi$ 的弧段 .

解：L 的弧长元素是

$$\mathrm{d}l=\sqrt{(-R\sin t)^2+(R\cos t)^2+k^2}\,\mathrm{d}t=\sqrt{R^2+k^2}\,\mathrm{d}t\ ,$$

因此

$$\int_L(x^2+y^2+z^2)\mathrm{d}l=\int_0^{2\pi}(R^2+k^2t^2)\sqrt{R^2+k^2}\,\mathrm{d}t=2\pi(R^2+\frac{4}{3}\pi^2k^2)\sqrt{R^2+k^2}\ .$$

10.3.2 第二类曲线积分

第二类曲线积分，也称为对坐标的曲线积分，是一种与曲线定向有关的曲线积分 . 其定义基于变力沿曲线做功的物理背景，可以用来计算质点在向量场中沿着给定路径所做的功或流量 . 在实际应用中，第二类曲线积分被广泛应用于物理学、工程学、计算机科学等领域，如计算电场和磁场的力线积分，求出电场和磁场的能量和势能；在流体力学中，计算流体在曲线上的流量，从而求出流体的速度和压力分布；在机械工程中，计算机械零件的受力情况，从而确定机械零件的强度和耐久性 . 此外，第二类曲线积分的性质有线性性质、对积分弧段的可加性以及改变积分弧段的方向时对第二类曲线积分要改变符号等 . 其计算方法包括参数化方法和格林公式等 .

10.3.2.1 第二类曲线积分的定义

定义 10.3.2　在空间有向曲线 L 上的有界函数 $P(x,y,z)$ 沿曲线 L 从点 A 到点 B 对坐标 x 的第二类曲线积分系指

$$\int_{L_{AB}}P(x,y,z)\mathrm{d}x=\lim_{\lambda\to 0}\sum_{i=1}^{n}P(\xi_i,\eta_i,\zeta_i)\Delta x_i\ ,$$

其中，Δx_i 是 Δs_i 在 x 轴上的投影 . 点 (ξ_i,η_i,ζ_i) 是在 Δs_i 上任取的点，$\lambda=\max\{\Delta s_1,\Delta s_2,\cdots,\Delta s_n\}$.

若 $P(x,y,z)$ 在 L 上连续，则曲线积分存在．类似地可定义

$$\int_{L_{AB}} Q(x,y,z)\mathrm{d}y \text{ 和 } \int_{L_{AB}} R(x,y,z)\mathrm{d}z .$$

称 $\int_{L_{AB}} P\mathrm{d}x+Q\mathrm{d}y+R\mathrm{d}z$ 为 $P(x,y,z)$，$Q(x,y,z)$，$R(x,y,z)$ 沿 L 从 A 到 B 的第二类曲线积分．

若 P、Q、R 为矢量场的分量，即 $\boldsymbol{A}=\{P,Q,R\}$，且记 $\mathrm{d}\boldsymbol{s}=\{\mathrm{d}x,\mathrm{d}y,\mathrm{d}z\}$，则

$$\int_{L_{AB}} P\mathrm{d}x+Q\mathrm{d}y+R\mathrm{d}z=\int_{L_{AB}} \boldsymbol{A}\cdot\mathrm{d}\boldsymbol{s}$$

表示质点沿曲线 L 从点 A 到点 B 运动时，变力 $\boldsymbol{F}=\{P,Q,R\}$ 所做的功

$$W=\int_{L_{AB}} \boldsymbol{F}\cdot\mathrm{d}\boldsymbol{s} .$$

第二类曲线积分与 L 的方向有关，当改变曲线方向时，积分要改变符号．

10.3.2.2 第二类曲线积分的计算公式

设曲线 $L(\overset{\frown}{AB})$ 的方程由 $x=x(t)$，$y=y(t)$，$z=z(t)$ 确定，端点 A 对应的参数为 α，端点 B 对应的参数为 β，又 $x(t)$、$y(t)$、$z(t)$ 具有连续的一阶导数，则

$$\begin{aligned}&\int_{L_{AB}} P\mathrm{d}x+Q\mathrm{d}y+R\mathrm{d}z\\&=\int_{\alpha}^{\beta}\{P[x(t),y(t),z(t)]x'(t)+Q[x(t),y(t),z(t)]y'(t)\\&\quad+R[x(t),y(t),z(t)]z'(t)\}\mathrm{d}t.\end{aligned}$$

当 $L(\overset{\frown}{AB})$ 为平面曲线时，曲线方程为 $y=y(x)$，且端点 A 对应 $x=a$，端点 B 对应 $x=b$，$y'(x)$ 连续，则

$$\int_{L_{AB}} P\mathrm{d}x+Q\mathrm{d}y=\int_{a}^{b}\{P[x,y(x)]+Q[x,y(x)]y'(x)\}\mathrm{d}x.$$

10.3.2.3 第二类曲线积分的应用

第二类曲线积分的应用非常广泛，主要涉及对变力的研究．以下是第二类曲线积分的一些主要应用．

（1）计算功、力矩和流量：在物理问题中，第二类曲线积分常用于计算物体在力场中沿某路径的运动所做的功，或者计算流体力学中的流量．

（2）电场和磁场的研究：在电磁学中，第二类曲线积分被用来描述电场和磁场的变化，以及它们对电荷和电流的影响．

（3）最优控制问题：在最优控制问题中，第二类曲线积分常用于描述受控系统的运动路径，以及系统在运动过程中所受到的约束．

（4）工程问题：在土木工程、机械工程、航空航天工程等领域，第二类曲线积分被广泛应用于分析结构、机械零件、飞行器等的应力、应变和振动等问题．

（5）金融领域：在金融领域，第二类曲线积分可以用来描述金融产品的价格变动，以及投资组合的风险和回报．

（6）生物学和医学：在生物学和医学中，第二类曲线积分可以用来描述生物体的运动轨迹，或者用来研究生物体的生理功能．

例 10.3.4　计算曲线积分 $I=\oint_L x^2y^3\mathrm{d}x+z\mathrm{d}y+y\mathrm{d}z$，其中 L 是抛物面 $z=4-x^2-y^2$ 与平面 $z=3$ 的交线，从 z 轴的正向往负向看，方向为逆时针．

解：L 的方程为

$$\begin{cases} z=3 \\ z=34-x^2-y^2 \end{cases},$$

求解方程可得

$$\begin{cases} z=3 \\ x^2+y^2=1 \end{cases}.$$

令 L 的参数方程为

$$\begin{cases} x=\cos t \\ y=\sin t \quad (0\leqslant t\leqslant 2\pi), \\ z=3 \end{cases}$$

从而可得

$$\begin{aligned}I&=\int_0^{2\pi}[\cos^2 t\sin^3 t(-\sin t)+3\cos t+0]\mathrm{d}t\\&=-\int_0^{2\pi}\sin^4 t(1-\sin^2 t)\mathrm{d}t+3\int_0^{2\pi}\cos t\mathrm{d}t\\&=-4\int_0^{\frac{\pi}{2}}(\sin^4 t-\sin^6 t)\mathrm{d}t+0\\&=-4\left(\frac{1\times 3}{2\times 4}\times\frac{\pi}{2}-\frac{1\times 3\times 5}{2\times 4\times 6}\times\frac{\pi}{2}\right)\\&=-\frac{\pi}{8}.\end{aligned}$$

例 10.3.5 求 $\oint_L y^2\mathrm{d}x-x^2\mathrm{d}y$，其中 L 是半径为 1，中心在点(1，1)的圆周，且沿逆时针方向，如图 10-3 所示．($\oint_L$表示曲线积分的路径为闭曲线，此时可取闭曲线上任一点为起点，它同时又为终点)．

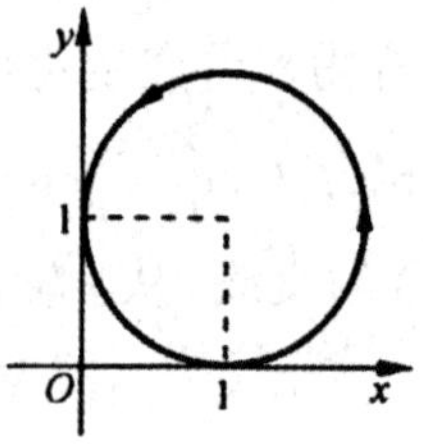

图 10-3

解：L 的参数方程为

$$x-1=\cos t\ ,\ y-1=\sin t\ ,$$

即

$$x=1+\cos t, y=1+\sin t\ (\ 0\leqslant t\leqslant 2\pi\ ),$$

因此

$$\oint_L y^2\mathrm{d}x-x^2\mathrm{d}y=-\int_0^{2\pi}(2+\sin t+\cos t+\sin^3 t+\cos^3 t)\ \mathrm{d}t=-4\pi\ .$$

10.4　曲面积分

10.4.1 第一类曲面积分

第一类曲面积分是指对给定函数在曲面上进行积分的积分类型.具体来说,假设存在一个函数 $f(x,y,z)$,想要计算该函数在某个曲面 S 上的积分.这时,需要将曲面 S 分割成很多小的曲面块,然后对每一个小曲面块进行积分,最后将所有的积分值相加起来,得到的就是该函数在曲面 S 上的第一类曲面积分.

第一类曲面积分具有许多重要的物理意义和实际应用.例如,它可以用来计算物体在空间中某个曲面上的压力分布、电荷分布等问题.同时,它也是解决一些工程问题的重要工具,如流体动力学、热传导、电磁场等领域的问题.

此外,第一类曲面积分与二重积分和三重积分有密切的联系.在实际计算中,可以将第一类曲面积分化为二重积分或三重积分进行计算.这种方法通常称为投影法,即通过将曲面投影到某个平面上,将曲面积分化为平面上的面积积分,从而简化了计算过程.

10.4.1.1 第一类曲面积分的定义

定义 10.4.1　在有界连续曲面 S 上的有界函数 $f(x,y,z)$ 沿曲面 S 的第一类曲面积分系指

$$\iint_S f(x,y,z)\,\mathrm{d}S=\lim_{\lambda\to 0}\sum_{i=1}^{n} f(\xi_i,\eta_i,\zeta_i)\,\Delta S_i\,,$$

其中,ΔS_i 示将曲面 S 任意分成 n 个子曲面块中第 i 个子曲面块,点 (ξ_i,η_i,ζ_i) 是 ΔS_i 上任取的点,λ 为 n 个子曲面块中的最大直径.

若 $f(x,y,z)$ 在曲面 S 上连续,则沿曲面 S 的第一类曲面积分存

在.第一类曲面积分与 S 的方向无关.

10.4.1.2 第一类曲面积分的计算公式

若曲面 S 的方程为 $z=z(x,y)$，曲面 S 在 xOy 平面上的投影域为 D_{xy}，则第一类曲面积分可化为二重积分

$$\iint_S f(x,y,z)\mathrm{d}S=\iint_{D_{xy}} f\left[x(y,z),y,z\right]\sqrt{1+z'^2_x+z'^2_y}\,\mathrm{d}x\mathrm{d}y\ .$$

当曲面 S 的方程为 $x=x(y,z)$ 或 $y=y(x,z)$，有

$$\iint_S f(x,y,z)\mathrm{d}S=\iint_{D_{yz}} f\left[x(y,z),y,z\right]\sqrt{1+x'^2_y+x'^2_z}\,\mathrm{d}y\mathrm{d}z\ ,$$

及

$$\iint_S f(x,y,z)\mathrm{d}S=\iint_{D_{xz}} f\left[x,y(x,z),z\right]\sqrt{1+y'^2_x+y'^2_z}\,\mathrm{d}x\mathrm{d}z\ ,$$

其中，D_{yz}，D_{xz} 是曲面在 yOz 平面和 xOz 平面上的投影区域.

10.4.1.3 第一类曲面积分的应用

第一类曲面积分在多个领域都有应用.

(1)电气工程和电子学：通过计算电场在曲面上的通量，可以确定电场的分布情况，这在设计电路和电子器件时非常重要.

(2)磁场分布：同样地，通过计算磁场在曲面上的通量，可以确定磁场的分布情况.这在电气工程和磁学中广泛应用，用于设计电磁器件和磁性材料.

(3)流体力学：通过计算流体在曲面上的通量，可以确定流体的流量和流速.这在航空工程、土木工程和水利工程中非常重要，用于设计管道、飞行器和水坝等.

(4)质量计算：对于密度分布不均匀的曲面要计算其质量，也可以用第一类曲面积分来求解.

此外，第一类曲面积分还常常出现在数学建模问题中，尤其是在处理与标量场相关联的各种物理量时.

例 10.4.1 计算曲面积分 $\iint_\Sigma (x^2+y^2+z^2)\mathrm{d}S$，其中 Σ 是球面

$x^2+y^2+z^2=2az(a>0)$.

解：上半球面为 Σ_1，下半球面为 Σ_2，则

$$\Sigma_1: z=a+\sqrt{a^2-x^2-y^2},$$

$$z'_x=\frac{-x}{\sqrt{a^2-x^2-y^2}}, z'_y=\frac{-y}{\sqrt{a^2-x^2-y^2}}.$$

所以

$$\begin{aligned}\mathrm{d}S&=\sqrt{1+(z'_x)^2+(z'_y)^2}\,\mathrm{d}x\mathrm{d}y\\&=\frac{a}{\sqrt{a^2-x^2-y^2}}\mathrm{d}x\mathrm{d}y=\frac{a}{z-a}\mathrm{d}x\mathrm{d}y.\end{aligned}$$

$$\begin{aligned}\iint_{\Sigma_1}(x^2+y^2+z^2)\mathrm{d}S&=\iint_{\Sigma_1}2az\mathrm{d}S=\iint_{\Sigma_1}2a(z-a)\mathrm{d}S+\iint_{\Sigma_1}2a^2\mathrm{d}S\\&=\iint_{D_1}2a^2\mathrm{d}x\mathrm{d}y+2a^2\iint_{\Sigma_1}\mathrm{d}S\\&=2a^2S_{D_1}+2a^2S_{\Sigma_1}=2\pi a^4+4\pi a^4=6\pi a^4.\end{aligned}$$

其中 S_{D_1} 是 Σ_1 在 xOy 平面投影所得的圆的面积，S_{Σ_1} 是 Σ_1 的表面积.

同理

$$\Sigma_2: z=a-\sqrt{a^2-x^2-y^2},$$

$$\iint_{\Sigma_2}(x^2+y^2+z^2)\mathrm{d}S=-2\pi a^4+4\pi a^4=2\pi a^4.$$

故 $\iint_{\Sigma}(x^2+y^2+z^2)\,\mathrm{d}S=8\pi a^4$.

例 10.4.2　计算 $\iint_{\Sigma}\sqrt{1+4z}\mathrm{d}S$，其中 Σ 是 $z=x^2+y^2$ 在 $z\leqslant 1$ 的部分.

解：Σ 在 xOy 平面的投影区域 D 为 $x^2+y^2\leqslant 1$，又

$$\mathrm{d}S=\sqrt{1+(z'_x)^2+(z'_y)^2}\,\mathrm{d}x\mathrm{d}y=\sqrt{1+4(x^2+y^2)}\,\mathrm{d}x\mathrm{d}y .$$

故

$$\begin{aligned}\iint_{\Sigma}\sqrt{1+4z}\mathrm{d}S&=\iint_{D}\sqrt{1+4(x^2+y^2)}\cdot\sqrt{1+4(x^2+y^2)}\,\mathrm{d}x\mathrm{d}y\\&=\iint_{D}(1+4x^2+4y^2)\,\mathrm{d}x\mathrm{d}y\\&=\int_0^{2\pi}\mathrm{d}\theta\int_0^1(1+4r^2)\,r\mathrm{d}r=3\pi.\end{aligned}$$

10.4.2 第二类曲面积分

第二类曲面积分,也称为对坐标的曲面积分,主要用于计算向量场穿过曲面的流量.其定义基于流速场中某点处单位时间内流经某一曲面的流量,因此与流体的流速、方向以及曲面法向量的方向有关.第二类曲面积分分为两类:一类是矢量场函数从正方向穿过曲面;另一类是从负方向穿过曲面.这两类的计算公式有所不同,因此在实际应用中需要根据具体情况选择正确的公式进行计算.

10.4.2.1 第二类曲面积分的定义

定义 10.4.2 在有向曲面 S 上的有界函数 $R(x,y,z)$ 在有向曲面 S 上对坐标面 xOy 的第二类曲面积分系指

$$\iint_S R(x,y,z)\mathrm{d}x\mathrm{d}y=\lim_{\lambda\to 0}\sum_{i=1}^{n}R(\xi_i,\eta_i,\zeta_i)\Delta_{xy}\sigma_i ,$$

其中,$\Delta_{xy}\sigma_i$ 为将 S 任意分割成 n 个子曲面块 ΔS_i 在 xOy 面的投影,在 ΔS_i 上任取一点 (ξ_i,η_i,ζ_i),λ 为 n 个子曲面块的最大直径.

定义函数 $P(x,y,z)$ 在曲面 S 上对 yOz 坐标面和函数 $Q(x,y,z)$ 在曲面 S 上对 zOx 坐标面的积分

$$\iint_S P(x,y,z)\mathrm{d}x\mathrm{d}y=\lim_{\lambda\to 0}\sum_{i=1}^{n}P(\xi_i,\eta_i,\zeta_i)\Delta_{yz}\sigma_i ,$$

$$\iint_S Q(x,y,z)\mathrm{d}z\mathrm{d}x=\lim_{\lambda\to 0}\sum_{i=1}^{n}Q(\xi_i,\eta_i,\zeta_i)\Delta_{zx}\sigma_i ,$$

称 $\iint_S P\mathrm{d}y\mathrm{d}z+Q\mathrm{d}z\mathrm{d}x+R\mathrm{d}x\mathrm{d}y$ 为 $P(x,y,z)$、$Q(x,y,z)$、$R(x,y,z)$ 在有向曲面 S 上的第二类曲面积.

若将 $P(x,y,z)$、$Q(x,y,z)$、$R(x,y,z)$ 理解为矢量场 $\boldsymbol{A}$ 的三个分盘,$\boldsymbol{A}=\{P,Q,R\}$,$\mathrm{d}\boldsymbol{S}=\{\mathrm{d}y\mathrm{d}z,\mathrm{d}z\mathrm{d}x,\mathrm{d}x\mathrm{d}y\}$,则

$$\iint_S P\mathrm{d}y\mathrm{d}z+Q\mathrm{d}z\mathrm{d}x+R\mathrm{d}x\mathrm{d}y=\iint_S \boldsymbol{A}\cdot\mathrm{d}\boldsymbol{S} ,$$

表示矢量场穿过有向曲面 S 的通量.

若 $P(x,y,z)$、$Q(x,y,z)$、$R(x,y,z)$ 在有向曲面 S 上连续,则沿有向

曲面 S 的第二类曲面积分存在 .

当改变曲面 S 的方向时,第二类曲面积分要改变符号 .

10.4.2.2 第二类曲面积分的计算公式

设曲面 S 的方程为单值函数 $z=z(x,y)$,它在 xOy 平面上的投影区域为 D_{xy} ,则有

$$\iint_S R(x,y,z)\mathrm{d}x\mathrm{d}y=\pm\iint_{D_{xy}} R[x,y,z(x,y)]\mathrm{d}x\mathrm{d}y .$$

当曲面 S 的方程为单值函数 $x=x(y,z)$ 或 $y=y(x,z)$ 时,曲面在 yOz 坐标面和 xOz 坐标面上的投影区域分别为 D_{yz} , D_{xz} ,则有

$$\iint_S P(x,y,z)\,\mathrm{d}y\mathrm{d}z=\pm\iint_{D_{yz}} P[x(y,z),y,z]\,\mathrm{d}y\mathrm{d}z ,$$

$$\iint_S Q(x,y,z)\,\mathrm{d}z\mathrm{d}x=\pm\iint_{D_{xz}} Q[x,y(y,z),z]\,\mathrm{d}z\mathrm{d}x ,$$

正负号由有向曲面 S 的法矢量 $\boldsymbol{n}$ 与坐标轴的夹角为锐角或钝角定 .

10.4.2.3 第二类曲面积分的应用

第二类曲面积分的应用非常广泛,包括但不限于以下领域:在物理中,第二类曲面积分可以用于描述磁场和电场的分布,以及它们对电荷和电流的影响 . 此外,在力学和光学等领域,第二类曲面积分也有重要的应用;在工程中,第二类曲面积分被广泛应用于流体动力学、热传导、电磁场等领域 . 例如,在航空航天工程中,第二类曲面积分被用于计算飞行器表面的压力分布和热量分布;在机械工程中,第二类曲面积分被用于分析机械零件的振动和稳定性;在电子工程中,第二类曲面积分被用于研究电磁波的传播和散射;地理学,在地理学中,第二类曲面积分可以用于计算地球表面各种现象的分布和变化,例如气候变化、环境质量、人口分布等;经济学,在经济学中,第二类曲面积分可以用于研究市场分析、人口分布和预测经济发展趋势等问题 .

例 10.4.3 计算曲面积分 $\iint_\Sigma xyz\mathrm{d}x\mathrm{d}y$,其中 Σ 是球面 $x^2+y^2+z^2=1$ 外侧在 $x\geqslant 0, y\geqslant 0$ 的部分 .

解：把有向曲面 Σ 分成：

$\Sigma_1: z=\sqrt{1-x^2-y^2}\,(x\geqslant 0, y\geqslant 0)$的上侧；

Σ_2：$z=-\sqrt{1-x^2-y^2}\,(x\geqslant 0, y\geqslant 0)$的下侧 .

Σ_1 和 Σ_2 在 xOy 面上的投影区域是 $D_{xy}: x^2+y^2\leqslant 1(x\geqslant 0, y\geqslant 0)$，则

$$\iint_{\Sigma} xyz\mathrm{d}x\mathrm{d}y=\iint_{\Sigma_1} xyz\mathrm{d}x\mathrm{d}y+\iint_{\Sigma_2} xyz\mathrm{d}x\mathrm{d}y$$

$$=\iint_{D_{xy}} xy\sqrt{1-x^2-y^2}\,\mathrm{d}x\mathrm{d}y-\iint_{D_{xy}} xy\left(-\sqrt{1-x^2-y^2}\right)\mathrm{d}x\mathrm{d}y$$

$$=2\iint_{D_{xy}} xy\sqrt{1-x^2-y^2}\,\mathrm{d}x\mathrm{d}y=2\int_0^{\frac{\pi}{2}}\mathrm{d}\theta\int_0^1 r^2\sin\theta\cos\theta\sqrt{1-r^2}\,r\mathrm{d}r=\frac{2}{15}.$$

参考文献

[1] 常丽娜，王焱，冯培兰 . 数学分析理论原理与方法实践探析 [M]. 北京：中国原子能出版社，2020.

[2] 庞峰 . 高等数学思想与方法研究 [M]. 北京：中国原子能出版传媒有限公司，2022.

[3] 冯潞强，张仙凤，由向平 . 高等代数思想方法分析及应用研究 [M]. 北京：中国原子能出版传媒有限公司，2021.

[4] 侯丽芬，赵士元，李小娥 . 数学分析理论及其应用技巧研究 [M]. 长春：吉林科学技术出版社，2022.

[5] 程克玲 . 高等数学核心理论剖析与解题方法研究 [M]. 成都：电子科技大学出版社，2018.

[6] 吴谦，王丽丽，刘敏 . 高等数学理论及应用探究 [M]. 长春：吉林科学技术出版社，2020.

[7] 赵贤，梁丹，田军 . 高等代数理论与应用 [M]. 长春：吉林大学出版社，2012.

[8] 王树忠，徐新荣，吴娟，等 . 高等数学　下 [M]. 北京：中国商业出版社，2017.

[9] 张清仕，田东霞，吉蕾 . 高等代数典型问题研究与实例探析 [M]. 北京：中国原子能出版传媒有限公司，2020.

[10] 林蔚 . 线性代数的工程案例 [M]. 哈尔滨：哈尔滨工程大学出版社，2012.

[11] 朱青春，荆素风，郭伟伟 . 高等数学理论分析及应用研究 [M]. 北京：中国原子能出版传媒有限公司，2021.

[12] 蔡高厅，邱忠文 . 高等教学专题辅导讲座 [M].3 版 . 北京：国防工业出版社，2013.

[13] 隋如彬,吴刚,杨兴云 . 微积分：经管类 [M]. 北京：科学出版社,2007.

[14] 易忠,钟祥贵 . 高等代数与解析几何：上 [M]. 北京：清华大学出版社,2007.

[15] 许尔伟,毛耀忠,安乐,等 . 数学分析理论及应用 [M]. 北京：中国水利水电出版社,2014.

[16] 隋如彬,吴刚,杨光云 . 微积分：经管类 [M].2 版 . 北京：科学出版社,2012.

[17] 杨则燊 . 高等数学解题方法：下 [M]. 天津：天津大学出版社,1997.

[18] 章学诚,刘西垣 . 微积分：经济管理类 [M]. 武汉：武汉大学出版社,2015.

[19] 姜本源,杨国栋,王向辉,等 . 线性代数与空间将诶西集合理论 [M]. 长春：吉林大学出版社,2012.

[20] 章学诚,刘西垣 . 微积分：经济管理类 [M]. 武汉：武汉大学出版社,2007.

[21] 陈怀琛,龚杰民 . 线性代数实践及 MATLAB 入门 [M].2 版 . 北京：电子工业出版社,2009.

[22] 胡万宝,汪志华,陈素根 . 高等代数 [M]. 合肥：中国科学技术大学出版社,2009.

[23] 隋如彬：张瑜,杨兴云 . 微积分：经管类 [M].3 版 . 北京：科学出版社,2016.

[24] 施武杰,戴桂生 . 高等代数 [M]. 北京：高等教育出版社,2005.

[25] 陈重穆 . 高等代数 [M]. 北京：高等教育出版社,1990.

[26] 章学诚 . 高等数学：微积分 [M]. 武汉：武汉大学出版社,2004.

[27] 范培华,章学诚,刘西垣 . 微积分 [M]. 北京：中国商业出版社,2006.

[28] 陈怀琛,高淑萍,杨威 . 工程线性代数 MATLAB 版 [M]. 北京：电子工业出版社,2007.

[29] 胡万宝,舒阿秀,蔡改香 . 线性代数 [M]. 合肥：中国科学技术大学出版社,2014.

[30] 黄英芬,田东代,刘峥嵘 . 工程数学 [M]. 天津：天津科学技术

出版社，2020.

[31] 董冠文，王富强，李晨波 . 工程数学 [M]. 长春：吉林大学出版社，2017.

[32] 张志军，熊德之 . 微积分及其应用 [M]. 北京：科学出版社，2007.

[33] 吴红星，李永明 . 微积分：下 [M]. 上海：复旦大学出版社，2019.

[34] 吴传生 . 经济数学：微积分 [M].3 版 . 北京：高等教育出版社，2015.

[35] 刘建亚 . 大学数学微积分 2[M]. 北京：高等教育出版社，2004.

[36] 丘维声 . 高等代数　上 [M]. 北京：高等教育出版社，1996.

[37] 高宗升，周梦，李红裔 . 线性代数 [M]. 北京：北京航空航天大学出版社，2009.

[38] 董茜，孙梅玉，刘智，等 . 大学数学 [M]. 济南：济南出版社，2014.

[39] 尧雪莉，胡艳梅，梁海峰，等 . 高等数学：下 [M]. 北京：中国水利水电出版社，2017.

[40] 李尚志 . 线性代数 [M]. 北京：高等教育出版社，2006.

[41] 姚志鹏，何丹，崔唯，等 . 微积分 [M]. 武汉：华中师范大学出版社，2018.

[42] 高宗升，周梦，李红裔 . 线性代数 [M].3 版 . 北京：北京航空航天大学出版社，2016.

[43] 邱森 . 高等代数 [M]. 武汉：武汉大学出版社，2008.

[44] 曹彩霞 . 线性代数 [M]. 北京：中国人民大学出版社，2016.

[45] 齐小军 . 曲面积分教学中几个疑难问题的解析 [J]. 辽东学院学报：自然科学版，2023，30（1）：73-76.

[46] 张国铭 . 含参变量积分的一个引理 [J]. 高等数学研究，2012，15（2）：4.

[47] 王群，庞晶，苏双臣，等 . 基于 DSP Builder 数字微分器的设计 [J]. 现代电子技术，2007，30（17）：4.

[48] 黄金城 . 向量组的秩的概念引入教学 [J]. 成都师范学院学报，2013（1）：2.

[49] 翟丽丽 . 线性代数的应用教学 [J]. 科技资讯,2013（28）: 1.

[50] 李伟勋,王丹 . 数形结合思想在高等数学教学中的应用 [J]. 高师理科学刊,2020.

[51] 刘金容 . 激发生成,促成内化: 线性代数教学研究 [J]. 当代教育理论与实践,2014.

[52] 胡贝贝,张玲,陈安顺 . 对口招生类高等数学课程教学探讨——以滁州学院为例 [J]. 滁州学院学报,2016,18（2）: 3.

[53] 殷凤,王鹏飞 . 模糊值函数极限(连续)及导数的新定义 [J]. 中北大学学报: 自然科学版,2011,32（6）: 4.

[54] 郑玉军,汤琼 . 高等数学教学中一个函数的作用 [J]. 湖南科技学院学报,2016,37（10）: 5-7.

[55] 秦孝艳 . “直与曲” 的思想在高等数学教学中的作用 [J]. 枣庄学院学报,2011（5）: 3.

[56] 阎家灏 . 谈 “向量组的极大线性无关组” 的教学 [J]. 兰州工业学院学报,1994,1（1）: 74-76.

[57] 石宏理,邓军民 . 矩阵行列式的分块计算法 [J]. 大学教育,2015（6）: 67-68.

[58] 陈书坤 . 柯西中值定理在解题中的应用 [J]. 科技经济市场,2020（4）: 2.

[59] 赵建丽 . 四元线性方程组解的判别 [J]. 科技创新导报,2012（4）: 1.

[60] 赵虎 . 待定系数法应用研究 [J]. 课程教育研究: 学法教法研究,2019（1）: 2.

[61] 朱晨晨,俞佳莉,李梓萱,等 . 行阶梯形矩阵与行最简阶梯形矩阵的相关应用 [J]. 内江科技,2022,43（11）: 60-61.

[62] 滕吉红,黄晓英,刘倩 . 概念思维在高等数学中的应用 [J]. 高师理科学刊,2018,38（9）: 3.

[63] 吴娟,贺皖松 . 线性代数中的应用案例研究 [J]. 牡丹江教育学院学报,2017（10）: 3.

[64] 陈才扣,高林,高秀梅,等 . 基于聚类的核矩阵维度缩减 [J]. 数据采集与处理,2004,19（3）: 4.

[65] 李敏丽 . 三阶实对称矩阵正交化的简便方法 [J]. 数码设计,

2017,6（10）：58-59.

[66] 李敏丽．高等代数与数域的关联性研究 [J]. 黑河学院学报，2018,9（3）：217-218.

[67] 李敏丽．矩阵初等变换方法在高等代数中的应用 [J]. 数学学习与研究，2021（15）：6-7.

[68] 李敏丽．数学归纳法在高等代数教学中的应用策略探究 [J]. 江西电力职业技术学院学报，2022,35（11）：40-42.

[69] 刘建方．求某些非线性偏微分方程特解的一个简洁解法 [J]. 数学学习与研究，2017（21）：41.